少しはやる気がある人のための

自学自修用
有機化学問題集

粟野一志・瀬川 透 共編

裳華房

Organic Chemistry Collection of Problems：Self-Taught
― For People Motivated a Little ―

edited by

Kazuyuki A<small>WANO</small>
Toru S<small>EGAWA</small>

SHOKABO
TOKYO

ま　え　が　き

　平成 24 年の 8 月 28 日に、中央教育審議会答申が文部省に提出されました。その答申の趣旨の第一には「大学の学生の学修時間が短いことから、学生の主体的な学修を促す必要がある。」と提言しています。これは、大学生に限らず高専の学生にも当てはまることです。書店には、「基礎有機化学演習」の参考書から「基本から大学院入試問題までの有機化学演習」と銘打った演習書まで、多数の書籍が並んでいます。しかし、いずれも高専・大学初年級または大学 3 年編入学レベルの演習書としては"帯に短し、たすきに長し"の感があります。学生が自学自修するのに適した演習書はほとんど皆無なのです。大学編入学試験問題は、基本的な内容から大学編入（大学 3 年）に必要な少し高いレベルの内容までを網羅しています。そこで、ヒントや詳しい解答を加えれば自学自修用問題集として有益なものとなることでしょう。

　本書は、これまで収集してきた全国の大学 3 年編入学試験問題を、一般的な有機化学の教科書の章立てに合わせて編集したものです。また、広義の有機化学の「高分子化学」・「工業化学」・「糖類（炭水化物）」・「アミノ酸・タンパク質」・「生化学」も、それぞれ章を設けて問題を収録しました。また、多章にまたがるような総合問題については「17. 総合問題」にまとめました。なお、「16. 化学用語の説明」については答えを載せていませんので、教科書、参考書などを参照してください。

　本書の各問題は、ヒントを参考にすれば解答にたどり着くことができます。また、次の問題を解こうとする意欲が高まり、有機化学の基礎的な事項を理解し身につけることができるものと考えます。高専の学生だけでなく、大学初年級の学生にも十分活用することができるものと考えています。問題をある程度こなすと、有機化学の問題を解くのが楽しくなるでしょう。がんばってチャレンジしてください。

　本書を作成するにあたり、転載のご許可をいただいた問題には出題年と出題大学名を明示しました。その際、問題の改変は許可されていませんので、そのまま問題を収録しました。そのため、問題の形式などで一貫性を欠いていますがご了承ください。

　また、大学では問題のみを公表していますが、ヒントや解答は編者らが作成したものであり、これらの間違いについてはすべて編者らの責任であることを付け加えておきます。

　解答並びにヒントの誤り、あるいは疑問につきましては編者らにご指摘いただきたくお願いします。

2014 年 3 月

編者を代表して　粟　野　一　志

目　　次

【問題・ヒント編】
1. 化学結合、構造、物理的性質、命名法など　1
2. アルカン　11
3. アルケン・アルキン　14
4. 芳香族　21
5. ハロゲン化アルキル　31
6. アルコール・エーテル　33
7. カルボニル化合物　36
8. カルボン酸誘導体　39
9. アミン　43
10. 糖類（炭水化物）　44
11. アミノ酸・タンパク質　47
12. 生化学　51
13. 立体化学　52
14. 高分子　56
15. 工業化学　63
16. 化学用語の説明　65
17. 総合問題　67

【解答編】
1. 化学結合、構造、物理的性質、命名法など　102
2. アルカン　113
3. アルケン・アルキン　116
4. 芳香族　125
5. ハロゲン化アルキル　146
6. アルコール・エーテル　149
7. カルボニル化合物　155
8. カルボン酸誘導体　162
9. アミン　168
10. 糖類（炭水化物）　169
11. アミノ酸・タンパク質　172
12. 生化学　179
13. 立体化学　181
14. 高分子　189
15. 工業化学　204
16. 化学用語の説明　（208；解答省略）
17. 総合問題　208

【問題・ヒント編】

1 化学結合、構造、物理的性質、命名法など

1-1 有機化合物中には、炭素や水素のほかに、窒素、塩素、硫黄を含むものがある。次の (1) – (5) の各記述から確認される元素の元素記号を記せ。（H16, 長岡技科大・生物）
(1) 完全燃焼させることによって生じた液体は硫酸銅(II)（無水塩）を青変させる。
(2) ナトリウムを加えて加熱・溶融したものを水に溶かして酢酸鉛(II)の水溶液を加えると黒色沈殿が生じる。
(3) 焼いた銅線につけて燃焼させると青緑色炎色反応が見られる。
(4) 完全燃焼させ、発生した気体を石灰水に通じると白濁する。
(5) ソーダ石灰を加えて加熱し、発生した気体を濃塩酸に近づけると白煙を生じる。

〈ヒント〉
(1) H
① 完全燃焼にて CO_2、H_2O を生成する。
② 硫酸銅(II)（無水塩）を青変（$CuSO_4 \cdot 5H_2O$）させる。
(2) S
① ナトリウムを加えて溶融すると Na_2S を生じる。
② $Pb(OAc)_2$ により黒色沈殿（PbS）を生じる。
(3) Cl
焼いた銅線につけて燃焼すると $CuCl_2$ を生じ、青緑色の炎色反応を示す。（バイルシュタインテスト）
(4) C
完全燃焼により生じた CO_2 が石灰水（$Ca(OH)_2$）と反応して $CaCO_3$（白色沈殿）を生じる。
(5) N
① ソーダ石灰（CaO + NaOH）を加えて加熱するとアンモニアが発生する。
② HCl ガスに近づけると白煙（NH_4Cl）を生じる。

1-2 次の文中の（　）に適する数値または化学式を記せ。ただし、水素、炭素および酸素の原子量は、それぞれ 1.008、12.01 および 16.00 とする。（H16, 長岡技科大・生物）
(1) 炭素、水素および酸素からなる有機化合物 6.0 mg を完全燃焼させると、二酸化炭素 8.8 mg と水 3.6 mg が生じた。この化合物は、蟻酸メチルと等しい分子量を持つが、分子内にカルボキシル基が存在する。この化合物の組成式は（ア）、分子量は（イ）、示性式は（ウ）である。
(2) 化合物 X、Y および Z の組成式はいずれも CH である。化合物 X は常温で気体であり、150 mg の X は 0℃、1 atm で 129 ml の体積を占めた。化合物 X の分子量は（エ）、分子式は（オ）である。同じ質量の化合物 X、Y および Z を一定の温度、圧力下で、完全に気体にしたところ、X、Y、Z の体積比は 1.00：0.333：0.250 であった。化合物 Y の分子式は（カ）、化合物 Z の分子式は（キ）である。

1 化学結合、構造、物理的性質、命名法など

〈ヒント〉
(1) ① CHO の重量
　　炭素の重量 $w_C = 8.8 \times C/CO_2 = 8.8 \times 12/44 = 2.4$
　　水素の重量 $w_H = 3.6 \times 2H/H_2O = 3.6 \times 2/18 = 0.4$
　　酸素の重量 $w_O = 6.0 - (w_C + w_H) = 6.0 - (2.4 + 0.4) = 3.2$
　② 組成比
　　C：H：O $= w_C/C$ の原子量：w_H/H の原子量：w_O/O の原子量 $= 2.4/12：0.4/1：3.2/16$
　　$= 0.2：0.4：0.2 = 1：2：1$
　③ 蟻酸メチル H-COOMe 分子量 60
　④ カルボキシル基 COOH
(2) ① 1モルは 0℃、1気圧で 22.4 l を占める。分子量 $= 0.150 \times 22.4/0.129 = 26$
　② 組成式 C_mH_m より $m = 2$

1-3 次の文章を読んで以下の問に答えよ。(H18. 北海道大・工)

　炭素の原子軌道はエネルギー順に、① <u>1s 軌道、2s 軌道と続き、さらにその上に3個の 2p 軌道がある。</u>② <u>1つの軌道に入ることのできる電子の数は最大2個までで、同じ軌道に入る場合には必ずその電子スピンの向きを逆にして入る。</u>炭素原子は 1s、2s、2p の各軌道にそれぞれ2個の電子を持っているが、分子を作る時にはこれらの電子を使って新たに分子軌道を作って結合する。二重結合を形成している炭素は、2s 軌道の電子1個が空の 2p 軌道に移り、2p 軌道の電子2個と 2s 軌道の電子1個を使って [A] 混成軌道を形成している。これを使って3本のシグマ結合を作っているが、その結合角はおよそ [B] 度である。③ <u>さらに [A] 混成に使用しなかった 2p 軌道の電子がシグマ結合とは性質の異なる結合を作り二重結合を形成している。</u>シクロヘキセンは触媒の存在下に1当量の H_2 と反応してシクロヘキサンとなる。シクロヘキサンを構成する炭素はすべて [C] 混成軌道を作っている。[C] 混成軌道では4本のシグマ結合をもちその結合角はおよそ [D] 度である。シクロヘキサンは平面構造をとらずに、通常 [1] 型の立体構造をとっている。また、各炭素に結合している2個の水素はシクロヘキサン環とほぼ同平面を向いている [2] 水素と、平面に垂直な [3] 水素の2種類がある。

(1) 文中の空欄 [A]‐[D] に当てはまる言葉を書きなさい。
(2) 文中の [1]‐[3] に当てはまる言葉を下から選び記号で答えなさい。
　（a）垂直　（b）水平　（c）机　（d）椅子　（e）山　（f）エリトロ　（g）エクアトリアル　（h）アキシアル
　（i）トレオ
(3) 下線①の 1s 軌道の形を漢字3文字以内で示しなさい。
(4) 下線②に示した規則の名前を書きなさい。
(5) 下線③にある 2p 軌道の電子で作る結合の名前を書きなさい。

1-4 分子式が同じであっても構造が異なる化合物を異性体という。次の三つの異性体について具体的な化合物の例を挙げて説明しなさい。
　（a）幾何異性体　　（b）光学異性体　　（c）官能基異性体

1-5 炭素原子は有機化合物の基本骨格を作る原子である。この炭素原子に関連した次の問に答えよ。(H11. 新潟大・理)
(1) 電子、原子核、陽子、中性子、原子番号、質量数のすべての言葉を用いて炭素原子の構造を説明せよ。

(2) 炭素原子と炭素原子の結合には単結合、二重結合、三重結合の3種類がある。これら3種類の結合を含む有機化合物の例としてエタン、エチレン、アセチレンを挙げることができる。エタン、エチレン、アセチレンの分子の構造について sp³、sp²、sp 混成軌道の考え方を用いて説明せよ。

〈ヒント〉

① 原子 { 原子核 { 陽子（プラス電荷）
中性子（電荷なし）
電子（マイナス電荷）

② 質量数 ＝ 陽子数 ＋ 中性子数
③ 原子番号 ＝ 陽子数 ＝ 電子数

1-6 多原子分子では、分子全体の双極子モーメントは各結合に特有な結合モーメントのベクトル和で表すことができる。ジクロロベンゼンの o、m、p-体についての双極子モーメントはどのように関係しているか説明せよ。

〈ヒント〉 双極子モーメントは結合モーメントの和で示される。

1-7 アセチレンの炭素原子間の結合について図を示して説明せよ。

1-8 次の語句を説明せよ。
(a) 共鳴構造と互変異性　　(b) 共有結合のホモリシスとヘテロリシス
(c) 結合性分子軌道と反結合性分子軌道

1-9 有機化合物で分子量が100、元素重量比がC：H：O ＝ 15：2：8で、IR（赤外線分光）ではエステルとしての吸収が確認された。以下の問に答えよ。
(1) 分子式を示せ。
(2) 考えられる異性体をすべて示せ。
(3) この化合物を重合させると、有機ガラスが生成した。その名称は何か。

〈ヒント〉
(1)
① C、H、Oの重量比をそれぞれの原子量で割って組成比を求める。
② 組成式 $C_5H_8O_2$
③ 分子式 $(C_5H_8O_2)_n$、分子量が100
(2)
① $R_1 + R_2 = C_4H_8$ 不飽和度は1のため、C＝Cまたは環を含む。
② ギ酸エステル、酢酸エステル他

1-10 ある有機化合物を元素分析したところ以下の結果を得た。（H8，東京大・農）
C：24.25、H：4.05、Cl：71.70。この有機物の1lは383 K、760 mmHgで3.14 gであった。気体定数 R ＝ 0.0821 atm deg⁻¹ mol⁻¹ としてこの有機物の分子式を決定せよ。

1 化学結合、構造、物理的性質、命名法など

〈ヒント〉
① 重量比から組成比を求める。
② 組成式 CH_2Cl
③ 気体の状態方程式 $PV = nRT$、$n = w/M$ から分子量を求める。
④ 分子式 $(CH_2Cl)_n$

|1-11| sp^3、sp^2、sp 混成軌道を書き、結合角を示せ。

〈ヒント〉 問 |1-5| と類題。

|1-12| 実験式 C_5H_{12} を持つ化合物がある。次の問に答えよ。
(1) 炭素原子の混成を記せ。
(2) この混成の作る結合角を記せ。
(3) この化合物の分子量を求めよ。(小数点以下は必要ない)
(4) この化合物には3種の構造異性体が存在する。それらのすべてを構造式で示せ。

〈ヒント〉
(4) 分子式 C_5H_{12} 不飽和度0であるためアルカンとなる。

|1-13| 次の文を読み、下記の設問 (1) - (6) に答えよ。 (H9, 豊橋技科大)

化合物 A は炭素、水素および酸素で構成され、その水溶液に臭素水を加えると臭素の色が消える。化合物 A の 8.70 mg を燃焼させたところ、二酸化炭素 13.20 mg と水 2.70 mg を得た。化合物 A から合成したジメチルエステル 10.0 mg をショウノウ 213.6 mg と混ぜて融点を測定したところ、166.8℃であった。また化合物 A の 100 mg を水に溶解し、フェノールフタレインを指示薬として $0.100\ mol\ dm^{-3}$ の水酸化ナトリウム水溶液で中和滴定したところ [ ] cm^3 を必要とした。化合物 B は化合物 A の幾何異性体であり、化合物 B を加熱することにより脱水すると化合物 C を生成するが、化合物 A は同じ条件でも化合物 C を生成しない。化合物 A および B は、ともに触媒存在下で水素を反応させると化合物 D を生成し、また触媒の作用により水と反応させると、いずれも化合物 E を生成する。化合物 E には光学異性体がある。ただし、ショウノウの融点は 179.8℃であり、モル凝固点降下は $40.0\ K\ kg\ mol^{-1}$ とする。

(1) 化合物 A の実験式として、C：H：O の比が正しいものを次の (a) - (e) から一つ選び記号で答えよ。
 (a) 1：1：1、 (b) 2：1：2、 (c) 2：2：1、 (d) 2：3：2、 (e) 3：4：2
(2) 化合物 A の分子量はいくらか。有効数字3桁で示せ。
(3) 化合物 A - C それぞれの名称と構造式を示せ。
(4) 化合物 D の構造式を示せ。
(5) 化合物 E の構造式を示し、不斉炭素原子に * をつけよ。
(6) 文中の空所に当てはまる数値を次の (a) - (e) から一つ選び記号で答えよ。
 (a) 4.31、 (b) 5.61、 (c) 17.2、 (d) 25.9、 (e) 34.5

〈ヒント〉
(1) ① 重量比から組成比を求める。
 ② 実験式（組成式）CHO
(2) ① 凝固点降下：希薄溶液の凝固点降下は溶質の種類に無関係で、溶質が非電解質の場合、重量モル濃度

に比例する。

②凝固点降下式

凝固点降下度：モル凝固点降下度 ＝ 1000×溶質の重量/溶媒の重量：分子量 M

$t : t_m = 1000 \times w/W : M$

より　$M = 1000\, w/W \times t_m/t$

(3) ① 実験式は問 (1) より CHO であり、分子式は $(CHO)_n$ となり、分子量が 116 であることから、$n = 4$ となり、分子式は $C_4H_4O_4$ であり、問 (2) より $R(COOH)_2$ は $C_2H_2(COOH)_2$ となる。

② 臭素水で脱色することから二重結合を含むことがわかる。

③ 化合物 A と B は幾何異性体。

④ B を加熱すると脱水し C を生じることから、B はシス体で、A はトランス体。

(4) 水素を作用させると D を生じる。

(5) A、B に水を作用させると水和反応により化合物 E を生じ、これは光学異性体である。

(6) 中和滴定

酸のグラム当量数 ＝ 塩基のグラム当量数

100 mg の二塩基酸は $0.1 \times 2/116$ グラム当量である。

中和滴定より $0.11172 = NV/1000$、$N = 0.1$

$V = 17.2$ ml

1-14　以下の問に答えよ。（H9, 豊橋技科大）

(1) メタン、エチレン、アセチレンは、おのおの sp^3、sp^2、sp 混成軌道を持つ化合物である。立体構造が明確にわかるようにこれら 3 つの化合物を図示せよ。

(2) メタンの場合は σ 軌道、エチレン、アセチレンの場合は π 軌道を示す図を描け。

1-15　重量比 70.6、13.7、15.7 ％の C、H、O からなる化合物がある。これを脱水すると C_6H_{12} になった。（H7, 東京大・農）

(1) もとの化合物の実験式を示せ。

(2) オゾン分解したらアセトアルデヒドとメチルエチルケトンとなった。C_6H_{12} の構造を示せ。

〈ヒント〉

(1) ① 重量比から組成比（原子数比）を求める。

② C_6H_{12} は不飽和度 1 であるから、1 モルの水が外れたことになる。

(2) オゾン分解はオレフィンから二種のカルボニル化合物を生じる反応。

1-16　C、H、O からなる一塩基酸 100 mg を中和するのに 0.1 規定の NaOH 水溶液 9.1 ml を必要とした。一方、この 1 塩基酸の C および H の分析結果は次の通りであった。

C：65.2 重量％、　H：5.4 重量％

設問 (1) - (4) に答えよ。ただし、C、H、O の原子量はそれぞれ 12、1、16 とする。（H8, 長岡技科大）

(1) 分析結果に基づいてこの一塩基酸の実験式を求めよ。

(2) 上の結果に基づいてこの一塩基酸の分子量を求めよ。

(3) この一塩基酸の分子式を決定せよ。

1 化学結合、構造、物理的性質、命名法など

(4) この分子式を持つ構造式の一例を示せ。

〈ヒント〉
(1) 中和反応では酸の物質量 ＝ 塩基の物質量となり、

　　1塩基酸の物質量　w/M

　　塩基の物質量　$ncV/1000$

　　より分子量 M が求まる。

(4) ① 1塩基酸であることから示性式は　C_5H_5-COOH

　　② 不飽和度は 3 となる。

1-17 次の文章を読み、以下の問に答えよ。

炭素、水素および酸素の三つの元素のみからなる有機化合物がある。この化合物 1.00 g を完全に燃焼させたところ、二酸化炭素が 2.20 g と、水が 0.72 g 発生した。また分子量を測定したところ、100 であった。

(1) この化合物の実験式を求めよ。
(2) この化合物を純水に溶解させたところ弱酸性を示した。この反応式を示せ。
(3) この化合物は希水酸化ナトリウム水溶液にも溶解し、その溶液に臭素水を加えてよく振り混ぜると、臭素水の色が消失した。このとき起こっている反応の反応式を示し、何故色が消えたのかを説明せよ。
(4) この化合物について考えられる構造のうち、幾何異性体が存在するものの構造式を一つ示せ。
(5) この化合物について考えられる構造のうち、光学異性体が存在するものの構造式を一つ示せ。

〈ヒント〉
(1) 燃焼して生じた CO_2 と H_2O の重量より C、H、O の重量比を求め、さらに原子数比を求め実験式を求める。
(2) ① 弱酸性を示すことから、C_4H_7COOH

　　② 臭素水を脱色することから C＝C 二重結合に付加する。
(3) ① 分子式、示性式から考えられる構造式を求める。

　　ただし、炭素－炭素二重結合がある化合物

　　　CH_2=CH-CH_2CH_2-COOH　　　　CH_3-CH=CH-CH_2-COOH　　　　CH_3-CH_2-CH=CH-COOH

　　　　　　　　　CH₃　　　　　　　　　　　　　　　　CH₃　　　　　　　　　　　　　　　CH₃
　　　　　　　　　 |　　　　　　　　　　　　　　　　　 |　　　　　　　　　　　　　　　　|
　　　CH_2=C-CH_2-COOH　　　　　　CH_2=CH-CH-COOH　　　　　　　CH_3-CH=C-COOH

　　② 幾何異性体（シス、トランス）を持つものを求める。

　　　　　　　　　　　　　　　　　　　　　　　　　　　　　　　　　　　　　　CH₃
　　　　　　　　　　　　　　　　　　　　　　　　　　　　　　　　　　　　　　 |
　　　CH_3-CH=CH-CH_2-COOH　　　　　CH_3-CH_2-CH=CH-COOH　　　　　CH_3-CH=C-COOH

(4) 光学異性体が存在するもの

　　不斉炭素を持つ化合物で、炭素－炭素二重結合を持つもの

1-18 ある液体は C：60.0 %、H：13.4 %、O：26.6 % の元素組成を有していた。この液体について次の問に答えよ。（H6, 電通大）

(1) 実験式を求めよ。
(2) 分子量を測定する方法を簡単に述べよ。
(3) 分子量が 60 と測定されたとする。この液体の考えられる構造式を全て示せ。

〈ヒント〉
(1) 重量比からC、H、Oの原子数比を求める。
(3) (実験式)_n = 分子式、分子量 = 60 より n = 1

1-19 C、HおよびOからなる化合物（以下、この化合物という）がある。この化合物に関して設問 (1)‐(5) に答えよ。ただし、C、H、Oの原子量はそれぞれ、12、1、16とする。（H8, 長岡技科大・生物機能）
(1) この化合物 0.15 モルの重量は 9 g であった。この化合物の分子量はいくらか。
(2) この化合物のCおよびHの分析結果は次の通りであった。C：39.2重量%、H：6.7重量%。この化合物の実験式（組成式）を決定せよ。
(3) この化合物の分子式を決定せよ。
(4) この化合物の水溶液は酸性を示した。この化合物の名称を記せ。
(5) この化合物 270 mg を中和するために必要な 0.09 規定の水酸化ナトリウムの容積はいくらか。

〈ヒント〉
(2) ① 重量比より原子数比（組成比）を求める。
② 分子式 $(CH_2O)_n$、分子量 60 より n = 2
(4) 酸性化合物
(5) ① 270 mg = 0.0045 mol
② 1塩基酸の H^+ の物質量 = 水酸化ナトリウムの OH^- の物質量
0.0045 = ncV/1000

1-20 次の文章の (1)‐(5) に適する語句を記せ。（H8, 長岡技科大・生物機能）
化学結合には原子核を取り巻く (1) が関与しており、その関与の形態によって化学結合の性質は異なる。(2) とは (1) の対が二つの原子に保有されることによって形成される化学結合である。(1) は負の (3) を持っており、原子は (1) を失なったり、得たりすることによって正負の (3) を持つことになる。この正負の (3) に起因する静電引力による化学結合を (4) という。また、(2) の一種で、一方の原子の孤立した (1) の対が相手の原子に保有されることによって形成されると解釈される化学結合を (5) という。

1-21 次の文章を読み以下の設問に答えよ。（H9, 東工大・生命理工）
炭素、水素、酸素からなる化合物Aがある。その化合物A 3.00 mgを完全燃焼させたところ、CO_2 7.92 mg、H_2O 3.24 mg が得られた。Aの分子量を測定したところ 100.3 であった。Aの溶液に臭素溶液を加えたが臭素の色は消えなかった。Aに塩化 2,4-ジニトロベンゾイルを作用させると黄色の固体が得られた。
(1) 化合物 A の分子式を求めよ。
(2) 化合物 A には多数の異性体が存在する。幾何異性体や光学異性体を除外しても 30 種以上ある。それらの内から適当に 5 種類を選びそれらの構造式を書け。

〈ヒント〉
(1) ① 完全燃焼により生じた CO_2、H_2O の重量比から、組成比を求める。
② 分子式は $(C_6H_{12}O)_n$、分子量 100.3 より n = 1
(2) ① 不飽和度が 1 であることから、C=C または環を含む。
② 臭素水を加えても脱色しなかったことから環を含む。

③ 塩化 2,4-ジニトロベンゾイルを作用させると黄色固体を生成したことから水酸基（ヒドロキシ基）を持つアルコールである。

$$C_6H_{11}-OH + O_2N-\underset{NO_2}{\underset{|}{C_6H_3}}-\underset{O}{\underset{\|}{C}}-Cl \longrightarrow O_2N-\underset{NO_2}{\underset{|}{C_6H_3}}-\underset{O}{\underset{\|}{C}}-O-C_6H_{11}$$

1-22　エタン（C_2H_6）、エチレン（C_2H_4）、アセチレン（C_2H_2）を構成する炭素原子の混成軌道およびそれぞれの分子中の水素原子の位置関係を図を用いて詳しく説明せよ。（H9，東工大・生命理工）

1-23　以下の問に答えよ。（H14，東工大）
(a) 炭素のsp^2混成軌道ならびにsp^3混成軌道のエネルギー準位は、それぞれ炭素の2sおよび2p軌道のエネルギー準位と比較してどのくらいの高さにあるか。図で示しなさい。
(b) エチレンを例に、πならびにπ^*分子軌道の形を図示しなさい。
(c) エチレンの炭素間σ分子軌道がπ分子軌道と比べてエネルギー的に安定な理由を説明しなさい。

1-24　原子・分子について以下の問の一つを選んで答えなさい。（H9，東工大）
(1) ボーアのモデルでは水素原子における電子の運動、系のエネルギーおよび発光スペクトルなどはどのように説明されるか。
(2) 炭素および水素原子からなる化合物について、関与する結合の種類とその特徴を、炭素原子の混成軌道を考慮して、具体例を挙げて説明しなさい。

1-25　分子軌道は、分子を構成する原子の原子軌道の重ねあわせとして表される（LCAO-MO）。たとえば、H_2分子の場合、二つのH原子の(f) 1s軌道からそれぞれ1つずつの(g) 結合性軌道と(h) 反結合性軌道ができる。ここで、(i) 結合性軌道は分子軌道を作ることにより原子軌道単体のときより安定化する軌道であり、逆に反結合性軌道は不安定化する軌道である。このような分子軌道には、電子スピンと(j) パウリの原理を考慮すると各々最大2個までの電子を収容することができるので、H_2分子の電子配置は(k) 結合性軌道に2個電子が入った電子配置となる。
(1) (f)の1s軌道では、(n, l, m)の三つの量子数の値は幾つか。
(2) (g)、(h)の分子軌道名はそれぞれ何というか。（分子軌道名の例：π^*2p）
(3) (i)の具体的説明として、結合性軌道と反結合性軌道の軌道エネルギーを原子間距離の関数として一つのグラフに描け（定性的な概略でもよい）。
(4) (j)のパウリの原理とはどんな原理か、簡単に説明せよ。（50字以内）
(5) (k)の電子配置から分子の安定性が推定できる。H_2^+イオン、H_2分子、He_2分子の間の安定性の順位を推測せよ。

〈ヒント〉
(1) ① 主量子数n：電子殻（K, L, M…）K殻（$n=1$）、L殻（$n=2$）、M殻（$n=3$）
② 方位量子数l：電子分布の形（s軌道（$l=0$），p軌道（$l=1$），d軌道（$l=2$），f軌道（$l=3$））
③ 磁気量子数m：$m=-l, -(l-1), \cdots 0, \cdots, l-1, l$
④ スピン量子数m_s：$+1/2, -1/2$

【問題・ヒント編】

1-26　次の三つの化合物の水への溶解性の大きい順に並べ、その理由を 70 字程度で説明せよ。（H10, 大阪市大・理）

(1) ヨードエタン、(2) エタノール、(3) 1-ヘキサノール

〈ヒント〉
① エタノール：OH により水と水素結合を作り溶解性が大きい。
② 1-ヘキサノール：水酸基があり水と水素結合が可能であるが、疎水性部分となる炭素数が大きいため溶けにくい。
③ ヨードエタン：炭素数が少なく、ヨウ素 I は水分子と弱い水素結合が可能であるが、ヨウ素 I の電気陰性度が小さいため水素結合力は小さく溶解性も小さくなる。

1-27　以下の問に答えよ。
(1) 炭素原子の電子配置を示せ。
(2) 炭素原子の電子配置とメタン分子の空間的配置とは少し異なっている。この違いを簡単に説明せよ。
(3) エチレン分子の空間配置と電子配置を簡単に説明せよ。
(4) アセチレン分子の空間配置と電子配置を簡単に説明せよ。

1-28　(a)–(c) については構造式を、(d)–(f) については化合物名を記せ。（H11, 京都工芸繊維大）
(a) 1-chloro-2-octene　　(b) ethyl propionate　　(c) 4-chlorobutyronitrile
(d) CH₂=CH-CH₂-OH　　(e) 3-アミノ安息香酸の構造　　(f) シクロヘキセノン

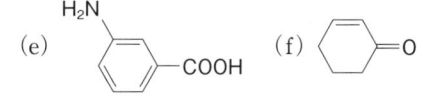

1-29　ブタンおよびそのハロゲン誘導体について可能な異性体（カッコ内の数字）すべての構造式と IUPAC 名を示せ。
(a) C₄H₁₀ (2)　　(b) C₄H₉Br (4)　　(c) C₂H₂BrCl₃ (3)

1-30　次の化合物の構造式を書け。
(a) ベンジルアルコール　　(b) p-ジメチルアミノピリジン　　(c) ナフタレン　　(d) ピロール
(e) エチルイソプロピルエーテル　　(f) アラニン　　(g) ブタン酸メチル　　(h) フマル酸　　(i) 尿素
(j) (Z)-1-ブロモ-2-クロロ-2-フルオロ-1-ヨードエテン

1-31　(a)–(c) については化合物の構造式を、(d)–(f) については化合物名を記せ。（H12, 京都工芸繊維大・繊維）
(a) 2-chloro-2-methylpropane　　(b) isopropyl benzoate
(c) 2-hydroxyoctanoic acid　　(d) BrCH₂CH₂Br
(e) ベンゼン環-CH₂CH₂OH　　(f) Cl-ベンゼン環-N(CH₃)₂

1 化学結合、構造、物理的性質、命名法など

1-32 (a)–(c) については化合物の構造式を、(d)–(f) については化合物名を記せ。（H13，京都工芸繊維大・繊維）

(a) 2,2,4-trimethylpentane (b) ethyl isopropyl ether (c) 2-aminopropanoic acid

(d) CH₃CHCH₂CH₂CCH₂CH₃ （CH₃基が2,2,5の位置）
         | |
         CH₃   CH₃
              |
              CH₃

(e) C₆H₅-C(=O)-CH₂CH₃

(f) H₃C—C₆H₄—NO₂

1-33 (a)–(c) については化合物の構造式を、(d)–(f) については化合物名を記せ。（H14，京都工芸繊維大・繊維）

(a) isopropyl formate (b) *N,N*-dimethylacetamide (c) 1,2-dimethoxyethane

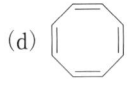

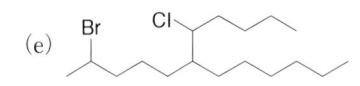

(d) シクロオクタテトラエン

(e) Br, Cl 置換の長鎖アルカン構造

(f) F および NO₂ 置換安息香酸（COOH）

1-34 (a)–(c) については化合物の構造式を、(d)–(f) については化合物名を記せ。（H15，京都工芸繊維大・繊維）

(a) 2-aminopyridine (b) (*E*)-1,2-dichloroethene (c) 4-ethyl-3-methylheptane

(d) CH₃CH₂COCH₃ (e) シクロプロパン (H₂C—CH₂—CH₂の三員環) (f) NH₂CH₂COOH

1-35 次の化合物の構造を記せ。

(1) 4-methyl-1-pentanol (2) bicyclo[3.1.1]heptane (3) (*Z*,4*S*)-3,4-dimethyl-2-hexene

1-36 つぎの (a)–(e) の化合物の構造式および (f)–(j) の化合物の名称を答えなさい。（H18，北海道大・工）

(a) アセチルサリチル酸 (b) スチレン (c) アリルアルコール
(d) ベンズアルデヒド (e) ギ酸

(f) C₆H₅-NHCOCH₃

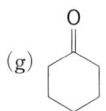

(g) シクロヘキサノン

(h) CH₂-OH
    |
    CH-OH
    |
    CH₂-OH

(i) CH₂=CH-C(CH₃)=CH₂

(j) H₂N-CH₂-COOH

10

2 アルカン

2-1 ラジカル連鎖反応を説明し、代表的なものをあげよ。

2-2 n-ブタン分子の立体配座を示せ（*trans, gauche, eclipsed* など）。

2-3 シクロヘキサンのとりうる立体配座を示せ。また、それとポテンシャルエネルギーとの関係を示せ。また舟形配座が不安定な理由を二つ述べよ。

2-4 分子量86のアルカンがある。構造異性体をすべて示せ。

〈ヒント〉
① アルカン C_nH_{2n+2}　$12n + (2n + 2) = 86$　より　$n = 6$
② C_6H_{14}

2-5 以下の問に答えよ。（S59, 東京大・工）

(1) [ ] の中に示性式を示せ。

$CH_4 + Cl_2 \rightarrow [\qquad] + HCl$

(2) 下の反応式中の空欄に示性式を入れよ。

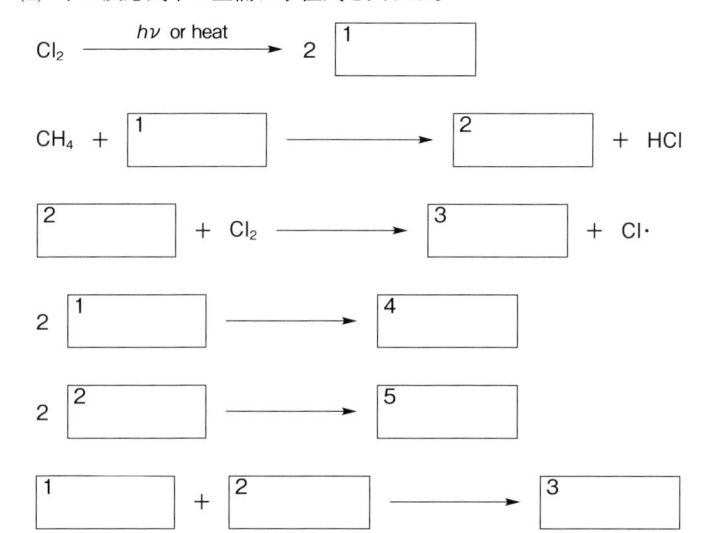

$Cl_2 \xrightarrow{h\nu \text{ or heat}} 2\ \boxed{1}$

$CH_4 + \boxed{1} \longrightarrow \boxed{2} + HCl$

$\boxed{2} + Cl_2 \longrightarrow \boxed{3} + Cl\cdot$

$2\ \boxed{1} \longrightarrow \boxed{4}$

$2\ \boxed{2} \longrightarrow \boxed{5}$

$\boxed{1} + \boxed{2} \longrightarrow \boxed{3}$

(3) 下の文中の空欄に適当な語句を入れよ。

この反応を（　　　）といい、基本的な三つの段階（　　　）（　　　）そして（　　　）からなっている。この場合の1、2を（　　　）と呼ぶ。

2-6 メタンの水素1個を次のものと置換した化合物の構造式と名称を示せ。
(1) アミノ基
(2) アルデヒド基

2 アルカン

(3) カルボキシル基

(4) 水酸基（ヒドロキシ基）

(5) フェニル基

(6) 水中で酸性を示すものはどれか。

(7) 水中で塩基性を示すものはどれか。

(8) 水に溶けにくいものはどれか。

(9) 0℃で固体のものはどれか。

(10) フェーリング液でCuを還元するものはなにか。

2-7 ブタンの炭素2と炭素3の間の結合に沿った最も安定な配座をNewman投影図で描け。（H6, 長岡技科大）

〈ヒント〉 問 2-2 の類題。

2-8 有機化合物の構造、配座、反応性に関する次の各問に答えよ。（H17, 東工大）

(a) 下図はブタンのC_2-C_3結合の回転のねじれ角とエネルギーとの関係をグラフで表したものである。ねじれ角が60°ずつ異なる図中のA, B, C, Dに相当する配座を、Newman投影図を用いて図示せよ。

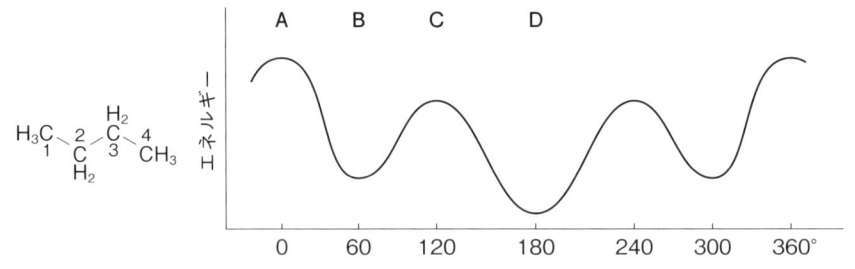

(b) ブタンの炭素－炭素単結合とは異なり、2-ブテンの炭素－炭素二重結合の回転は困難である。その理由を簡潔に説明せよ。必要ならば、図を用いてもよい。

(c) 次の化合物1, 2の最安定配座をそれぞれ図示せよ。

(CH$_3$)$_3$C—〈シクロヘキサン〉—Br   (CH$_3$)$_3$C—〈シクロヘキサン〉……Br
          1   2

(d) 上の化合物1、2にトリエチルアミンを作用させると、いずれの化合物からも4-t-ブチルシクロヘキセンが生成する。化合物1、2のどちらを用いたほうが反応速度が大きいと予想されるか。理由とともに答えよ。

〈ヒント〉
  問 2-2 、 2-7 の類題。
  (c) ① (CH$_3$)$_3$C-：tert-ブチル基は嵩高いためエクアトリアル位に入る。
      ② 1,3-ジアキシアル相互作用による反発が小さくなるような配座が安定配座となる。
  (d) 1（シス体）では、アキシアル位に立体的に大きなBrが入っており、1,3-相互作用により不安定である。一方、2（トランス体）では、Brはエクアトリアル位にあるため安定に存在している。これにより、1がE2のトランス（アンチ）脱離で進む反応速度が大きい。

2-9 次の問題を解け。（H12，京都大・工）

(1) エタンの C_1、C_2 原子上にある H 原子のポテンシャルは、C_1、C_2 間の回転角によって変化する。ポテンシャルを縦軸に、回転角を横軸にとってグラフを書け。特徴的な点である *eclipsed*（重なり形）と *staggered*（ねじれ形）を示せ。

(2) ブタンは C_2、C_3 原子の間で回転する。(1)と同様にグラフを描け。特徴的な点である *eclipsed*（重なり形）、*gauche*（ねじれ形）、*anti*（トランス形）を示せ。

(3) シクロヘキサンの場合には、chair、half-chair、boat、skew-boat と呼ばれる形がある。結合を描き、最も安定なものを示せ。

〈ヒント〉
(2) 問 2-2 、 2-7 、 2-8 の類題。
(3) 問 2-3 の類題。

3 アルケン・アルキン

3-1 プロペン（プロピレン）は基本的なアルケンであり、その二重結合はさまざまな反応性を示す。プロペンに (a)-(d) の条件で反応を行わせた時、得られる生成物の構造式と名称を書きなさい。また、反応式も示しなさい。（H8, 新潟大・理）

(a) 臭素を加える。
(b) 臭化水素を加える。
(c) 酸触媒の存在下に水を反応させる。
(d) ニッケル触媒の存在下に水素を反応させる。

〈ヒント〉
(a) ① 三員環状ブロモニウムイオン中間体の生成。
② Br⁻イオンは立体障害の小さい方の炭素を攻撃し、トランス付加する。
(b) H⁺は末端の炭素を攻撃し、より安定なカルボカチオン中間体を経由して反応が進行する。
(c) ① 酸のプロトンは末端の炭素を攻撃し、より安定なカルボカチオン中間体を経由して反応が進行する。
② カルボカチオンに水が付加しオキソニウムイオンを生じ、これからプロトンが脱離する。
(d) 二重結合に水素がシス付加する。

3-2 エチレンに臭素を作用させると付加反応が起こり、1,2-ジブロモエタンが生成する。この反応はどのような機構で進むのかについて考察せよ。（H11, 新潟大・理）

〈ヒント〉 三員環状ブロモニウムイオン中間体を経由して反応が進行する。

3-3 2-メチル-2-ブテンに臭化水素を付加させた時の反応について以下の問に答えよ。
(1) 予想される二つの生成物の構造式を示せ。
(2) 反応中間体の構造式を示し、それらと生成物との関係を示せ。

3-4 エチレンの工業的な利用法を三つ挙げ、反応を説明せよ。

3-5 アセチレンがエタンやエチレンより pK_a が小さい理由を説明せよ。pK_a の式を示せ。

3-6 1-ペンテンから1-ブロモペンタンの合成方法を2種類示し説明せよ。

〈ヒント〉
① $(BH_3)_2$、HOOH-NaOH による Hydroboration、酸化をへて 1-ペンタノールを生成し、次いで PBr_3 による置換反応を行う方法。
② 過酸化物の存在下、HBr を作用させラジカル反応により導く方法。

3-7 次の反応において生成物は *trans*-体を与える。反応経路を示しその理由を述べよ。

[シクロヘキセン] →(HOBr)→ [trans-2-ブロモシクロヘキサノール(Br, OH)]

〈ヒント〉
　HOBrにおいて、OとBrの電気陰性度（O：3.5、Br：2.8）によりBrがδ+に分極し、シクロヘキセンに付加し三員環状ブロモニウムイオン中間体を生じ、次いでOH⁻イオンが立体障害の小さい反対側から炭素を攻撃してトランス体が生じる。

3-8　エタン、エチレン、アセチレンを例にして混成軌道の違いを説明せよ。

3-9　プロピレンに水を作用させたときの反応式を示せ。

〈ヒント〉
① プロピレンにプロトンが付加し、カルボカチオン中間体を生じる。
② より安定なカルボカチオン中間体を経由して反応が進行する。

3-10　ヨウ化水素と塩化ビニルは付加反応をして1-クロロ-2-ヨウ化エチルを与えずに、1-クロロ-1-ヨウ化エチルとなるのは何故か。またエチレンとヨウ化水素との反応よりも遅いのは何故か。（S62, 東京大）

〈ヒント〉
① 途中でできるカルボカチオン中間体の安定性。
② カルボカチオンは共鳴により安定化するため。

$$\left[CH_3-\overset{\oplus}{CH}-\overset{..}{Cl} \longleftrightarrow CH_3-CH=\overset{\oplus}{Cl} \right]$$

3-11　次の空欄に適当な構造式または示性式を示せ。（S58, 東京大・工）

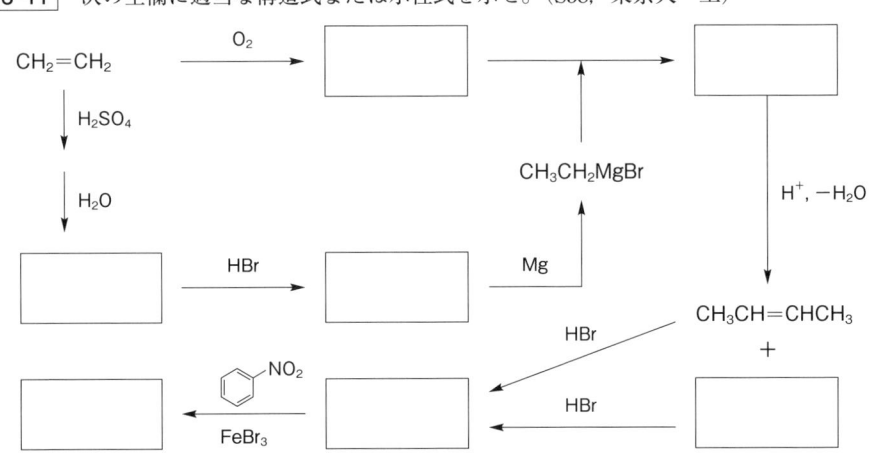

$CH_2=CH_2$ →(O₂)→ [　] →→ [　]
　↓(H₂SO₄)　　　　　　↑(CH₃CH₂MgBr)　↓(H⁺, -H₂O)
　↓(H₂O)
[　] →(HBr)→ [　] →(Mg)→　　　　　$CH_3CH=CHCH_3$
　　　　　　　　　　　　　　　　　　　　　　　＋
　　　　↓(NO₂/FeBr₃)　　　↑(HBr)　　　　[　]
[　] ←　　　　　　　[　] ←(HBr)

3-12　以下の問に答えよ。
　エチレン（A）、プロピレン（B）はそれぞれ酸化されて、アセトアルデヒド（C）、アセトン（D）になる。Bは希

3 アルケン・アルキン

硫酸で H$_2$O 付加すると E となり、C は硫酸酸性下に二クロム酸カリウムで酸化すると F となる。

(1) A − D の構造式を示せ。
(2) E、F の化合物名を示せ。
(3) C をさらに酸化するとどうなるか。
(4) E、F を等モルずつ混合したものに conc.H$_2$SO$_4$ を少量加え加熱すると、どんな反応が起こるか。反応式で示せ。

3-13 分子式 C$_4$H$_8$ なるオレフィンを示し、各々を命名せよ。

3-14 オゾン分解すると CH$_2$=O と (CH$_3$)$_2$CHCH=O を与えるアルケンの構造式を示せ。(H6, 長岡技科大)

〈ヒント〉

オゾン分解：オレフィンへのオゾンの作用により2種のカルボニル化合物を生じる反応。

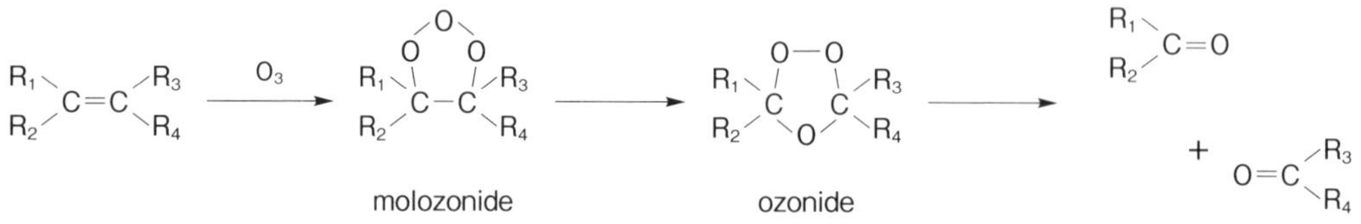

$$\underset{R_2}{\overset{R_1}{C}}=\underset{R_4}{\overset{R_3}{C}} \xrightarrow{O_3} \text{molozonide} \longrightarrow \text{ozonide} \longrightarrow \underset{R_2}{\overset{R_1}{C}}=O + O=\underset{R_4}{\overset{R_3}{C}}$$

生成物としてホルムアルデヒドを生じるということは末端に二重結合があることを示す。

3-15 下に示す反応式中の (1)、(2) に適当な試薬を示せ。(H6, 長岡技科大)

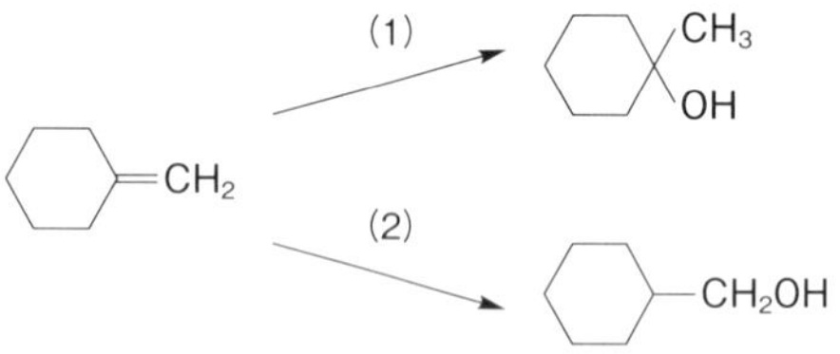

〈ヒント〉
① オレフィンへの水付加では第2級または第3級アルコールを生じる。
② ジボラン付加、HOOH-NaOH による酸化では第1級アルコールを生じる。

3-16 次の空欄を埋めよ。(H5, 長岡技科大)

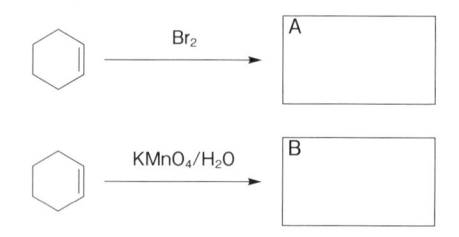

〈ヒント〉
① オレフィンと Br$_2$ との反応ではトランス付加。
② オレフィンと KMnO$_4$ との反応ではシス付加。

この反応を塩基性条件下で行うとジオールとなるが、中性条件下ではオキシケトンや環開裂してジアルデヒドになり、さらに酸化されてジカルボン酸（アジピン酸）となる。

3-17　次の空欄に適当な構造式を示せ。（S64，長岡技科大）

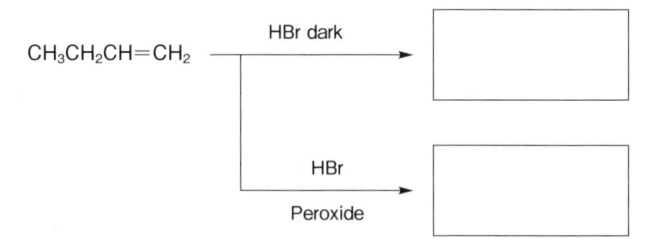

$$CH_3CH_2CH=CH_2 \xrightarrow{\text{HBr dark}} \boxed{}$$
$$\xrightarrow[\text{Peroxide}]{\text{HBr}} \boxed{}$$

〈ヒント〉
① オレフィンへの HBr 付加はカルボカチオン中間体を経由する。
② オレフィンへの過酸化物存在下での HBr 付加はラジカル中間体を経由する。
③ カルボカチオン中間体、ラジカル中間体の安定性により反応が進行する。
　　　第3級 > 第2級 > 第1級カチオン（またはラジカル）

3-18　以下の問に答えよ。
(1) 2-butene の構造式を示せ。
(2) これには2種類の幾何異性体が存在する。これらを立体的に示し、化合物名を示せ。
(3) どちらの異性体が安定か説明せよ。

3-19　マルコフニコフ則とその例について説明せよ。

3-20　プロペンへの臭化水素付加について示せ。

〈ヒント〉　より安定なカルボカチオン中間体を経由して反応が進行する。

3-21　$C_{10}H_{12}$ を $KMnO_4$ で酸化したら2段階に反応した。最初の段階では $C_8H_8O_2$ となり、2段階目の反応では炭素数7の酸ができた。$C_{10}H_{12}$ の構造式を推定し、それぞれの反応式を示せ。（H5，岩手大）

〈ヒント〉
① $C_{10}H_{12}$　不飽和度5、炭素数の割にHの数が少ないことから、ベンゼン環の存在が予想される。
　　C_6H_5-C_4H_7
② $KMnO_4$ で徹底的に酸化すると2段階に反応　$C_{10}H_{12} \to C_8H_8O_2 \to C_6H_5$-$CH_2$-$COOH$
③ 1段階目の酸化で C2 が消失（C_6H_5-C_4H_7 の二重結合部分の異性体について考える）
　　C_6H_5-CH_2-$CH=CH$-$CH_3 \to C_6H_5$-CH_2-$CH=O \to C_6H_5$-CH_2-$COOH$（C8 化合物）
　　C_6H_5-CH_2-$CH_2CH=CH_2 \to C_6H_5$-CH_2-$CH_2CH=O$（C9 化合物）
　　C_6H_5-$C(CH_3)=CH$-$CH_3 \to C_6H_5$-$C(CH_3)=O$（2段階目の酸化は起こらない）
　　C_6H_5-$CH(CH_3)$-$CH=CH_2 \to C_6H_5$-$CH(CH_3)$-$CH=O$（C9 化合物）
　　C_6H_5-CH_2-$C(CH_3)=CH_2 \to C_6H_5$-CH_2-$C(CH_3)=O$（C9 化合物）

3 アルケン・アルキン

3-22 プロピレンを臭化水素化する場合、ラジカル源の存在の有無によって生成物が異なる理由を説明し、二つの場合の生成物を示せ。

〈ヒント〉
過酸化物の存在の有無により反応形式が異なる。すなわち、過酸化物が存在しない場合には、カルボカチオン中間体経由で反応し正常付加生成物（マルコフニコフ生成物）を生じ、過酸化物が存在する場合には、ラジカル中間体を経由して反応し異常付加生成物（逆マルコフニコフ生成物）を生じる。

3-23 マルコフニコフ付加と反（または逆）マルコフニコフ付加について例をあげて説明せよ。

〈ヒント〉 問 **3-22** と類題。

3-24 $CH_2=CH-CH=CH_2$ に HBr を作用させた。高温（室温）と低温（-80℃）では 1,2-付加物と 1,4-付加物と別々の生成物を生じる。この理由をポテンシャルエネルギーを用いて説明せよ。（H5, 大阪府大）

3-25 アセチレンを出発物質としてエタン、エチレンなどを作る方法を説明せよ。（H3, 東京大・工）

3-26 以下の問に答えよ。（H13, 東工大・生命理工）
アルケン A に対して、次式に示す 3 つの反応を行った。それぞれの反応で予想される生成物 B、C、D の構造式を示せ。また B、C が生成する反応の位置選択性について説明せよ。

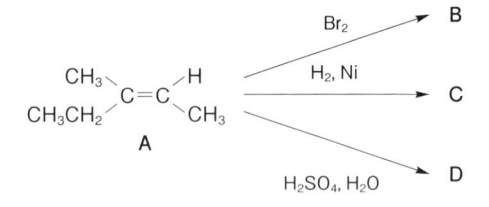

$$\begin{array}{c} CH_3 \\ CH_3CH_2 \end{array} C=C \begin{array}{c} H \\ CH_3 \end{array} \quad \begin{array}{c} \xrightarrow{Br_2} B \\ \xrightarrow{H_2, Ni} C \\ \xrightarrow{H_2SO_4, H_2O} D \end{array}$$

A

〈ヒント〉
① 三員環状ブロモニウムイオン中間体を経由し、より立体障害の小さい方の炭素に Br^- イオンがトランス付加する。
② オレフィンにシス付加する。
③ より安定なカルボカチオン中間体に水が付加しオキソニウムイオン中間体を生じ、ここからプロトンが脱離してアルコールが生成する。

3-27 分子式 $C_{10}H_{16}$ の化合物 A がある。この A をオゾン分解すると、下の化合物 B が得られた。（尚、オゾン分解では、式 (1) のように C=C 結合が開裂し、二つのカルボニル化合物が生じる。）また、化合物 A を水素添加すると、$C_{10}H_{20}$ の化合物 C（立体異性体の混合物）を生じた。以下の問に答えよ。（H17, 東工大）

$$\underset{B}{\text{（構造式）}} \qquad \begin{array}{c} R_1 \\ R_2 \end{array} C=C \begin{array}{c} R_3 \\ R_4 \end{array} \xrightarrow{O_3} \begin{array}{c} R_1 \\ R_2 \end{array} C=O + O=C \begin{array}{c} R_3 \\ R_4 \end{array} \quad (1)$$

(a) 化合物 A には、何個の環が存在するか。
(b) 化合物 B の構造から判断し、化合物 A として可能な構造式をすべて示せ。

(c) 上の問 (b) で解答した化合物 A の各構造について、それぞれ水素添加した場合に得られる化合物 C は、最大いくつの異性体からなるか。問 (b) で解答した各構造式の下に、その個数を示せ。鏡像体は一つと数えること。また、水素添加反応では、C=C 結合がなす分子面に対し二つの水素原子がシス付加することにも注意せよ。

(d) 化合物 C の異性体は、いずれも対称面を有することがわかった。これをもとに化合物 A の構造式を描け。

〈ヒント〉

(a) ① A：$C_{10}H_{16}$　不飽和度 3

② A を水素で還元 → C：$C_{10}H_{20}$ 不飽和度 1、したがって A は二重結合を二つ、環を一つ含む。

③ A をオゾン分解すると $C_9H_{14}O_3$ を生成、これにより炭素数が一つ減少したことから末端 C=C を含むことがわかる。（末端に二重結合を持つ場合オゾン分解によりホルムアルデヒドが生じ炭素数が一つ少なくなる。）

3-28　エチレン分子について次の問に答えよ。（H10，大阪市大・理）

(1) 0.20 mol の質量を求めよ。

(2) 7.0 g 中の分子数を求めよ。

(3) 27 ℃、1.0 atm における 14.0 g の体積を求めよ。

(4) 分子中では炭素原子の原子軌道が相互作用して混成軌道を作っている。これらの混成軌道を、空間的配置を含めて説明せよ。尚必要ならば文中に図を挿入してもよい。

(5) 中央の二つの炭素原子を結ぶ結合は σ 結合と π 結合からなる。この二つの結合の特徴を炭素原子間の軌道の重なりに基づいて説明せよ。尚、必要ならば文中に図を挿入してもよい。

〈ヒント〉

(1) エチレンの分子量 $M = 28$

(2) 1 モル $= 28 g = 22.4 l = 6.02 \times 10^{23}$ 個

(3) 気体の状態方程式 $PV = nRT = w/M \times RT$

3-29　以下の反応の主生成物 A−E を記せ。（H15，京都大・工）

(1) CH₃CH₂CH₂CH=CH₂ + HBr ⟶ A

(2) (CH₃)₃C−CH=CH₂ + H₂SO₄ / H₂O ⟶ B

(3) (CH₃)₂C=CH₂ 1) BH₃−SMe₂ 2) HOOH / NaOH ⟶ C

(4) (CH₃)₂C=CH₂ CH₃COOOH ⟶ D 1) LiAlH₄ 2) H₃O⁺ ⟶ E

〈ヒント〉

(1) 二重結合にプロトンが付加し安定なカルボカチオン中間体を経由して反応が進行する。

(2) 第 2 級カルボカチオンから第 3 級カルボカチオンに転位し第 3 級アルコールを生じる。

3 アルケン・アルキン

(3) ボラン、次いで HOOH、NaOH により第 1 級アルコールを生じる。

(4) 過酢酸によりエポキシ化が進行し、次いで LiAlH$_4$ で還元することにより第 3 級アルコールを生成する。エポキシドの二つの炭素のうち置換基の少ない炭素をヒドリドイオン H$^-$ が攻撃し、その後加水分解により第 3 級アルコールを生じる。

3-30 エチレンの π 結合に関して、設問 (1) - (3) に答えよ。（H17, 長岡技科大・生物）

(1) エチレンの π 結合を、分子軌道の考え方にもとづいて模式的に書け。

(2) 光を吸収するとエチレンの π 結合はどんな結合に変化するか。分子軌道の考え方にもとづいて模式的に書き、その結合の名称を書け。

(3) 一般に、エネルギー準位間のエネルギー差と、吸収される光の振動数の間にはどんな関係があるか。物理量の記号をすべて定義して答えよ。

4 芳香族

4-1 標準生成熱に関する問いに答えよ。分子はすべて 25℃ の気体とする。(H8, 東工大・生命理工)
(a) シクロヘキサン、シクロヘキセン、ベンゼン (Kekulé 構造) の構造式を描け。
(b) シクロヘキセンの標準生成熱 −3.3 kJ/mol および水素添加熱 −119 kJ/mol からベンゼンの標準生成熱を推測せよ。
(c) ベンゼンの標準生成熱（実測値）は約 83 kJ/mol である。この値は問 b で求めた値とは大きく異なる。この差は何を意味するのか説明せよ。

〈ヒント〉
標準生成熱：ある化合物がその成分元素の単体から生成するときの反応熱
シクロヘキセンの標準生成熱
① $6C(s) + 5H_2(g) \rightarrow C_6H_{10} - 3.3$
シクロヘキセンの水素添加熱
② $C_6H_{10} + H_2(g) \rightarrow C_6H_{12} - 119$
ベンゼンの水素添加熱
③ $C_6H_6 + 3H_2(g) \rightarrow C_6H_{12} - (3 \times 119)$
ベンゼンの標準生成熱
④ $6C(s) + 3H_2(g) \rightarrow C_6H_6 + X$
④ ＝ ① ＋ ② － ③ ＝ (−3.3) ＋ (−119) － (−3×119) ＝ 234.7 kJ/mol
実測の標準生成熱 83 kJ/mol
エネルギー差 ＝ 234.7 − 83 ＝ 151.7 kJ/mol ＝ 36.25 kcal/mol

4-2 次の文章を読み下記の設問に答えよ。(H9, 東工大・生命理工)
　代表的な芳香族アミンである化合物 A はベンゼンから二段階の反応によって合成される。化合物 A の希塩酸溶液を 5℃ に冷やしながら亜硝酸ナトリウムの水溶液を加えると化合物 B が得られる。化合物 B の水溶液にフェノールのナトリウム塩の水溶液を加えると橙赤色をした化合物 C が得られる。
(1) ベンゼンから化合物 A にいたる二段階の反応においてそれぞれどのような試薬を使用するか。
(2) 化合物 A、B、C の構造式および名称を書け。
(3) C のような化合物を一般に何化合物というか。またこれらの化合物は黄色〜赤色に着色していて染料として用いられる。このような染料を一般に何染料というか。

〈ヒント〉
① ベンゼンから 2 段階で芳香族アミン A を生成する。
② 亜硝酸ナトリウムと氷冷下に反応して B を生じる（ジアゾ化）。
③ B にフェノールのナトリウム塩を加えると橙赤色 C を生じる（カップリング反応）。

4-3 フェノールがアルコールよりも強酸であることを説明せよ。(H3, 東京大・工)

4-4 Friedel-Crafts のアルキル化反応について説明せよ。

4 芳香族

4-5 次のA-Hの化合物の構造を示せ。(H元，東京大・工)

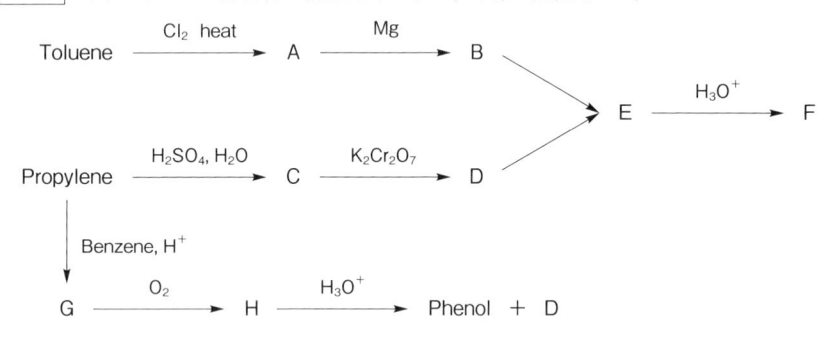

```
Toluene  --Cl₂ heat--> A --Mg--> B
                                    \
                                     → E --H₃O⁺--> F
                                    /
Propylene --H₂SO₄, H₂O--> C --K₂Cr₂O₇--> D

Propylene --Benzene, H⁺--> G --O₂--> H --H₃O⁺--> Phenol + D
```

〈ヒント〉
① 側鎖のハロゲン化、グリニャール反応
② プロピレン、ベンゼンからのフェノール、アセトンの合成（クメン法）

4-6 ベンゼンと塩化ベンゾイルとのFriedel-Crafts反応について反応式を示せ。(S64，東京大・工)

〈ヒント〉
① 求電子試薬（アシルカチオン）の生成
② ベンゼノニウムイオン（アレーニウムイオン、シクロヘキサジエニル型カチオン）中間体の生成
③ 芳香環の再生、触媒の再生

4-7 トルエンからp-アミノ安息香酸を合成するときの反応機構について説明せよ。(S62，東京大・工)

〈ヒント〉
原料トルエンのメチル基はo,p-配向性置換基であり、生成物のp-アミノ安息香酸のカルボキシル基はm-配向性、アミノ基はo,p-配向性であることから、反応式の矢印の上に示す試薬を用いて反応させる。

4-8 ベンゼンと無機物からブロモニトロベンゼン（p-体及びm-体）を合成する方法を示せ。(S62，東京大・工)

〈ヒント〉 NO₂基はm-配向性、Br-基はo,p-配向性である。

4-9 以下の問に答えよ。(S59，東京大・工)
(1) 空欄に適当な構造式を示せ。

⌬ + Cl₂ ⟶ ☐ + HCl

(2) ベンゼンの代わりにトルエンまたはニトロベンゼンを用いた時の生成物の構造式と、その理由を説明せよ。

〈ヒント〉
(2) ① メチル基はo,p-配向性、ニトロ基はm-配向性である。
② トルエンではメチル基がo,p-配向性のため、o-クロロトルエンも生成する。この反応をFeCl₃を用いて行った場合には解答のようになるが、光または高温条件下で行った場合には側鎖メチル基がハロゲン化された塩化ベンジルになる。

4-10 ベンゼン環への求電子置換反応における配向性について例を用いて説明せよ。

〈ヒント〉
　置換ベンゼン環への求電子置換反応は、すでに存在する置換基Xの配向性に従い反応する。

4-11 分子式 C_7H_8O という化合物がある。以下の問に答えよ。
　この化合物にはA, B, C, D, Eの5種類の異性体が考えられる。A, B, Cは二置換体であり、D, Eは一置換体である。金属ナトリウムと反応させると、Eだけが反応しなかった。Aは二クロム酸カリウムで酸化すると、サリチル酸になった。トルエンに100%硫酸を作用させてから、300℃で水酸化ナトリウムと反応させたのち二酸化炭素を加えたらBが生じた。Cはメタ異性体であった。
　(1) 完全燃焼させて CO_2 と H_2O にしたときに消費した酸素の体積はいくらか。
　(2) 生じた CO_2 の質量はいくらか。
　(3) A, B, C, D, Eを構造式で表せ。
　(4) Aにピリジン中無水酢酸を作用させたらエステルが生じた。この構造式を示せ。
　(5) サリチル酸の構造式を示せ。
　(6) トルエンに100%硫酸を作用させたときの反応式を示せ。
　(7) これに300℃でNaOHを作用させたときの反応式を示せ。
　(8) これに CO_2 を作用させたときの反応式を示せ。
　(9) A, B, Cに共通の性質を簡単に示せ。

〈ヒント〉
　(1) 完全燃焼の反応式：$C_7H_8O + 8.5\,O_2 \rightarrow 7\,CO_2 + 4\,H_2O$
　(3) ① C_7H_8O 1置換体：$C_6H_5\text{-}CH_3O$
　　　　　　　　　　　　　$C_6H_5\text{-}OCH_3$、$C_6H_5\text{-}CH_2OH$
　　　2置換体：$C_6H_4\text{-}CH_4O$
　　　　　　　　$CH_3\text{-}C_6H_4\text{-}OH$ (o, m, p)
　　② -OH + Na → -ONa + $0.5\,H_2$
　　　　(E)だけ反応しない。水酸基を持たない。(E) = $C_6H_5\text{-}OCH_3$
　　③ A：$K_2Cr_2O_7$ でサリチル酸を生じた、オルト体
　　④ トルエンをスルホン化、水酸化ナトリウムを加えて加熱し、二酸化炭素と反応させたらBを生じた。
　　　　パラ体
　　⑤ Cはメタ体
　(7) 中和、アルカリ溶融

4-12 ベンゼンの一つの水素を次のもので置換した化合物の構造式と名称を示せ。
　(1) アミノ基　　(2) メチル基　　(3) カルボキシル基　　(4) 水酸基（ヒドロキシ基）
　(5) 上の4つの混合物がある。それを次の試薬および溶媒で分離する方法について説明せよ。
　　　試薬：塩酸、水酸化ナトリウム、炭酸水素ナトリウム
　　　溶媒：水、ジエチルエーテル

〈ヒント〉
　化合物の塩基性、酸性を考える。

4 芳香族

4-13 以下の問に答えよ。

ベンゼン + CH₃-CH=CH₂, H⁺ → [A] → O₂ → C₆H₅-C(CH₃)₂-COOH (クメンヒドロペルオキシド構造)

→ H₂SO₄ → フェノール(C₆H₅OH) + [B]

ベンゼン → HNO₃, H₂SO₄ → ニトロベンゼン(C₆H₅NO₂) → Fe, HCl → [C]

→ NaNO₂, HCl → [D] → フェノール/NaOH → [E]

フェノール → HNO₃, 20℃ → [F] + [G]

(1) A–Gに入る構造式を示せ。
(2) Dとフェノールを使ってジアゾカップリング反応してできる生成物を示せ。
(3) フェノールと硝酸では上のような穏和な条件でもモノニトロ化するのは何故か。
(4) フェノールとシクロヘキサノールではどちらが酸性が強いか。その理由を説明せよ。

〈ヒント〉
① 上段の反応式は、ベンゼンからのクメン法によるフェノールとアセトンの合成。
② 中段の反応式は、ベンゼンからのニトロ化、還元、ジアゾ化、カップリング反応である。
③ 最下段の反応式は、フェノールのニトロ化反応で、水酸基の反応性・配向性を考える。

4-14 下に示す反応式中の (1) – (3) に適当する化合物または試薬を示せ。(H6, 長岡技科大)

ベンゼン → (1) → (2) → (3) → p-ニトロエチルベンゼン(C₂H₅-C₆H₄-NO₂)

〈ヒント〉
エチル基は o,p-配向性（置換基が大きいので、次の置換基は p-位に入る）、ニトロ基は m-配向性のため、この順番に反応させると p-ニトロエチルベンゼンが得られる。

4-15 設問 (1) – (6) に答えよ。(H6, 長岡技科大)

(1) 分子式 C_6H_6 で示される芳香族炭化水素 A 及び分子式 C_2H_5Cl で示されるハロゲン化炭化水素 B の名称と電子式を示せ。
(2) 無水塩化アルミニウムを触媒として上記 (1) の A と B とを反応させたときに得られる生成物の名称を記せ。
(3) 上記 (2) の反応は親電子置換反応であるが、この種の反応には人名を冠した名称がつけられている。その名称を記せ。

(4) 600-650℃で鉄などの酸化物を触媒として上記(2)の生成物の脱水素反応を行ったときに得られる不飽和炭化水素の構造式を記せ。
(5) 上記(4)の不飽和炭化水素を原料として得られる高分子化合物の名称を記せ。
(6) 上記(5)のような高分子化合物を合成する反応を何と呼ぶか記せ。

4-16 次の空欄を埋めよ。(H5, 長岡技科大)

4-17 次の空欄を埋めよ。

〈ヒント〉
① メチル基は o,p-配向性、COOH は m-配向性、ジアゾ基は m-配向性、Br-基は o,p-配向性
② ニトロ化、酸化、Sandmeyer 反応、加水分解

4-18 Sandmeyer 反応について説明せよ。

4-19 Friedel-Crafts 反応について説明せよ。

4-20 ベンゼンから 3-ニトロブロモベンゼンの製法と理由を述べよ。

〈ヒント〉
ニトロ基は m-配向性、Br-基は o,p-配向性のためこの順番に反応させる。

4-21 芳香族求電子置換反応について説明せよ。(何故、付加反応が起こりにくいか)

4 芳香族

4-22 ベンゼンのニトロ化について説明せよ。

4-23 トルエンを原料として次の条件での反応生成物を示せ。(H7，岩手大)
(1) 塩化鉄を用いて塩素を作用させる。
(2) 光照射下、塩素を作用させる。
(3) 塩化アルミニウムを用いて塩化アセチルを作用させる。
(4) 塩化アルミニウムを用いて塩化エチルを作用させる。

4-24 ナフタレン、アニリン、フェノール、サリチル酸を含むエーテル溶液がある。これらの物質を分離する目的で次のような実験をした。(H5，電通大)
① まず希塩酸と振り混ぜて、エーテル層1と水層1に分けた。
② ①で分けたエーテル層にうすい水酸化ナトリウム水溶液を加えて振り混ぜて、エーテル層2と水層2に分けた。
③ ②で分離した水層に二酸化炭素を十分通じた後、エーテルを加えて振り混ぜて、エーテル層3と水層3とに分けた。
(1) それぞれのステップでエーテル層 (1, 2, 3) 水層 (1, 2, 3) には上記の物質がどのように分けられたかを、枝分かれ図で示せ。
(2) 上記の物質の構造式を書け。
(3) どのような理由でそのような分離ができるか、その理由を示せ。
(4) フェノール ($K_a = 1.2 \times 10^{-10}$ M)、サリチル酸 ($K_a = 1.0 \times 10^{-3}$ M)、炭酸 ($K_a = -4.3 \times 10^{-7}$ M) の酸性の強さを大きさの増大順に並べその理由を述べよ。
(5) 以上の設問とは少しずれた問題になるが、Kolbe 反応は次の機構で表される。
これは何の合成反応か矢印の意味を含めて説明せよ。

4-25 近代化学工業の創始は19世紀半ばロンドンのロイヤルカレッジの Perkin 卿によるアニリンの研究に始まるとされている。以下の問に答えよ。(H10，東工大・生命理工)
(a) ベンゼンからアニリンの合成法を記せ。
(b) アニリンとエチルアミンの塩基性の強さを比べると約100万倍アニリンのほうが小さい。この理由を説明せよ。
(c) パラ-ニトロアニリンとパラ-メトキシアニリンの塩基性度の大小を不等号を用いて記せ。
(d) アニリンは臭素と速やかに反応する。得られる生成物の構造を記せ。

〈ヒント〉 アミノ基は o,p-配向性のためオルト位とパラ位に置換した生成物が生じる。

4-26 芳香族求電子置換反応について以下の問に答えよ。（H12，東工大・生命理工）

(a) 次の反応の主生成物を予測せよ。

ベンゼン + CH₃-C(=O)-Cl / AlCl₃ → A

ベンゼン + Cl₂ / FeCl₃ → B

ベンゼン + SO₃ / H₂SO₄ → C

(b) 芳香環上に置換基が存在する場合、反応の配向性（位置選択性）はその置換基によって決まる。以下の反応の主生成物を予測せよ。

アニソール（OCH₃置換ベンゼン）+ HNO₃ / H₂SO₄ → D

ニトロベンゼン（NO₂置換ベンゼン）+ HNO₃ / H₂SO₄ → E

(c) (b) の反応の配向性を説明せよ。

4-27 次の記述中の化合物 A〜E についてそれぞれの構造式および名称を書け。（H9，東工大）

古くから解熱鎮痛剤・精神安定剤として利用されているアセチルサリチル酸（商品名アスピリン）はベンゼンから合成される。ベンゼンを濃硫酸と加熱して化合物 A とし、化合物 A を水酸化ナトリウムと加熱溶融したのち希硫酸で処理して化合物 B を得る。化合物 B のナトリウム塩を高温高圧下で二酸化炭素と反応させると化合物 C のナトリウム塩が得られる。ついで、化合物 C を無水酢酸で処理するとアセチルサリチル酸になる。また、化合物 C を濃硫酸の存在下メチルアルコールと反応させると化合物 D が得られる。化合物 D は外用塗布剤として利用されている。尚、化合物 B は最近ではクメンを経由する方法によって合成されている。ベンゼンを酸触媒存在下プロピレンと処理してクメンとし、クメンを酸素と反応させて過酸化物としたのち酸で分解して、化合物 B を得る方法である。その際、同時に化合物 E が等モル生成する。化合物 E は有機溶媒として利用されている。

4-28 ジブロモベンゼン（分子式 $C_6H_4Br_2$）の三つの異性体を A、B、C とする。A（融点 87℃）はニトロ化により 1 種類のジブロモニトロベンゼンを与える。A の構造式を描け。B と C はともに液体である。ニトロ化により B からは 2 種類の、C からは 3 種類のジブロモニトロベンゼンが異なる比率で生成する。B および C の構造式と、それらのモノニトロ化物の構造式を示せ。

4-29 ニトロベンゼンの求電子置換反応において、生成する中間体の共鳴構造式を描き、m-配向性が有利となる理由を示せ。（H11，長崎大）

4 芳香族

4-30 トルエンの求電子置換反応について、下記の問に答えよ。
(1) メチル基は電子供与性か電子求引性か。
(2) その誘起効果について説明せよ。
(3) ニトロ化反応での生成物を示せ。
(4) この反応の中間体の構造を示せ。
(5) m-配向性を示す官能基にはどのようなものがあるか。
(6) o,p-配向性と m-配向性の官能基がついたときどちらが影響するのか。
(7) それはなぜか。

4-31 クロロベンゼンを出発原料として反応1～5の実験を行い、最終生成物を単離した。これについて (a)-(e) の問に答えよ。

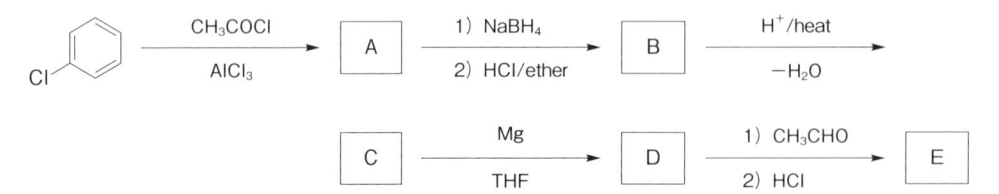

$$\text{ClC}_6\text{H}_5 \xrightarrow[\text{AlCl}_3]{\text{CH}_3\text{COCl}} \boxed{A} \xrightarrow[\text{2) HCl/ether}]{\text{1) NaBH}_4} \boxed{B} \xrightarrow[-\text{H}_2\text{O}]{\text{H}^+/\text{heat}}$$

$$\boxed{C} \xrightarrow[\text{THF}]{\text{Mg}} \boxed{D} \xrightarrow[\text{2) HCl}]{\text{1) CH}_3\text{CHO}} \boxed{E}$$

反応1:塩化アルミニウムの存在下で塩化アセチルを反応させる。
反応2:水素化ホウ素ナトリウムと反応させ、その後、常法で処理する。
反応3:酸触媒の存在下で加熱し、脱水反応を行う。
反応4:テトラヒドロフラン中で金属マグネシウムと反応させる。
反応5:反応4で得られた溶液にアセトアルデヒドを加え、その後、常法で処理する。

(a) 反応1は人名反応の一つである。なんと呼ばれる反応かを書きなさい。
(b) 反応2は、求電子置換、求電子付加、求核置換、求核付加、のどれに相当するか。
(c) 反応3は、付加、脱離、置換、異性化、のどれに分類される反応かを答えなさい。
(d) 反応4の生成物 D は有機金属試薬と呼ばれるものの一つである。その一般名を答えなさい。
(e) ^{1}H-NMR スペクトルを参考にして、最終生成物の構造を書きなさい。強度比:低磁場側から 4, 1, 1, 1, 1, 1, 3

〈ヒント〉
(b)
$$\text{R-C(=O)-R'} \xrightarrow{\text{NaBH}_4} \text{R-CH(O}^-\text{BH}_3\text{)-R' Na}^+ \longrightarrow (\text{R-CH(O-)-R'})_4\text{B}^- \text{Na}^+ \xrightarrow{\text{H}^+} 4\text{ R-CH(OH)-R'}$$

(c)
$$\text{R-CH(OH)-CH}_3 \xrightarrow{\text{H}^+} \text{R-CH(}\overset{+}{\text{OH}_2}\text{)-CH}_3 \xrightarrow{-\text{H}_2\text{O}} \text{R-}\overset{+}{\text{CH}}\text{-CH}_3 \xrightarrow{-\text{H}^+} \text{R-CH=CH}_2$$

4-32 分子式が C_7H_8O である芳香族化合物の異性体について、次の (1)-(4) に答えよ。(H17,長岡技科大・生物)
(1) エーテル結合を有しているものの構造式を記せ。
(2) 塩化鉄(III)水溶液で呈色するものは全部で何種類考えられるか。

(3) 穏やかに酸化することによってベンズアルデヒドになるものの構造式を記せ。
(4) 上の問 (3) で生じたベンズアルデヒドをさらに酸化した場合に生成する化合物の構造式と名称を記せ。

〈ヒント〉
C_7H_8O と炭素数に対して H の数が少ないことから、不飽和度を計算すると4となる。
C_6H_5-CH_3O または CH_3-C_6H_4-OH の構造が考えられる。

4-33 フェノールを硝酸でニトロ化すると2種類の生成物が得られる。フェノールの中に含まれている水酸基の配向性を考察することにより、どのような生成物が得られるか説明せよ。（H13, 新潟大・理）

4-34 芳香族求電子置換反応について説明せよ。

4-35 ベンゼンから3-ニトロブロモベンゼンの合成方法について説明せよ。

4-36 次の芳香族化合物の反応 (a) - (f) について、下記の問に答えよ。

(a) ベンゼン $\xrightarrow{CH_3CH_2Cl, AlCl_3}$ A (C_8H_{10})

(b) ベンゼン $\xrightarrow{CH_3CH_2CH_2Cl, AlCl_3}$ B (70 %, C_9H_{12}) + C (30 %, C_9H_{12})

(c) B $\xrightarrow{O_2}$ $\xrightarrow{H_2SO_4}$ D (C_6H_6O) + E (C_3H_6O)

(d) トルエン $\xrightarrow{Br_2, FeBr_3}$ F (C_7H_7Br) + G (C_7H_7Br)

(e) F $\xrightarrow{Mg}$ $\xrightarrow{CO_2}$ $\xrightarrow{H_3O^+}$ p-CH_3-C_6H_4-COOH

(f) トルエン $\xrightarrow{h\nu, Br_2}$ H (isomer of F, G)

(1) 化合物 A - H を化学構造式で示せ。
(2) 反応 (b) において、化合物 C とともに、B が生成する理由を簡潔に説明せよ。
(3) 反応 (e) を、化学反応式で示せ。
(4) 反応 (e) で生成したグリニャール試薬と化合物 E との反応を、化学反応式で示せ。
(5) 反応 (f) において、トルエンの代わりに化合物 A を用いたとき、主生成物を化学構造式で示せ。また、そのものが主生成物となる理由を簡潔に説明せよ。
(6) 化合物 H を用いる S_N2 反応の例を化学反応式で示せ。

4 芳香族

〈ヒント〉
- (a) Friedel-Crafts のアルキル化
- (b) Friedel-Crafts のアルキル化
- (c) クメンの酸化、転位によるフェノールとアセトンの合成
- (d) ベンゼン環へのハロゲン化
- (e) Grignard 反応
- (f) 光照射下での側鎖のハロゲン化

4-37 ニトロベンゼン (1) からヨードベンゼン (2) を合成した後、マグネシウム、化合物 (2) の約半分量の酢酸メチルを順次作用させ、化合物 A を合成した。ニトロベンゼン (1) からヨードベンゼン (2) を合成するのに必要な反応試剤を矢印の上に示し、反応名を矢印の下に記せ。(反応は一段階とは限らない)。また、生成物 A の構造式を示せ。

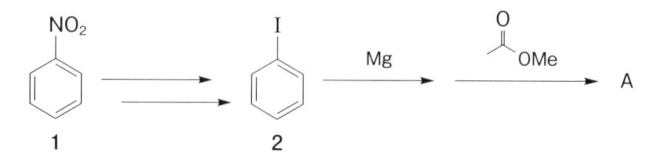

〈ヒント〉
① ニトロベンゼンからヨードベンゼンへは、還元、ジアゾ化、ヨウ化カリウムとの反応
② Grignard 試薬の調製、エステルとの反応

4-38 ベンゼンから p-クロロベンゼンスルホン酸を合成する方法を示せ。(H11, 福井大)

4-39 H、C、O の原子量をそれぞれ 1.0、12.0、16.0 とし、アボガドロ数を 6.0×10^{23} として、次の問に答えよ。(H8, 豊橋技科大)

(1) 今ここに 9.0 g のアスピリン (分子式 $C_9H_8O_4$) がある。この中には何分子存在しているか。
(2) 炭素には 2 種類の同位体 ^{12}C と ^{13}C がある。その存在比をそれぞれ 99.0 %、1.0 % とした時、このアスピリン中には何分子の $^{13}C_9H_8O_4$ が含まれているか。
  例：エタノール (C_2H_6O) 中には、$^{12}C_2H_6O$、$^{12}C^{13}CH_6O$、$^{13}C_2H_6O$ の 3 種類の分子種が存在しており、それぞれの分子種の存在比は ^{12}C の存在比を a、^{13}C の存在比を b とすると、$(a+b)^2$ から a^2、$2ab$、b^2 で与えられる。
(3) このアスピリンを完全燃焼したときに生じる物質の化学式とそのモル数を答えよ。

4-40 サリチル酸と以下の物質との反応によって生成するエステルの構造を示せ。
(1) メタノール (CH_3OH)
(2) 酢酸 (CH_3COOH)

4-41 ブロモベンゼン、ニトロベンゼン、アニソールの求電子置換反応における配向性を述べよ。

5 ハロゲン化アルキル

5-1 ハロゲン化アルキル R-X と、エタノール/水混合溶媒中での水酸化ナトリウムとの求核置換反応について、文中 A-H に当てはまる語句を下記の語句群から選べ。同じ語句を何度使用しても構わない。（H8, 長岡技科大）

R-X + NaOH → R-OH + NaX

求核置換反応の起こり方には主に二種類あることがわかっており、それぞれ A 機構および B 機構と名づけられている。ここで名前の中の数字は反応の律速段階で何分子の試薬が関与するかを表している。A 反応と B 反応の違いを特徴付けているのは反応の立体化学で、光学活性なハロゲン化アルキルを用いた実験から、A 反応では反転が、B 反応ではラセミ化が起こることがわかっている。また、B 反応では反応中間体として C を経由するため、これがより安定な構造をとるように D が起こることがある。A 反応に対する反応性は CH_3-X、C_2H_5-X、$(CH_3)_2CH$-X、$(CH_3)_3C$-X の順になり、CH_3-X が最も反応性は E 。B 反応では、この順序は逆転するが、これは A 反応では反応性が基質の F に依存するのに対して B 反応では中間体である C の安定性によって反応性が決まるからである。R-X の濃度を 2 倍にし、水酸化ナトリウムの濃度を 1/3 倍にして実験を行うと反応速度は A 反応では G 倍、B 反応では H 倍になる。

語句群
E1、 遷移、 S_N1、 $t1/2$、 重い、 低い、 LD_{50}、 カルボアニオン、 2、 ハロゲンラジカル、 カルボカチオン、 転位、 2/3、 反転、 高い、 軽い、 $2\sqrt{3}$、 重合性、 安定性、 $3\sqrt{2}$、 立体規則性、 S_N2、 立体選択性、 立体特異性、 E2、 立体障害、 運動性、 1、 3、 1/3、 $2/\sqrt{3}$

〈ヒント〉
求核置換反応

	S_N2	S_N1
反応段階	1 段階反応	2 段階反応
反応	協奏反応	カルボカチオン中間体経由
反応性	1 > 2 >> 3 級 R-X	3 > 2 > 1 級 R-X
立体化学	Walden 反転	ラセミ化
反応速度	[求核試剤] 濃度に依存	無関係
求核試薬	アニオンのときに起こりやすい	中性
反応溶媒	わずかに影響される	極性溶媒のとき著しく加速

5-2 1-クロロ-1-メチルシクロペンタンを次の試薬と反応させて得られる生成物を示し、得られる理由を述べよ。

(a) エタノール中のナトリウムエトキシド
(b) 煮沸したエタノール

5-3 求核置換反応 S_N1、S_N2 の反応機構について、律速段階の生成物の立体構造等の反応の特徴を含めて説明せよ。（H12, 新潟大・理）

5-4 t-Buthyl bromide（$(CH_3)_3CBr$）の無水エタノール溶液を加熱すると、二つの有機化合物が HBr とともに生成する。各生成物の構造、名称および生成機構を記せ。（H15, 新潟大・理）

5 ハロゲン化アルキル

5-5 求核置換反応の S_N1、S_N2 を説明せよ。

5-6 次の置換反応において反応条件により生成物の立体化学が異なる。中間体あるいは遷移状態を示しその理由を答えよ。

(R)-2-iodobutane

- 95% Acetone−H$_2$O → (S)-2-butanol
- 30% Acetone−H$_2$O → (S)-2-butanol + (R)-2-butanol

〈ヒント〉
極性が比較的低い溶媒においては S_N2 反応が進み立体配置が反転した生成物が得られるのに対して、混合溶媒中の水の比率が高くなると極性が高まり S_N1 反応が進行しラセミ体が得られる。

5-7 以下の問に答えよ。

(1) CH$_3$I あるいは (CH$_3$)$_3$CI（以下 t-BuI と略す）の反応性を比較すると、95% アセトン−5% 水混合溶媒（混合溶媒Aとする）との反応の相対速度は CH$_3$I ≫ t-BuI となり、5% アセトン−95% 水混合溶媒（混合溶媒Bとする）との反応の相対速度は CH$_3$I ≪ t-BuI となった。その理由を説明せよ。

(2) (S)-ヨードブタンを用いて、混合溶媒Aと反応させたとき、及び混合溶媒Bと反応させたときのそれぞれの生成物の特徴を述べよ。

5-8 tert-BuBr にメタノールを作用させたときには、多段階反応が起こり生成物を生じると考えられている。各段階の反応式を示し、その特徴（立体化学的特徴も含む）を簡潔に述べよ。また、生成物の生成速度の特徴も簡潔に述べよ。この反応は何反応と呼ばれているかを示せ。

6 アルコール・エーテル

6-1 第1級、第2級、第3級アルコールの例を示し、その酸化反応について説明せよ。

6-2 n-ブタノールの異性体について以下の問に答えよ。
(1) Aは第1級アルコール、Bは第2級アルコール、Cは第3級アルコールである。A、B、Cの構造式と化合物名を示せ。
(2) 1-buteneに酸触媒存在下に水を作用させたときに生じるのは1-ブタノールとなにか。
〈ヒント〉 途中で生成するカルボカチオン中間体の安定性により2-ブタノールが主生成物となる。

$$CH_3-CH_2-\overset{\oplus}{CH}-CH_3 \qquad CH_3-CH_2-CH_2-\overset{\oplus}{CH_2}$$

6-3 以下の問に答えよ。
C_3H_8O の分子式を持つ化合物 A、B、C があり、$K_2Cr_2O_7$ によって B、C は酸化されるが、A は酸化されない。B は D を経由して E になり、C は F になる。また B と C は硫酸によって不飽和炭化水素 G となる。
(1) A-Gの化合物の名称とその構造式を書きなさい。
(2) またGを臭素化するとなにができるか。構造式と名称を書きなさい。

6-4 以下の問に答えなさい。
(1) $C_4H_{10}O$ で金属ナトリウムと反応する構造異性体の名称と構造式を示せ。
(2) $C_4H_{10}O$ で金属ナトリウムと反応しない構造異性体の名称と構造式を示せ。
(3) C_6H_6O で芳香族化合物の名称と構造式を示せ。

6-5 K社のガソリンにはメチル-tert-ブチルエーテル（Methyl tert-Butyl Ether、MTBE）と呼ばれる化合物が混入されている。(H8, 長岡技科大)
(1) MTBEの構造式とIUPAC名を示せ。ただし炭素の結合した水素原子は省略してよい。
(2) 非対称エーテルは、ウィリアムソン（Williamson）合成により対応するハロゲン化アルキルと金属アルコキシドから合成される。MTBEを得るためのこれらの組み合わせは2種類考えられるが、そのうちの一方は目的物が高収率で得られ、もう一方では目的物がほとんど得られない。MTBEを合成するのに適したハロゲン化アルキルと金属アルコキシドの構造を示せ。

6-6 エタノール（CH_3CH_2OH）を原料として下記の有機化合物を合成したい。(a)-(f)のうち4つを選び、その合成法について反応形式、試薬、あるいは反応条件とともに例に倣って示せ。数段階の反応を用いてもよい。(H12, 東工大・生命理工)

$$\text{Example} \quad CH_2=CH-CH_3 \xrightarrow{Cl_2} \underset{Cl \ Cl}{H_2C-CH-CH_3}$$

6 アルコール・エーテル

(a) CH₃CH₂Br (b) CH₃CH₂OCH₂CH₃ (c) CH₃-C-O-C-CH₃
                                         ‖   ‖
                                         O   O

(d) CH₃CH₂CH₂NH₂ (e) CH₃CH₂-CH-CH₃ (f) polyethylene
                              |
                              OH

6-7 以下の問に答えよ。

$$H_3C-\overset{O}{\overset{\|}{C}}-\underset{CH_3}{\overset{}{C}}-CH_2 \quad \xrightarrow[C_2H_5OH,\ C_2H_5O^-]{C_2H_5OH,\ H^+}$$

上の反応において、酸 (H⁺) と EtOH を作用させたときと、塩基 (C₂H₅O⁻) と EtOH を作用させたときの生成物の違いについて反応機構を示し、その理由を説明せよ。

6-8 C₄H₁₀O の化学式を有するアルコールに関して、以下の各問に答えよ。(H14, 京都大・工)
(1) 異性体はいくつあるか数を答えよ。ただし、エナンチオマーも区別して考えよ。
(2) 濃塩酸と室温で反応して塩化アルキルを与えるものを構造式で示せ。
(3) 橙色の CrO₃-硫酸水溶液の色を変色させるアルコールをすべて構造式で示せ。
(4) アキラルなアルコールすべてについて IUPAC 規則に従い英語で命名せよ。
(5) S の絶対配置を有するキラルなアルコールの構造式を立体化学がわかるように記せ。
(6) (5)のアルコールに対して、次の反応を行った。A-C に当てはまる化合物の構造式を立体化学がわかるように記せ。

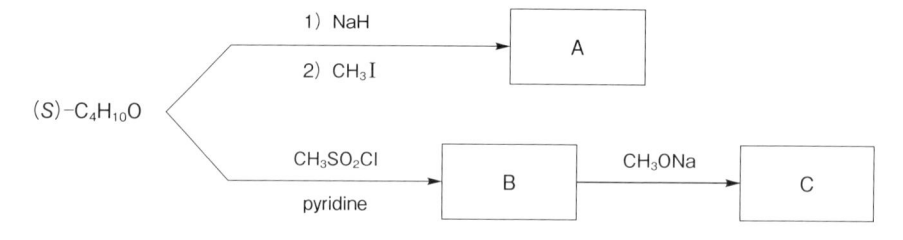

$$(S)\text{-}C_4H_{10}O \quad\begin{array}{l} \xrightarrow{1)\ NaH,\ 2)\ CH_3I} \boxed{A} \\ \xrightarrow[pyridine]{CH_3SO_2Cl} \boxed{B} \xrightarrow{CH_3ONa} \boxed{C} \end{array}$$

6-9 次の(1)-(3)はエタノールの化学反応について記述したものである。[A]-[F] には該当する有機化合物の示性式を、(ア)-(オ) には反応名を記せ。(H18, 長岡技科大・生物)
(1) エタノールは分子内に CH₃-CH(OH)- の構造を持つので、水酸化ナトリウム水溶液とヨウ素を加えて温めると [A] の黄色結晶が生成する。これを (ア) という。
(2) エタノールと濃硫酸の混合物を 140 ℃に加熱すると (イ) によって [B] が生成する。ところが、同じ混合物を 170 ℃まで加熱した場合には (ウ) によって [C] が生成する。
(3) エタノールは酸化によって [D] に変化するが、[D] はアセチレンに対する水の (エ) によっても生成し、[D] をさらに酸化すれば [E] が得られる。また、エタノールと [E] との (オ) によって [F] が生成する。

6-10 カッコ内に適当な語句、化学式、化合物名を入れよ。

エタノールに濃硫酸を加えて加熱すると、（ア）反応が起こり、約140℃の場合には（イ）を生じ、約170℃の場合には（ウ）が生じる。また、この反応は、それぞれ以下のように示される。

$2 C_2H_5OH \rightarrow$ （エ） $+ H_2O$ （約140℃の場合）

$C_2H_5OH \rightarrow$ （オ） $+ H_2O$ （約170℃の場合）

7 カルボニル化合物

7-1 アセトアルデヒドのアルドール縮合を示せ。

7-2 Grignard 試薬を用いる各種アルコールの生成反応を示せ。

7-3 下に示す反応式中の (1) - (3) に適する化合物の化学式を示せ。（H6, 長岡技科大）

$$CH_3-\underset{\underset{O}{\|}}{C}-H \xrightarrow{OH^-} (1) + H_2O$$

$$(1) + CH_3-\underset{\underset{O}{\|}}{C}-H \longrightarrow (2)$$

$$(2) + H_2O \longrightarrow (3)$$

7-4 以下の問に答えよ。

$$2\ CH_3-\underset{\underset{O}{\|}}{C}-H \xrightarrow{OH^-}$$

7-5 次の空欄に適当な構造式を示せ。（S62, 長岡技科大）

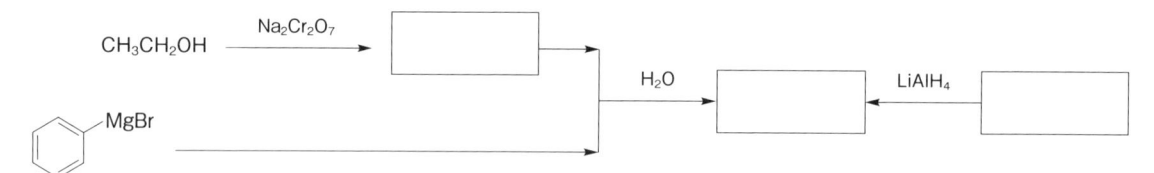

$$CH_3CH_2OH \xrightarrow{Na_2Cr_2O_7} \boxed{} \xrightarrow{} \boxed{} \xleftarrow{LiAlH_4} \boxed{}$$

$$\underset{}{\text{C}_6\text{H}_5}\text{MgBr} \xrightarrow{} \quad \text{(H}_2\text{O)}$$

7-6 グリニャール試薬と次の化合物との反応の生成物について説明せよ。
(1) アルデヒド
(2) ケトン
(3) エステル

7-7 グリニャール試薬と次の化合物との反応の生成物について説明せよ。
(1) アルデヒド
(2) ケトン
(3) エポキシド
(4) 二酸化炭素
(5) 重水

〈ヒント〉
(3) エポキシドと反応し2炭素増加したアルコールを生じる。
(4) 二酸化炭素とも反応してカルボン酸を生じる。

(5) 活性水素（ここでは重水素）を持つ化合物（水、アルコールなど）は、Grignard 試薬と激しく反応してアルカンを生じる。

7-8 アセトアルデヒド、ベンズアルデヒドそれぞれに NaOH を作用させたときの相違を説明せよ。（H7，岩手大）

7-9 アセトアルデヒドに NaOH を作用させたときの生成物の構造式を示せ。

7-10 C_4H_8O の分子式を持つ化合物について以下の問に答えよ。（H元，秋田大）
(1) フェーリング反応をする異性体を示せ。
(2) ハロホルム反応をする異性体を示せ。
(3) (1)と(2)を還元したとき生成するアルコールの構造と名称を示せ。

〈ヒント〉
(1) ① C_4H_8O　不飽和度 1
②フェーリング反応：アルデヒド基を持つ。
(2) ハロホルム反応：$CH_3-(C=O)-$ または $CH_3-CH(OH)-$ 基を持つ化合物は、NaOH の存在下ハロゲン X_2 と反応して特異臭を持つ黄色結晶 CHX_3 とカルボン酸のナトリウム塩を生じる。

7-11 マロン酸ジエチルと 1,5-ジブロモペンタンから $C_6H_{11}COOH$ を合成する方法を書け。（H7，大阪府大）

〈ヒント〉　マロン酸ジエチルのカルボアニオンがハロゲン化アルキル部分に2回求核攻撃して生じたシクロヘキサン骨格のマロン酸ジエステルを塩酸水溶液などの存在下で加熱すると、加水分解・脱炭酸によりシクロヘキサンカルボン酸が得られる。

7-12 マイケル付加反応について、以下の問に答えよ。（H5，大阪府大）

$$C_2H_5O-\underset{\underset{O}{\|}}{C}-CH_2-\underset{\underset{O}{\|}}{C}-OC_2H_5 \;+\; CH_3-\underset{\underset{O}{\|}}{C}-CH=CH_2 \longrightarrow$$

(1) 一般に使用されている触媒を示せ。
(2) 生成物の構造式を示せ。

〈ヒント〉
α,β-不飽和カルボニル化合物に塩基の存在下、活性メチレン化合物が 1,4-付加する反応をマイケル付加反応という。

7　カルボニル化合物

[反応機構図: マロン酸ジエチルとメチルビニルケトンのMichael付加反応機構]

$$\begin{array}{c}\text{C-OEt}\\\text{C-OEt}\end{array} \xrightarrow[\text{C}_2\text{H}_5\text{OH}]{\text{C}_2\text{H}_5\text{O}^-} \begin{array}{c}\text{O}\\\text{C-OEt}\\\ominus:\\\text{C-OEt}\\\text{O}\end{array} + \text{CH}_3\text{-C-CH=CH}_2 \longrightarrow \text{CH}_3\text{-C=CH-CH}_2\text{-CH}\begin{array}{c}\text{C-OEt}\\\text{C-OEt}\\\text{O}\end{array}$$

$$\longrightarrow \text{CH}_3\text{-C=CH-CH}_2\text{-CH}\begin{array}{c}\text{C-OEt}\\\text{C-OEt}\end{array} \longrightarrow \text{CH}_3\text{-C-CH}_2\text{-CH}_2\text{-CH}\begin{array}{c}\text{C-OEt}\\\text{C-OEt}\end{array}$$

7-13 化合物 (4) の生産法について以下の問に答えよ。（H14, 東工大・生命理工）

化合物 (4) の工業的生産には、まず 2 分子のアセトアルデヒドから化合物 (1) をつくり、加熱脱水処理にて (2) とする。ついで、水素化ホウ素ナトリウム (NaBH$_4$) により還元して (3) に変換した後に、水素添加により得る方法が知られている。

$$2\ \text{CH}_3\text{CHO} \xrightarrow[\Delta]{\text{NaOH, EtOH}} (1) \xrightarrow{\Delta} (2) \xrightarrow[\text{2) H}_3\text{O}^+]{\text{1) NaBH}_4} (3) \xrightarrow{\text{H}_2,\ \text{Pd/C}} (4)$$

(a) 化合物 (1)、(2) および (3) の構造式を示せ。
(b) 生成した化合物 (4) のすべての構造異性体を図示せよ。

〈ヒント〉　アルドール縮合、加熱脱水、カルボニル基の還元、C=C の還元

7-14 マイケル付加について、以下の問に答えよ。
(1) 反応式を完成せよ。

$$\text{C}_2\text{H}_5\text{-O-C-CH}_2\text{-C-O-C}_2\text{H}_5 + \text{CH}_3\text{-C-CH=CH}_2 \longrightarrow \boxed{}$$

(2) (1) の生成物に酸を作用させ、加熱したときの生成物の構造式を示せ。

〈ヒント〉　α,β-不飽和カルボニル化合物への活性メチレン化合物の塩基性条件下で 1,4-付加（マイケル付加反応）したのち、酸触媒の存在下、加熱によりエステルの加水分解、続いて脱炭酸によりカルボン酸を生じる。

7-15 グリニャール試薬とアルデヒド、ケトンとの反応について説明せよ。

7-16 3-ヘキサノンに臭化メチルマグネシウムを作用させ化合物 (A) とした後、酸処理を行ったところ化合物 (B) が複数の異性体の混合物として得られた。化合物 (A) の構造式と正式名称を答えよ。また化合物 (B) として可能なものすべての構造式と化合物名を示せ。

7-17 反応式を完成させよ。
　　　C$_6$H$_5$MgBr　+　CH$_3$CH$_2$CHO　→

8 カルボン酸誘導体

8-1 酢酸、フェニル酢酸、クロロ酢酸の示性式を示し、酸性度の強い順に並べよ。（S62，東京大・工）

〈ヒント〉

$$R-\underset{\underset{O}{\|}}{C}-OH + H_2O \xrightarrow{K_{eq}} R-\underset{\underset{O}{\|}}{C}-O^{\ominus} + H_3O^{\oplus}$$

酸性度定数 K_a

$$K_{eq} = \frac{[R-COO^{\ominus}][H_3O^{\oplus}]}{[R-COOH][H_2O]} \quad K_a = K_{eq}[H_2O] = \frac{[R-COO^{\ominus}][H_3O^{\oplus}]}{[R-COOH]}$$

$$pK_a = -\log K_a$$

R-COOH は O-H 間で分極しており切れやすくなっている。 $\underset{\underset{O}{\|}}{R-C}\overset{\delta\ominus\ \delta\oplus}{-O-H}$

さらに、

$$\left[R-\underset{\underset{O}{\|}}{C}-\overset{\curvearrowleft}{\ddot{O}}H \longleftrightarrow R-\underset{\underset{O^{\ominus}}{\|}}{C}=\overset{\oplus}{O}-H \right]$$ の共鳴により O-H が一層切れやすくなっている。

R 基（もしくは R に電子求引性または電子供与性基が含まれている場合）

$$R-\underset{\underset{O}{\|}}{C}-OH \qquad R\longleftarrow\underset{\underset{O}{\|}}{C}-O^{\ominus} \qquad R\longrightarrow\underset{\underset{O}{\|}}{C}-O^{\ominus}$$

R- = 電子求引性基：カルボキシラートイオンを安定化し酸性を強める。

R- = 電子供与性基：カルボキシラートイオンを不安定化し酸性を弱める。

ハロゲン基は電子求引性基

アリール基もハロゲンほどではないが電子求引性基

（sp^2 構造の不飽和結合を持つグループが置換すると s 性の増大とともに電子求引性が増し、酸性は強くなる。）

ちなみに、 $CH_3-\underset{\underset{O}{\|}}{C}-OH \ < \ \text{C}_6\text{H}_5-CH_2-\underset{\underset{O}{\|}}{C}-OH \ < \ Cl-CH_2-\underset{\underset{O}{\|}}{C}-OH$

pK_a 4.76   4.31   2.86

8-2 水素イオン濃度の大小について説明せよ。（H2，京都大・工）
$CH_3COOH > CH_3CH_2OH > CH_3CH_3$

8-3 濃硫酸のもとで酢酸とメタノールを反応させる。この反応の反応式を示せ。

〈ヒント〉 Fischer のエステル化

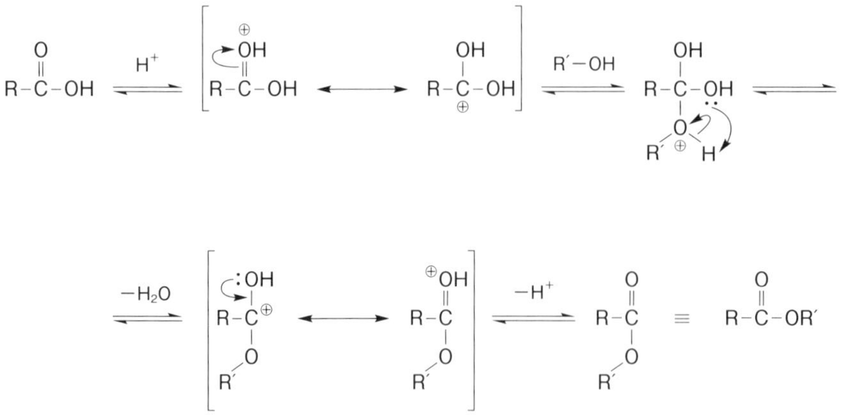

8 カルボン酸誘導体

(反応機構の図)

8-4 カルボン酸について以下の問に答えよ。(S60, 長岡技科大)
(1) 溶液中での状態
(2) 酸の強度について（ハロゲン置換のカルボン酸など）
(3) 合成法
(4) ギ酸と酢酸の見分け方

〈ヒント〉
(4) ① アルデヒドの検出反応
・フェーリング溶液の還元（赤褐色の沈殿）

$$R\text{-}CHO + 2Cu^{2+} + 5OH^- \longrightarrow R\text{-}COO^- + Cu_2O\downarrow + 3H_2O$$

・アンモニア性硝酸銀溶液による銀鏡反応（銀鏡の生成）

$$R\text{-}CHO + 2[Ag(NH_3)_2]^+(OH^-) + OH^- \longrightarrow R\text{-}COO^- + 2Ag\downarrow + 4NH_3 + 2H_2O$$

② ハロホルム反応
・ハロホルム反応：$CH_3\text{-}(C{=}O)\text{-}R$ または $CH_3\text{-}CH(OH)\text{-}R$ の構造式を持つ化合物は、NaOH の存在下ハロゲン X_2 と反応して特異臭を持つ黄色結晶 CHX_3 とカルボン酸 R-COOH のナトリウム塩（ここでは炭酸ナトリウム）を生じる。

8-5 酢酸の酸性度について答えよ。
〈ヒント〉 問 8-1 と類題。

8-6 クロロ酢酸と酢酸との酸の強さについて説明せよ。

8-7 エタノールと酢酸から、酸触媒（H^+）を用いて酢酸エチルを合成する時、その反応機構を段階的に書け。(H10, 大阪市大・理)
〈ヒント〉 問 8-3 のヒント参照。

8-8　ベンゼン環にCOOH基とOH基が置換したA、Bの化合物について以下の問に答えよ。

(構造式: A = サリチル酸型(o-HO-C6H4-COOH), B = p-HO-C6H4-COOH)

(1) OH基とCOOH基はどちらの酸性度が強いか。
(2) AとBではどちらの酸性度が強いか。
(3) それはなぜか。
(4) Aが水素結合しているとするとどのような形か。
(5) Aはなんという名称か。
(6) AにCH₃OHもしくは無水酢酸を加えたとき、それぞれ何が生成するか。その構造式と名称を答えよ。また、それぞれの反応名を示せ。
(7) 生成したものは何に利用されているか。

〈ヒント〉
(1) 問 8-2 参照。

8-9　ある飽和モノカルボン酸を0.75 gを取り、水を加えて正確に100 mlとした。この水溶液を10.0 mlとって、0.10 mol/lの水酸化ナトリウム水溶液で滴定したところ、中和点までに12.5 mlを要した。次の(1)-(3)に答えよ。(H17,長岡技科大・生物)
(1) このカルボン酸の分子量はいくらか。
(2) このカルボン酸の示性式および名称を記せ。
(3) このカルボン酸と同じ分子式を持つエステルの示性式および名称を記せ。

〈ヒント〉　あるカルボン酸0.75 gをはかり取って100 ml溶液とし濃度をXM(XN)とした。このカルボン酸溶液10 mlを中和するのに、0.1 mol/lの水酸化ナトリウム溶液が12.5 ml必要であった。$10 \times X/1000 = 12.5 \times 0.1/1000$。この式からカルボン酸の濃度$X = 0.125$ N (M)が求まる。この濃度は溶液100 mlのものであり、ここに0.75 gが含まれている。モル濃度(規定度)の定義1000 mlにすると7.5 gが含まれることになる。これが0.125 Mであることから、分子量は60となる。分子量60のカルボン酸は酢酸であり、CH_3COOHで分子式$C_2H_4O_2$となり、これと同じ分子式のエステルは$HCOOCH_3$のギ酸メチルが該当する。

8-10　酢酸と1-プロパノールからエステルを合成する反応について、設問(1)-(3)に答えよ。(H17,長岡技科大・生物)
(1) 化学反応式を書け。
(2) この化学反応式の平衡定数を表す式を書け。
(3) この平衡定数を4.0とするとき、酢酸2.0 molと1-プロパノール3.0 molを混合して平衡に達した時のエステルの物質量を計算せよ。ただし、$\sqrt{7} = 2.6$とする。

〈ヒント〉
(3) $K_{eq} = 4 = x \cdot x / (a-x)(b-x)$より2次方程式$3x^2 - 20x + 24 = 0$を解く。

8-11　酸性条件下、および塩基性条件下でのカルボン酸エステル(RCOOR′)の加水分解反応の反応機構につい

8 カルボン酸誘導体

て説明せよ。また、それぞれ酸および塩基は化学量論量必要か、触媒量でよいか。その理由について述べよ。

8-12 次の (a)–(d) に示す二つの化合物を比較した場合、それぞれどちらがより強い酸性度を示すか。理由を付して説明せよ。（H14, 京都大・工）

(a) CH_3COOH、CH_3CH_2OH (b) FCH_2COOH、$BrCH_2COOH$

(c) FCH_2COOH、FCH_2CH_2COOH (d) エチレン、アセチレン

8-13 以下の問に答えよ。（H16, 長岡技科大・材料）

次の化合物を酸性の強いものから順に記号で並べなさい。

(a) CH_3CH_2COOH (b) 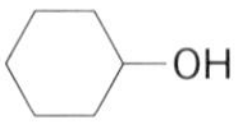 シクロヘキサノール (–OH)   (c) フェノール (–OH)

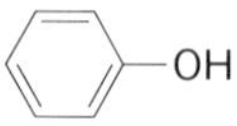

8-14 次の各組の化合物について、どちらが酸として強いか記せ。また、電気陰性度、誘起効果、共鳴（非局在化）などの用語を用いて理由も記せ。（H15, 新潟大・理）

(1) CH_3CH_2OH と CH_3COOH

(2) CH_3CH_2COOH と $CH_3CH(Cl)COOH$

(3) $ClCH_2CH_2COOH$ と $CH_3CH(Cl)COOH$

(4) フェノールとシクロヘキサノール

〈ヒント〉

(1) 問 8-2 参照。

(2) 問 8-6 参照。

(3) 問 8-12 (c) 参照。

(4) 問 8-13 参照。

9 アミン

9-1 アニリン、エチルアミン、ジメチルアミンの示性式を示し、塩基性の強い順に並べよ。（S62, 東京大・工）

〈ヒント〉 アミンの塩基性とは窒素上の非共有電子対をプロトンなどに与える性質であり、この窒素にメチル基やエチル基（アルキル基）などの電子供与性基が結合すると窒素上の電子密度を高める。ジメチルアミンには二つのアルキル基が結合しているためより塩基性が強い。

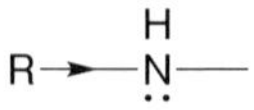

R→N(H)（構造式）

一方、アニリンは窒素上の非共有電子対が共鳴によりベンゼン環に非局在化し安定化する。したがって、窒素上の非共有電子対の電子供与能が低下し塩基性が減少する。

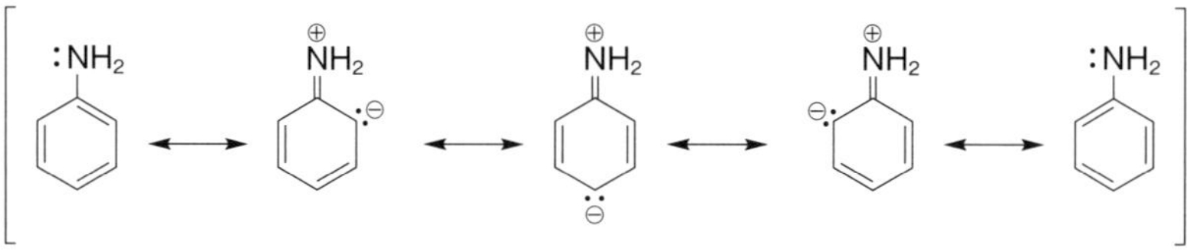

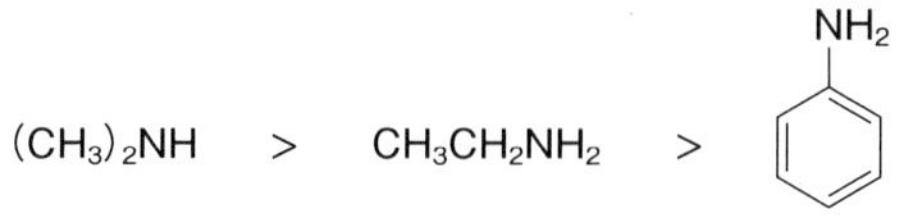

[アニリンの共鳴構造式]

$(CH_3)_2NH$ > $CH_3CH_2NH_2$ > アニリン

(pK_b 3.27   3.3   9.4)

9-2 アンモニアが N を中心とした三角形にならない理由を説明せよ。

9-3 以下の問に答えよ。（H16, 長岡技科大・材料）
次の化合物を塩基性の強いものから順に並べなさい。

(a) CH_3NH_2 (b) 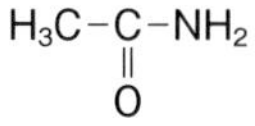 $H_3C-C(=O)-NH_2$ (c) アニリン（$C_6H_5-NH_2$）

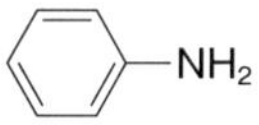

〈ヒント〉 問 9-1 参照。

酸アミドは電子求引性のカルボニル基が窒素に結合しているため

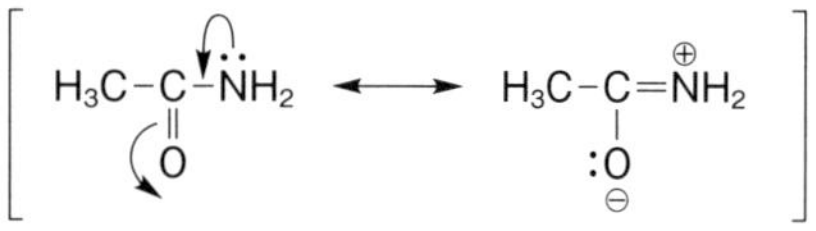

[$H_3C-C(=O)-NH_2$ ↔ $H_3C-C(O^-)=NH_2^+$ の共鳴]

の共鳴により、窒素上の電子密度が低下し、窒素上の非共有電子対の供与能が減少し、塩基性が非常に弱くなる（塩基性ほとんどなし）。

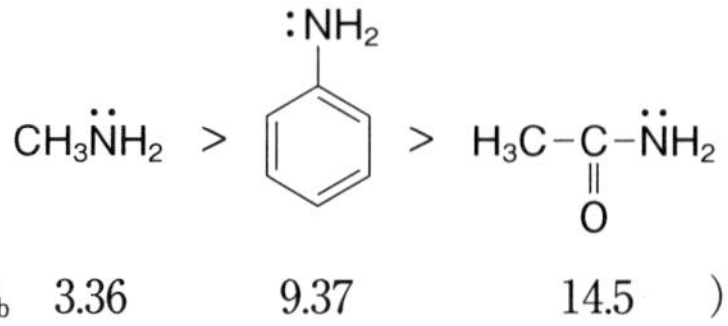

$CH_3\ddot{N}H_2$ > アニリン > $H_3C-C(=O)-NH_2$

(pK_b 3.36   9.37   14.5)

10 糖類（炭水化物）

10-1 以下の問に答えよ。（H元, 秋田大）

(1) 上の化合物を分解するとなにができるか。
(2) 上の化合物はフェーリング溶液と反応しないが、分解生成物はフェーリング反応をする。これを説明せよ。

10-2 炭水化物（糖）に関する次の問に答えよ。①～⑭に適当な言葉を入れ、全文を完成せよ。（H14, 東工大）
　炭水化物（糖）は一般に（①）基を複数個有し、一種のポリアルコールと考えることができる。しかし、単なるポリアルコールと異なる点は、（②）基や（③）基の存在のために還元性を有することである。そこで（②）基、（③）基を有する糖をおのおの（④）、（⑤）と呼ぶ。（④）は分子内に（①）基と（②）基を有するために、（⑥）結合によって環状構造を取る。同様に、（⑤）は（①）基と（③）基を分子内に有するために、（⑦）結合によって環状構造を取る。これら環状構造のものは鎖状構造のものとは異なり、（⑧）を有さないはずだが、水溶液中ではこれらの糖は環状構造のものと鎖状構造のものとが一定の平衡状態で存在するために、やはり（⑧）を有することになる。ところで、糖、たとえばブドウ糖が環状構造を取った場合に、1位の炭素に結合する水酸基の立体配置のみが異なる α 型および β 型の異性体である（⑨）が存在するが、これらも一定の平衡状態で2種類のものが存在する。さて、糖が一般的に環状構造を取った際に、5員環のものは構造が（⑩）と呼ばれるものに類似しているために（⑪）と呼ばれ、6員環のものは構造が（⑫）と呼ばれるものに類似しているために（⑬）と呼ばれる。糖、たとえばブドウ糖はそのままの形で体内に存在し、すぐに利用可能なエネルギー源として大変重要である。しかし生体内に貯蔵される際にはUDP-glucoseの形で活性化され、二糖、三糖、…多糖へと高分子化される。この際に（⑨）のうち、一方のみが選択的に利用されることが知られている。これはこれらを生合成する（⑭）の特異性に起因すると考えられる。

10-3 次の文を読み、以下の問いに答えよ。（H12, 京都工芸繊維大・繊維）
　炭水化物は、C、H、Oの3元素から成る化合物で、化学構造によって単糖類、二糖類、多糖類に大別される。単糖類は炭水化物の加水分解で生じ、これ以上小さな糖を生成しない糖である。代表的な単糖であるグルコースは、水によく溶け、アンモニア性硝酸銀溶液を加えると、分子中の(1)基にもとづく銀鏡反応が起こる。また、グルコースは①酵母菌に含まれる酵素群によってエタノールと(2)に分解される。
　二糖類は単糖類2分子から水が1分子とれて結合した糖で、マルトース（麦芽糖）、ショ糖、乳糖などがある。ショ糖はインベルターゼによって加水分解され、等量の(3)と(4)になる。
　多糖類は単糖類が多数結合した糖で、デンプン、セルロース、グリコーゲンなどがある。デンプンはグルコースが結合した多糖で、植物細胞内では粒状で存在する。動物の唾液や膵液などの消化液に含まれているアミラーゼによってグルコースに分解される。セルロースはグルコースが直線状につながった多糖で、植物細胞壁の主成分である。脊椎動物にはセルロースを分解する酵素はなく、草食動物の消化管にいる共生細菌がセルラーゼと総称される一連の酵素を分泌し、グルコースを分解する。

(a) (1) (2) (3) (4) に当てはまる語句を入れよ。

(b) グルコースが有機化合物なのに水によく溶ける理由を簡単に説明せよ。
(c) (①) の反応において、グルコース 10 g から理論上何 g のエタノールが得られるか答えよ。ただし、C、H、O の原子量は、それぞれ 12、1、16 とし、計算過程も記せ。
(d) デンプンとセルロースは、共にグルコースの縮重合体である。アミラーゼはデンプンに作用するが、セルロースには作用しない。この理由を簡単に説明せよ。

〈ヒント〉

グルコースの分子式は $C_6H_{12}O_6$ で分子量は 180 である。

$C_6H_{12}O_6 \rightarrow 2C_2H_5OH + 2CO_2$ （アルコール発酵）
　　　　　（チマーゼ）

グルコース 1 モル（180 g）で 2 モルのエチルアルコール（2×46 g）が生成される。
10 g のグルコースでは $x = 5.1$ g 生成する。

10-4 デンプンとセルロースはいずれも D-グルコースから構成されている。
(1) 両者の構造の違いを説明せよ。
(2) 生物学的役割の違いについて説明せよ。

10-5 下図は D-グルコースである。これが閉環して生成する α-D-グルコピラノースの構造を示せ。

```
      CHO
  H ──┼── OH
 HO ──┼── H
  H ──┼── OH
  H ──┼── OH
      CH₂OH
```

10-6
(1) 下図に Fischer 式で示された構造式を参考にし、β-D-グルコピラノースと β-D-ガラクトピラノースの構造式を Haworth 式で示せ。（H13，東工大・生命理工）

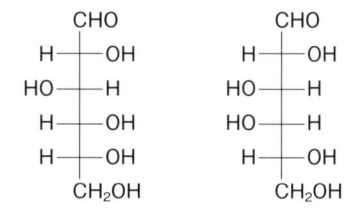

```
      CHO              CHO
  H ──┼── OH       H ──┼── OH
 HO ──┼── H       HO ──┼── H
  H ──┼── OH      HO ──┼── H
  H ──┼── OH       H ──┼── OH
      CH₂OH            CH₂OH
```

(2) 水中で D-グルコースの比旋光度を測定すると、徐々に変化し +50° で平衡になった。α-D-グルコースと β-D-グルコースの比旋光度をそれぞれ +110° および +20° と平衡状態での α 型と β 型の比を求めよ。またこの現象を何と呼ぶか。

10 糖類（炭水化物）

〈ヒント〉

α-D-グルコース　　　　　　　　　　　　β-D-グルコース

旋光度　$[\alpha]\ +110°$　　　　　　　　　　$[\alpha]\ +20°$

x %　　　　　　　　　　　　　$(100-x)$ %

放置後の旋光度　$[\alpha]\ +50°$

$(+110) \times x + (+20) \times (100-x) = (+50) \times 100$

$x = 33.3$

11 アミノ酸・タンパク質

11-1 以下の問に答えよ。
(1) ( ) の中に適当な語句を入れよ。
アミノ酸はα位の（ア）にアミノ基と（イ）基を持ち、二つのアミノ酸はアミノ基と（イ）基で（ウ）結合している。
(2) 酵素反応の特徴を次の言葉を用いて説明せよ。
（特異性、触媒作用、最適条件）
(3) DNAからタンパク質を作る過程の仕組を説明せよ。
(4) 遺伝情報の仕組について説明せよ。

11-2 タンパク質は地球上でほとんどの場合、L-α-アミノ酸の縮重合化合物である。このことについて、次の問に答えよ。（H5, 長岡技科大）
(1) α-アミノ酸の構造式の一般式を示せ。但し、置換基はRで示せ。
(2) L-体に相対する化合物はなんと呼ばれるか。
(3) このような関係が生じるのはどのような条件が満たされたときか。
(4) これらの化合物の分子構造上の違いは何か明確に示せ。
(5) このような違いの関係はなんと呼ばれているか。
(6) システインを除くL-α-アミノ酸の絶対立体構造はS-型配置である。これをわかりやすく図示せよ。
(7) これらの化合物の違いはどのような物理的性質に顕著に現れるか。
(8) L-体とそれに対応する化合物の1：1混合物はなんと呼ばれるか。
(9) L-体のみを通常の化学合成法で得ることは不可能である。片方のみを得る方法として可能なアイデアを一つ簡単に説明せよ。ただし抽出法は除く。

11-3 次の文章の（ ）の中に入る語句を下から選びなさい。（H5, 長岡技科大）
タンパク質を構成するアミノ酸は1個の炭素原子に（a　　　）、（b　　　）、水素原子及び側鎖が結合したものである。その種類は（c　　　）あり、それぞれの側鎖の部分が異なる。アミノ酸同士が一方の（a　　　）と他方の（b　　　）との間で1分子の（d　　　）がとれて（e　　　）を作り、これが次々につながって高分子のタンパク質となる。
（CO_2、約30、エステル結合、水、スルホン酸、アミノ基、ヒドロキシル基、約20、ペプチド結合、エーテル結合、約40、カルボキシル基）

11-4 以下の問に答えよ。（H5, 豊橋技科大）
(1) 絹はほとんどがグリシンとアラニンとからできている珍しいタンパク質である。グリシンとアラニンとが交互に結合していると仮定してその構造を示せ。なお、グリシンは$HOOCCH_2NH_2$、アラニンは$NH_2CH(CH_3)COOH$の構造をしている。
(2) グリシン及びアラニンはそれぞれキラルかキラルでないか述べよ。キラルならばそれぞれについてR体、S体の立体構造を示せ。
(3) タンパク質はα-ヘリックス構造や折り畳みシート構造など、ある一定の形（立体構造）をとることにより、

11 アミノ酸・タンパク質

あるいは更にそれらのタンパク質が会合して大きな単位を作ることにより、それぞれの機能を発揮する。対構造を保持するのに働いている相互作用にはどのようなものがあるかを記せ。

(4) タンパク質の変性をもたらすものを二つ挙げよ。またタンパク質の変性をタンパク質の構造の変化から説明せよ。

(5) 6-ナイロンは、$[NH(CH_2)_5-CONH-(CH_2)_5-CO]_n$ の構造をもっていて、外観も手触りも絹に近い合成繊維である。絹の構造と比較して、どちらが吸水性が大きいかを説明せよ。

11-5 タンパク質の一次〜四次構造について説明せよ。

11-6 酸性アミノ酸を二つあげよ。

11-7 アミノ酸および糖質に関する以下の問いに答えよ。(H13, 東工大・生命理工)
(a) 下記のアミノ酸の中性水溶液中における構造式を示せ。
　(1) Ala　　(2) Glu　　(3) Lys
(b) 次の反応式を完成せよ。(1) には構造式を、(2) には反応操作を記入せよ。

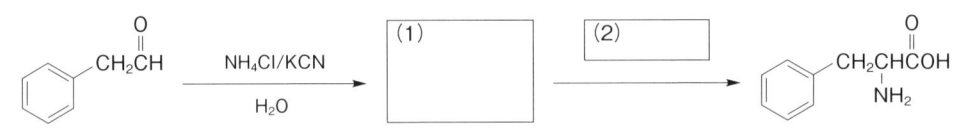

〈ヒント〉(a) アミノ酸は中性水溶液中では両性イオンとなっている。

11-8 われわれの体を構成する分子の代表的なものにタンパク質が挙げられる。タンパク質はアミノ酸がつながった構造をしている。(H16, 長岡技科大・生物)
(1) タンパク質を構成するアミノ酸は何種類あるか。
(2) そのうちの代表的なものを5つ挙げよ。
(3) 生体内に存在し、タンパク質構成成分とならないアミノ酸を2つ挙げよ。
(4) タンパク質は遺伝情報にもとづき細胞中で合成されるが、そのままでは生体内での機能を持たないものがある。この機能を持つようになるために受ける作用を1つ挙げよ。
(5) 遺伝情報にもとづきアミノ酸からタンパク質が合成される時にはさまざまな生体関連物質がかかわっているが、このうちタンパク質・遺伝子 (DNA) 以外で、深いかかわりを持つ物質を2つ挙げよ。

〈ヒント〉
(1) タンパク質構成アミノ酸は α-アミノ酸。
(2) タンパク質構成アミノ酸は α-アミノ酸で、α-不斉炭素は L-型。
(5) 問 11-1 (3)、(4) 参照。

11-9 アミノ酸、タンパク質および酵素に関する以下の問に答えよ。(H18, 長岡技科大・生物)
(1) 生物には 200 種以上のアミノ酸が見出されているが、タンパク質中で普通に見られるアミノ酸 (標準アミノ酸あるいは共通アミノ酸) は何種類あるか。
(2) その中で知っているアミノ酸の名前を2種類挙げよ。

(3) 下図はアミノ酸の1種であるアラニンの中性水溶液中の構造を示している。この中で、すべてのアミノ酸に共通な原子や原子団には実線の括弧で、アラニンに特有な原子団には点線の括弧で枠をつけよ。

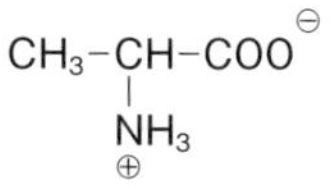

$$\text{CH}_3-\underset{\underset{\oplus}{\text{NH}_3}}{\text{CH}}-\text{COO}^{\ominus}$$

(4) pH 4.0 および pH 11.0 でのアラニンの主要な分子種の構造を書け。ただし、アラニンの α-カルボキシル基および α-アミノ基の pK_a はそれぞれ 2.4 および 9.9 である。
(5) 二つのアラニンがペプチド結合で結合したジペプチドの中性水溶液中での構造（立体配置は無視してよい）を書け。
(6) 生体内でのタンパク質が果たしている役割（あるいは機能）を3種類挙げよ。
(7) 酵素は生体内の触媒であるが、一般的なほかの化学触媒とは異なる特徴を3点挙げよ。

〈ヒント〉 問 11-8 と類題。

11-10 次の文章を読んで以下の問に答えよ。
　生体高分子であるタンパク質、核酸および多糖のうち、タンパク質と核酸は生理的機能の上から特に重要な物質である。タンパク質は生体を構成する成分であるほか、酵素や抗体に見られるように様々な機能を持ち生体にとって重要な高分子である。一方、多糖は生体の最も基本的なエネルギー源として重要であるばかりでなく、細胞の組織の構成成分ともなっている。
(1) タンパク質は α-アミノ酸同士が結合してできている。この結合の様子を一般式で示せ。この結合を何というか。
(2) 多糖類の中で代表的なものは何か。それは単糖類がどのような結合で結びついているのか説明せよ。
(3) 次の糖類のうちフェーリング溶液を還元するものはどれか。番号で示せ。またそれらに共通の構造上の特徴は何か。
　　　(a) ブドウ糖　　(b) 果糖　　(c) ショ糖　　(d) 麦芽糖　　(e) 乳糖

〈ヒント〉
(1) タンパク質は α-アミノ酸同士がペプチド結合（-NH(CO)-）してできている。
(2) 多糖類の代表的なものとしてでんぷんがあり、でんぷんはさらにアミロースとアミロペクチンと呼ばれる二つの成分により構成されている。
(3) 単糖類はアルドース（アルデヒド基を持つ）はもちろん、ケトース（ケト基を持つ）も還元性を示す。

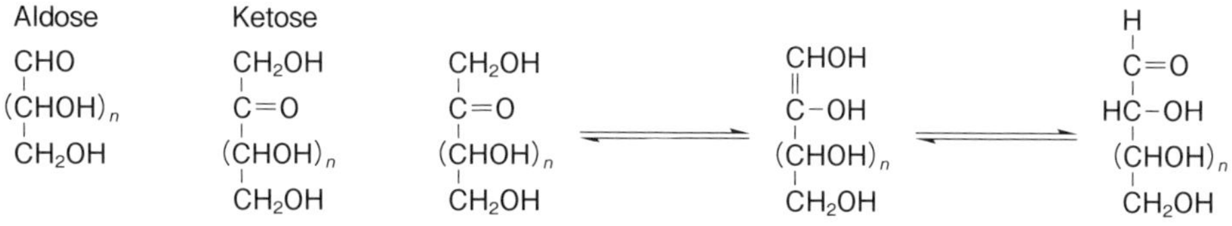

$$\begin{array}{c}\text{Aldose}\\\text{CHO}\\(\text{CHOH})_n\\\text{CH}_2\text{OH}\end{array} \quad \begin{array}{c}\text{Ketose}\\\text{CH}_2\text{OH}\\\text{C=O}\\(\text{CHOH})_n\\\text{CH}_2\text{OH}\end{array} \quad \begin{array}{c}\text{CH}_2\text{OH}\\\text{C=O}\\(\text{CHOH})_n\\\text{CH}_2\text{OH}\end{array} \rightleftarrows \begin{array}{c}\text{CHOH}\\\|\\\text{C-OH}\\(\text{CHOH})_n\\\text{CH}_2\text{OH}\end{array} \rightleftarrows \begin{array}{c}\text{H}\\|\\\text{C=O}\\\text{HC-OH}\\(\text{CHOH})_n\\\text{CH}_2\text{OH}\end{array}$$

一般にケトン化合物はフェーリング溶液を還元しないが、ケトースは α-ヒドロキシケトンであり、アルカリ性溶液中では上のような平衡反応によって異性体であるアルドースに変化するため還元性を示す。

11-11 α-アミノ酸について以下の問に答えよ。
(1) α-アミノ酸の一般式を書け。
(2) グリシンを除く α-アミノ酸では異性体が存在し、天然から得られるものはほとんどがその一方のものであ

11　アミノ酸・タンパク質

る。どのような異性体で、ほとんどを占めるのはどちらか。
(3) α-アミノ酸の強酸性溶液中、水溶液中、強アルカリ溶液中でのイオン構造を示せ。
(4) 水溶液中での化学種は一般に何というか。
(5) 等電点とは何か。説明せよ。

11-12　球状タンパク質について以下の問に答えよ。
(1) タンパク質の三次構造について説明せよ。
(2) その構造の保持力を、共有結合と非共有結合に分けて説明せよ。
(3) ドメイン構造について説明せよ。

12 生 化 学

12-1 次の文章の（　）の中に入る適当な語句を下から選んで入れよ。（H5, 長岡技科大）

生体は糖を分解して細胞成分の合成とそれに必要なエネルギー源を得ている。エネルギーの獲得方法は大別すると（a　）と（b　）に分けることができるが、糖を分解して（c　）に至る EMP 経路は共通している。この後、前者では（c　）から（d　）サイクルおよび（e　）系により酸化されて最終的に CO_2 と水にまで分解される。後者では嫌気的に（f　）（筋肉の場合）あるいはエタノール（アルコール発酵の場合）などと（g　）になる。いずれの場合にも、分解過程で生じる（h　）が化学的エネルギーとして蓄えられる。
（酸化、GTP、TCA、発酵、ピルビン酸、呼吸、乳酸、コハク酸、水、EMP 経路、酢酸、ATP、グルコース、嫌気、電子伝達、CO_2、NAD、クエン酸）

12-2 ATP、NAD を英語または片仮名で示せ。

12-3 次の用語を説明せよ。
(1) 解糖系
(2) クエン酸回路
(3) 酸化的リン酸化

12-4 酵素について以下の問に答えよ。
(1) 酵素反応において、基質濃度 [S]、反応初速度 V_0、最大速度 V_{max}、ミカエリス定数 K_m としたとき、ミカエリス-メンテン（Michaelis-Menten）の式を誘導せよ。
(2) (1)で誘導したミカエリス-メンテンの式を図示せよ。
(3) (2)の図を用いてミカエリス定数（K_m）の求め方を説明せよ。
(4) アロステリック酵素の場合に基質濃度と反応初速度の関係はどのようになるか。特徴がわかるように図示せよ。
(5) 酵素反応には最適温度が存在する理由を述べよ。

13 立体化学

13-1 下式のような光学活性化合物に，ある反応 A を行うことによって不斉炭素を含まない有機化合物 B が得られた。このような条件を満たす反応名 A と化合物 B の構造式の組み合わせを一組示せ。（H11，東工大・生命理工）

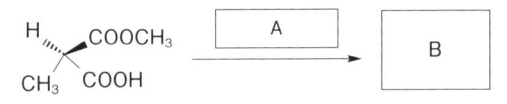

$$\begin{array}{c}\text{H} \diagdown / \text{COOCH}_3 \\ \text{C} \\ \text{CH}_3 / \diagdown \text{COOH}\end{array} \xrightarrow{\boxed{A}} \boxed{B}$$

光学活性体 → 不斉炭素を含まない有機化合物

〈ヒント〉 不斉炭素とは中心炭素の周りの置換基がすべて異なる場合であり，不斉炭素を含まないということは 4 つの置換基の二つ以上が同一であることを意味している。

13-2 以下の問に答えよ。（H13，東工大・生命理工）

(1) 次の化合物 A，B 中の二重結合に E または Z 配置を帰属し，化合物 C，D 中のキラル炭素に絶対配置を記せ。また，解答の根拠を示せ。

[化合物 A, B, C, D の構造式]

(2) 次の語句の中から 4 つを選択し，具体例を示しながら簡単に説明せよ。
  (a) メソ体   (b) ジアステレオマー   (c) Lindlar 触媒   (d) 互変異性
  (e) Williamson のエーテル合成   (f) Wittig 反応

(3) 次の付加反応で生成可能な 2 種類の化合物を示せ。また，反応途中のカルボカチオンの安定性を考慮して，どちらが主生成物になるかを考察せよ。

[1-メチルシクロヘキセン] + HCl ⟶ ☐ + ☐

〈ヒント〉
(1) E, Z-表示法，R, S-表示法の優先順位
  ① 原子番号の大きい原子ほど優先順位は高い。
  ② 直接結合している原子が同じ場合は，次に結合している 2 番目の原子を比較する。
      $-\text{CH}_2\text{-H} < -\text{CH}_2\text{-CH}_2\text{-H}$
  ③ 二重結合，三重結合の原子は，逆の原子が結合しているものとする。
R, S 表示において，
  ① 順位の最も低い置換基を自分から最も遠くにおき，残りの三つの置換基を手元から眺める。
  ② 三つの置換基を順位の高い方から低い方にたどったとき，それが右回り（時計回り）ならば R，左回り（反時計回り）であれば S と定義する。

13-3 光学活性な化合物 A を含水エタノール中室温で水素化ホウ素ナトリウム（NaBH$_4$）で処理したところ，A が完全に消費され，新たな化合物である 2 種の異性体 B，C の混合物が得られた。B，C をクロマトグラフィー

で分離精製した後、エタノール中で比旋光度を測定したところ、Bは$[\alpha]_D+88$、Cは$[\alpha]_D 0$（ゼロ）を示した。これらについて以下の問に答えよ。尚、構造式は立体化学が明確にわかるように、Aの書式に倣って記すこと。（H14, 東工大・生命理工）

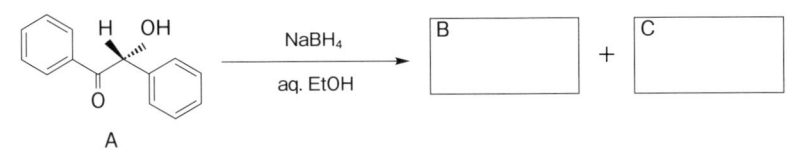

[構造式: Aは、カルボニル基にフェニル基、もう一方の炭素にH, OH, CH₃, フェニル基が結合した構造。NaBH₄, aq. EtOH により B + C に変換]

(1) AをIUPAC命名法で命名した場合、RまたはSのどちらの接頭語がつくか。
(2) Bの構造式を記せ。
(3) BをIUPAC命名法により、必要ならばAに示した接頭語を付して命名せよ。
(4) Cの構造式を記せ。
(5) Cのような化合物を一般に何と呼ぶか。

13-4 4-ブロモ-2-ペンテン（分子式C_5H_9Br）にはEまたはZの立体配置を持った二重結合と、RとSの立体配置を持ったキラル中心が存在する。この分子には全部でいくつの立体異性体が可能かを答えよ。また、それぞれの構造式を立体配置がわかるように描き、どれとどれが鏡像異性体であるかを示せ。（H10, 大阪市大・理）

13-5 グリセルアルデヒド（$HOCH_2CH(OH)CHO$）の立体異性体に関する以下の問に答えよ。（H15, 京都工芸繊維大・繊維）

(1) R配置のグリセルアルデヒドを表すように(A)～(C)に適当な原子あるいは原子団を当てはめて答えよ。

[構造式: H‒‒‒C に (A), (B), (C) が結合]

(2) R配置のグリセルアルデヒドを表すフィッシャーの投影式の(D)と(E)に適当な原子あるいは原子団を当てはめて答えよ。

[フィッシャー投影式:
CHO
D—|—E
CH₂OH]

(3) R配置のグリセルアルデヒドはDL表記ではどちらになるか答えよ。

13-6 シクロプロパンの二つの水素をCl、Brに置き換えた分子の異性体の構造と鏡像関係を示せ。（H11, 福井大）

13-7 以下の問に答えよ。（H9, 豊橋技科大）

(1) アラニン$CH_3CH(NH_2)COOH$は鏡像異性体を持つ。この鏡像異性体をはっきりわかるように図示せよ。(R)、(S)表示を各々の異性体に記せ。
(2) 2-ブテンは二つの幾何異性体を持つ。この異性体をはっきりわかるように図示し、いずれが*cis*体、*trans*体かを記せ。

13 立体化学

13-8 2-ペンテン、2-ブタノールを例として幾何異性体、光学異性体について説明せよ。(H7, 東京大・工)

13-9 シクロヘキサンの立体配座について説明せよ。

13-10 sp^2 混成軌道と sp^3 混成軌道について説明せよ。

13-11 光学異性体について。(S62, 長岡技科大)
R_1R_2CHBr の光学異性体を示せ。

13-12 分子式 $C_5H_8O_2$ を持つ一連の化合物のうち、以下の条件を満たす化合物 A, B, C, D, E, F, G の構造式を書け。(H5, 豊橋技科大)
(1) A は加水分解によってエタノールとアクリル酸になる。
(2) B と C は互変異性体の関係にあり、かつ室温では平衡混合物として存在し一方だけを単離することはできない。
(3) D, E, F, G は全てカルボキシル基を持ち、かつ D と E、F と G はそれぞれ互いに対掌体の関係にある。また、D と F、D と G、E と F、E と G はそれぞれ互いにジアステレオマーの関係にある。

〈ヒント〉
(2) ① ケト-エノール互変異性

$$-\underset{O}{\overset{}{C}}-\underset{H}{\overset{|}{C}}- \rightleftharpoons -\underset{O-H}{\overset{}{C}}=\overset{|}{C}-$$

keto-enol tautomerism

② 不飽和度 2：$(C_5H_{12}-C_5H_8O = H_4)$
③ ケト-エノール部分 C_2HO であるため、残りの部分 C_3H_7O を両端に割り振る。

(3) ① 不飽和度 2：カルボキシル基 (C=O) ともう一つ (C=C または環)
② ジアステレオマーを形成するということは二つの不斉炭素を持つ。

13-13 下記の化合物 a、b、c について次の問に答えよ。
a：$CH_3CH=CHCH_3$　　b：$CH_3CH(OH)Br$　　c：$CH(CH_3)_2CH_2CH_3$
(1) これらの化合物の名称を記せ。
(2) これらは立体異性体が存在しうる。どのような立体異性体が存在しうるかを構造式で示せ。

13-14 次の化合物の構造式を書きなさい。
(1) 4-ethyl-3-methylheptane
(2) (Z)-2-chloro-2-butene
(3) (R)-lactic acid

13-15 次の各問に答えよ。(H6, 名古屋工大)
(1) 3種の p 軌道、5種の d 軌道の形を各座標上に符号と軌道の記号をつけて記入せよ。
(2) 結合 A-B が A 原子上の p 軌道と B 原子上の p 軌道から形成されているとき、可能な結合の状態を解答欄

の座標上に記入せよ。また結合の型（名称）を解答欄に記入せよ。
(3) エチレン中の炭素原子と同じ混成軌道をとるものを下の (a) – (d) の中から選び、その化学式を解答欄に記入せよ。

　　　(a) アンモニア　　(b) 三フッ化ホウ素　　(c) 塩化ベリリウム　　(d) 五塩化リン

13-16 (S)-3-クロロ-3-メチルヘキサンにおいて、酢酸ナトリウムを作用させたときの反応および生成物について述べよ。

$$\text{CH}_3\text{-CH}_2\text{-}\underset{\underset{\text{Cl}}{|}}{\overset{\overset{\text{CH}_3}{|}}{\text{C}}}\text{-CH}_2\text{-CH}_2\text{-CH}_3 + \text{CH}_3\text{COONa} \longrightarrow$$

14 高分子

14-1 身の回りにある高分子の例を2つあげよ。

14-2 ナイロン-6、ナイロン-6,6 について合成経路とその特徴的な重合法を示せ。

14-3 次の高分子の構造を示せ。
(1) ポリスチレン　　(2) ポリ塩化ビニル　　(3) ポリプロピレン　　(4) ポリ酢酸ビニル
(5) ポリメタクリル酸メチル

14-4 分子量の測定法と、その測定法でどのような平均分子量が得られるかを述べよ。

14-5 下の文章を読み、設問 (a)、(b) に答えよ。
　高分子合成反応の代表的なものとして、(①) 重合と (②) 重合があるが、(③) ポリプロピレンは、(①) 重合によって得られ、一方 (④) ポリエチレンテレフタレートは、(②) 重合で合成される。ポリプロピレンの合成に (⑤) 触媒を用いると、主鎖中の不斉炭素の立体配置が揃った (⑥) 構造の高分子が得られる。この高分子は、容易に (⑦) 化するためフィルムや繊維の素材として用いられる。一方、主鎖中の不斉炭素の立体配置が不揃いのポリプロピレンは、(⑦) 化しないが、冷却すると流動性を失い固化する。この温度を (⑧) 温度と呼ぶ。また、(⑧) 温度が室温以下の高分子を (⑨) 処理すると、力学的負荷に対して復元力のある (⑩) と呼ばれる高分子を得ることができる。
(a) ①,②,⑤,⑥,⑦,⑧,⑨,⑩ に適当な語句を示せ。
(b) ③ポリプロピレンおよび④ポリエチレンテレフタレートの合成経路を化学反応式で示せ。

14-6 次の反応生成物の構造を示せ。
　　n HOOC$(CH_2)_4$COOH + n NH$_2$$(CH_2)_6NH_2$ ⟶

14-7 ポリスチレン、ナイロン-6の単量体、重合体の構造並びに重合の仕方について説明せよ。

14-8 ナイロン-6,6の製法について、ベンゼンを出発物質とした製法を示せ。また、ヘキサメチレンジアミンのブタジエンからの製法についても説明せよ。

14-9 合成繊維、合成ゴムなどの合成法について2種類ずつ示せ。

14-10 次の高分子化合物はモノマー（単量体）を付加重合あるい縮重合して合成される。〈　〉に正しい反応名または化合物名を、[　]に化合物の構造式を記入せよ。(H5, 電通大)

　　　　　　　　　　　　　付加重合
(1) n [①　　　　　　]　　⟶　　[②　　　　　　]
　　　　　塩化ビニル　　　　　　　　　ポリ塩化ビニル

(2) n [③   ] + n [④   ] $\xrightarrow{\langle ⑤ \rangle}$ [⑥   ] + $(2n-1)$ [⑧   ]
   ヘキサメチレンジアミン　　アジピン酸　　　〈⑦〉

(3) n [⑨   ] $\xrightarrow{\langle ⑩ \rangle}$ $(-CH_2-C(CH_3)=CH-CH_2-)_n$
   イソプレン　　　　　　　　　　　　　　〈⑥〉

(4) n [$CH_2=CH(OCOCH_3)$] $\xrightarrow{\langle ⑬ \rangle}$ [⑭   ] $\xrightarrow{\langle 加水分解 \rangle}$ [$-CH_2-CH(OH)-$]$_n$ + $n\,CH_3COOH$
   〈⑫〉　　　　　　　　　　　　〈⑮〉　　　　　　〈⑯〉

(5) n [⑰   ] + n [⑱   ] $\xrightarrow{\langle ⑲ \rangle}$ [⑳   ] + $(2n-1)\,H_2O$
   テレフタル酸　　　エチレングリコール　　ポリエチレンテレフタレート

14-11 次の文章を読み下の (1) - (5) に答えよ。(H8, 名古屋工大)

　高分子は単量体が互いに (ア) 結合によって結ばれた分子量の大きな化合物である。単量体から高分子 (重合体) を合成する方法は、(1) 連鎖反応と逐次反応とに大別できる。連鎖反応には付加重合と開環重合とがあり、ポリスチレンやポリメタクリル酸メチルなどのビニル系高分子は (イ) 重合で、ポリエチレンオキシドなどは (ウ) 重合で合成されている。日本で開発されたビニロンは次のように合成され、吸湿性のある合成繊維として使用されている。まず、ポリ酢酸ビニルをアルカリで加水分解して水溶性の (エ) にする。(2) これを一部ホルムアルデヒドで (オ) 化することにより水に不溶のビニロンができる。

　一方、逐次反応には重縮合、重付加、付加縮合などがある。ナイロン-6,6 は、アジピン酸と (カ) を (キ) することによって合成し、主鎖に (ク) 結合を持つのでポリ (ク) とよばれる。

　また、ポリエチレンテレフタレートは、(ケ) とエチレングリコールを重縮合することによって合成し、主鎖に (コ) 結合を持つのでポリ (コ) と呼ばれる。これらは繊維やプラスチックの素材として広く使われている。

(1) 上の文の (ア) ～ (コ) に当てはまる語句を答えよ。
(2) 下線部 (1) の連鎖反応と逐次反応の違いを説明せよ。
(3) 下線部 (2) の反応を化学式で示せ。
(4) アジピン酸はフェノールを出発物質として次のように合成される。(a)、(b) に当てはまる化学構造式を示せ。

フェノール(OH) $\xrightarrow{H_2}$ [(a)] $\xrightarrow{H_2SO_4}$ [(b)] $\xrightarrow{KMnO_4}$ H$_2$C(CH$_2$-CH$_2$)CH(COOH)(COOH)

(5) ナイロン-6,6 とポリエチレンテレフタレートの化学構造式を示せ。

14-12 次の各問に答えよ。(H11, 京都工芸繊維大)

(1) 生ゴムを乾留 (空気を断って加熱分解) すると、イソプレンが得られる。
　(a) イソプレンの示性式を示せ。
　(b) イソプレンは、単結合をはさんだ二重結合を 2 個持っている。このような結合を何というか。
　(c) イソプレンの重合によりポリイソプレンを合成した。この時の重合を何重合と呼ぶか。

(d) 設問 (c) で生成するポリイソプレン中に含まれる可能性のあるすべての繰り返し単位の構造を示し、それらの名称も合わせて答えよ。

(2) ポリエチレンテレフタレートは飲料ボトルの材料としてなじみの深い高分子である。
 (a) ポリエチレンテレフタレートを生成する反応式を示し、その原料化合物名も合わせて答えよ。
 (b) このような重合を何重合と呼ぶか。
 (c) 分子量 2.0×10^4 のポリエチレンテレフタレートを1分子生成するためには、設問 (a) で答えた原料化合物が各々何分子ずつ必要か、有効数字2桁で答えよ。

(3) 高分子化合物の特徴の一つである熱可塑性について、以下の問に答えよ。
 (a) 熱可塑性とはどのような性質を言うのか説明せよ。
 (b) 熱可塑性と正反対の性質をなんと言うか。

14-13 次の各問に答えよ。（H12, 京都工芸繊維大・繊維）

(1) ナイロンやポリエステルなどは、私たちの衣料としてなじみの深い高分子である。
 (a) アジピン酸とヘキサメチレンジアミンから合成されるポリアミドの繰り返し単位の構造式を示せ。
 (b) このようなポリアミドを合成する反応をなんと呼ぶか。
 (c) ε-カプロラクタムに水を加えて加熱すると、ポリアミドが生成する。この反応式を示せ。
 (d) 設問 (a) の反応は高温・脱水条件下で行われる。これに対し、アジピン酸のカルボキシル基の OH の代わりに塩素原子を導入すると、低温でのポリアミドの生成が可能となる。この理由を簡単に説明せよ。

(2) 高分子物質は一般に分子量の異なる同族体の混合物である。
 (a) 数平均分子量 (M_n) と重量平均分子量 (M_w) について簡潔に説明せよ。
 (b) 分子量の不均一性を表す尺度として M_w/M_n で定義される量を考える。この量と分子量の不均一性について説明せよ。

14-14 次の各問に答えよ。（H13, 京都工芸繊維大・繊維）

(1) ポリマーの合成について述べた次の文の空欄 (ア)-(オ) に入る最も大切な語句を下から選んで入れよ。また、下線部 (a)-(e) の化合物の構造式 (ポリマーについては繰り返し単位の構造) を書け。
 (a) ポリスチレンは (b) スチレンから、ラジカル重合反応により合成することができる。この反応においては、アゾビスイソブチロニトリル（AIBN）などに代表される (ア) を用いて重合を行う。(ア) から発生したラジカルは、次々とモノマーに付加を繰り返す。このような重合を (イ) と呼ぶ。このラジカル重合反応は (ウ) 的に進行し生成ポリマーの平均分子量は (エ)。これに対して、(c) ナイロン-6,6 は、(d) アジピン酸と (e) ヘキサメチレンジアミンとの間の縮合反応により合成される。このような重合を縮合重合と呼ぶ。縮合重合は逐次的に進行し、生成ポリマーの平均分子量は (オ)。
 [付加重合、重付加、縮合重合、開環重合、モノマー、ポリマー、開始剤、禁止剤、連鎖、逐次、重合時間によらずほぼ一定となる、重合時間とともに増加する、重合時間とともに減少する]

(2) アジピン酸とヘキサメチレンジアミンからナイロン-6,6 が生成するような、2官能性モノマー A-A と B-B との、次のような縮合重合反応を考える。（結合 -A-B- の生成は低分子化合物の生成を伴う。）

　　A-A ＋ B-B → A-A-B-B →

反応開始時の官能基 A および B の数をそれぞれ N_A および N_B とし、いま、$N_A = N_B = N_0$ という条件で反応させた。t 時間後に残っている A と B の官能基の数をそれぞれ N とし、官能基 A あるいは官能基 B が反応した割合を反応度 p とする。

(a) p を N_0 と N で表せ。
(b) この反応の数平均重合度 DP は、反応開始時に存在する分子の総数を、時間 t において存在する分子の総数で割ることにより求めることができる。$DP = 1/(1-p)$ であることを示せ。
(c) この形式の重合反応において、反応度が 0.99 の時 DP は 100 である。アジピン酸とヘキサメチレンジアミンとの反応において、高い重合度を得るために必要と考えられる操作を、化学反応式を考慮して答えよ。

14-15 今日、われわれの社会にはきわめて多種多様な高分子化合物が多量に存在している。これらはわれわれの生活に高い利便性を与える一方で、幾多の問題も引き起こしている。（H14, 京都工芸繊維大）

(1) 諸君の身の回りにある合成高分子の中から、（実際の製造工程でどのように作られているかは別にして）付加反応で作れる高分子と縮合反応で作れる線状高分子をそれぞれ一つ取り上げ、その高分子および対応するモノマーの分子構造、ならびに生成化学反応式を書け。また、それぞれの高分子がどのようなところで使われているか？そのようなところで使われている理由となる高分子の基本的性質は何か？について説明せよ。

(2) ホルムアルデヒドは、たとえば TV コマーシャルにしばしば見られるように、今日「有害物質」の代表のようにみなされている。しかし、ホルムアルデヒドをつなぎ手として作られる 3 次元高分子が多数ある。そのうちの一つを取り上げ、その生成反応式と、できた 3 次元高分子がどのようなところで使われているかを説明せよ。

(3) 通常の（たとえば低分子化合物からなる）固体の場合、日常的に問題になるのは基本的にその物質の融点である。しかし、高分子化合物の場合、融点以外にガラス転移温度がその実用性には大きく問題となる。このガラス転移温度とはどういうものか、簡潔に説明せよ。

(4) われわれの体も多数の高分子化合物からできている。これらいわゆる生体高分子を三つとりあげ、それらが主に生体内で担っている役割、およびその「高分子化」反応に使われている結合（名称および化学構造）を説明せよ。

14-16 次の各問に答えよ。（H15, 京都工芸繊維大・繊維）

(1) 熱可塑性樹脂と熱硬化性樹脂について簡潔に説明せよ。また、下記の高分子を熱可塑性樹脂と熱硬化性樹脂に分類して記号で答えよ。
　　(a) ポリエチレンテレフタレート　(b) ナイロン-6,6　(c) フェノール樹脂　(d) ポリスチレン
　　(e) ポリ塩化ビニル　(f) ポリエチレン　(g) ポリイソプレン　(h) 尿素樹脂

(2) ポリエチレンテレフタレートについて、単量体の分子構造およびポリマーの生成反応式を書け。

(3) ポリイソプレンに硫黄を数％加えて加熱すると豊かな弾性を有するゴムになる。また、ポリイソプレンに硫黄を 30～40 ％加えて加熱すると弾性のない硬い物質が得られる。これらの変化を高分子の化学構造の観点から説明せよ。

14-17 スチレンとその誘導体の反応について、以下の問に答えなさい。（H16, 長岡技科大・材料）

(1) 過塩素酸（$HClO_4$）は低温で容易にスチレンに付加する。反応の過程で生成するカルボカチオンの構造を、共鳴形が明らかになるような形で書きなさい。

(2) (1)の反応を過剰量のスチレンに対して低温で行うと、カルボカチオンは次々にスチレンに付加してポリマーとなるが、最後にナトリウムメトキシドを加えると反応は停止する。このとき生成するポリマーの構造を末端基の構造を含めて書きなさい。ただし、スチレンの重合度を n とする。

(3) 過塩素酸との反応を、スチレンの代わりに p-ヒドロキシスチレンと p-ニトロスチレンに対して行った。こ

14 高分子

の二つのスチレン誘導体のうちで、どちらが早く過塩素酸と反応するかを理由を明らかにしながら書きなさい。

14-18 分子量 1.0×10^3、2.0×10^3、3.0×10^3 のポリマーが 1：2：1 のモル比で混合されている混合物がある。各成分のモル比に着目して数平均分子量を求めなさい。 (H16, 長岡技科大・材料)

14-19 分子量 1.0×10^3、4.0×10^3、8.0×10^3 のポリマーが 1：2：3 のモル比で混合されている時、混合物の数平均分子量を求めなさい。 (H17, 長岡技科大)

14-20 下記の (A)‐(E) は、ポリイソプレン、ポリビニルアルコール、ポリメタクリル酸メチル、ナイロン‐6,6、ポリプロピレンの 5 種類のポリマーについて、その性質や特徴を述べたものである。これについて、(1)、(2) の問に答えなさい。 (H18, 長岡技科大)
 (A) プラスチック製の密閉容器の本体や洗面器などに用いられる。1950 年代の中ごろに、(a) 立体規則性を制御できる新しい重合法が発見されて初めて実用に耐える物性を持つポリマーとなった。
 (B) 立体配置を含めて天然ゴムと同じ分子構造を持つゴム状のポリマーで、硫黄化合物を用いて分子を橋かけすることができる。
 (C) 洗濯糊としても用いられる水溶性の高分子化合物である。ただし、対応するモノマーから直接合成できるわけではなく、重合反応と加水分解反応が必要である。また、一部をアルデヒドで処理したものは、木綿に似た性質を有する繊維として用いられる。
 (D) 繰り返し単位中の側鎖にエステル結合を有し、透明性が高く機械的強度も高いので、水族館の巨大水槽用の窓材として用いられる。短距離用の光ファイバーや CVD 類の基材として利用されている。
 (E) 絹に似た風合いを有する世界初の合成繊維として開発された。(b) 類似の重合機構で得られる別のポリマーは、清涼飲料用の「ペットボトル」として広く利用されている。
(1) それぞれのポリマーについて、説明文の記号 (A)‐(E)、原料となるモノマーの構造と名称、代表的な触媒や開始剤の名称を書き、それに対応する重合機構の名称を下記の選択肢から選びなさい。ただし、触媒などを必要としない場合は該当欄に「不要」と書きなさい。
 [付加重合、開環重合、重付加、ラジカル重合、縮合重合、カチオン重合、配位イオン重合、異性化重合、固相重合、電解重合、脱離重合、アニオン重合]
(2) 文中下線部 (a) と (b) の意味について、それぞれ 2 行程度で説明しなさい。

14-21 次の (a)‐(e) の構造を持つ合成高分子化合物について、下記の問に答えよ。
 (a) ポリプロピレン、(b) ポリメチルメタクリレート、(c) フェノール-ホルムアルデヒド付加縮合物、(d) ナイロン-6,6、(e) ポリブタジエン-スチレン共重合物
(1) 高分子化合物 (a)‐(e) の化学構造式を記し、その原料となるモノマーの化合物名と化学構造式を示せ。
(2) 高分子化合物 (a)‐(e) について、下記の事項 (ア)‐(オ) のうち、最も適合するものを選び、記号で解答せよ。
 (ア) 熱硬化性樹脂　(イ) 合成ゴム原料　(ウ) チーグラー・ナッタ触媒　(エ) 衣料品原材料　(オ) 有機ガラス原料

14-22 次の化合物の構造式を示せ。 (H11, 福井大)

(a) ポリプロピレン　(b) ポリビニルアルコール　(c) ポリスチレン　(d) ポリブタジエン　(e) ポリエチレン　(f) ポリ塩化ビニル　(g) ポリメタクリル酸メチル　(h) ポリエチレンテレフタレート　(i) ポリアクリロニトリル　(j) ナイロン-6,6

14-23　アジピン酸からアジピン酸クロリドを合成し、界面重合でナイロン-6,6を合成する以下の実験方法を読んで問に答えよ。なお、アジピン酸の化学式は HOOC(CH$_2$)$_4$COOH である。また原子量は、C：12.0, H：1.0, N：14.0, O：16.0, Cl：35.5, Na：23.0 とする。　(H8, 豊橋技科大・エコ)

(実験1) アジピン酸クロリドの合成

塩化カルシウム管をつけた還流冷却器を取り付けた 50 cm^3 の丸底フラスコにアジピン酸 10 g と塩化チオニル 20 cm^3 を入れ、ウォーターバス上で4時間加熱還流する。反応混合物を 50 cm^3 のクライゼンフラスコまたは枝つきフラスコに移し、リービッヒ冷却器を取り付けて、過剰の塩化チオニル (bp 79 ℃) を常圧でウォーターバスを用いて留去する。さらに塩化チオニルを完全に除去するために浴を油浴 (60-80 ℃) に取り替えてアスピレーターで減圧にする。塩化チオニルを留出後アジピン酸クロリド (bp 135 ℃/3.3 kPa) を減圧蒸留する。

(実験2) 界面重合によるナイロン-6,6の合成

500 cm^3 のビーカーに四塩化炭素 200 cm^3 を取り、蒸留したてのアジピン酸クロリド 6 g を加えて溶解させる。水 200 cm^3 にヘキサメチレンジアミン 2.2 g と水酸化ナトリウム 1.6 g を溶かした溶液をアジピン酸クロリド溶液の上に静かに注ぎ込む。白煙を生じながら界面にポリマーの膜ができる。ピンセットで膜を引き上げると、次々に新しい膜が生じ連続的にポリマーを取り出すことができる。この膜を試験管または太目のガラス管に巻き取った後、アセトンで数回洗浄し、約 60 ℃ で減圧乾燥する。

(問)
(1) 塩化カルシウム管をつけて反応を行うのはなぜか。
(2) アジピン酸をアジピン酸クロリドに変換してからヘキサメチレンジアミンと反応させるのはなぜか。
(3) 水酸化ナトリウムを加える理由を説明せよ。
(4) アジピン酸クロリド 3.6 g、ヘキサメチレンジアミン 2.2 g、水酸化ナトリウム 1.6 g はそれぞれ何モルか、計算せよ。
(5) 溶液を加える順序を逆にして、ヘキサメチレンジアミン水溶液にアジピン酸クロリドの四塩化炭素溶液を加えたらどうなるのか、予想せよ。
(6) 界面重合で起こっている化学反応式を記述せよ。
(7) ここでは四塩化炭素を用いているが、界面重合では他の有機溶媒を選ぶときに考慮すべき要件を3つ挙げよ。

14-24　高吸水性樹脂の合成法の一つに、アクリル酸メチル (A) と酢酸ビニル (B) をラジカル共重合して、共重合体 (C) を得、これをけん化 (NaOH 加水分解) して共重合体 (D) とする方法がある。次の問に答えよ。　(H8, 豊橋技科大)

(1) モノマー A と B は分子式 C$_4$H$_6$O$_2$ を持つ構造異性体である。それぞれの構造式を示せ。
(2) モノマー A は、けん化するとアクリル酸ナトリウムとアルコール (E) になるが、モノマー B はけん化によって酢酸ナトリウムと化合物 (F) になる。E と F の名前と構造式を示せ。
(3) ラジカル共重合反応性は、A、B どちらのモノマーが高いか。その理由も記せ。
(4) ポリマー (C) および高吸水性樹脂 (D) の部分構造式を書け。

14 高分子

14-25 次の化合物の原料と合成法を示せ。
(1) 高密度ポリエチレン　(2) ポリビニルアルコール　(3) ナイロン-6,6

14-26 以下の問に答えよ。
[1] 次の高分子について、化学構造式を描き、下の欄から関連する語句の記号を選べ（複数選択可）。
(1) ポリスチレン　(2) ポリアクリロニトリル　(3) ポリエチレン　(4) ポリエチレンテレフタレート
(5) ナイロン-6,6　(6) ポリ（シス-1,4-イソプレン）
(a) 付加重合　(b) 縮合重合　(c) 逐次重合　(d) 連鎖重合　(e) 天然高分子　(f) 合成繊維
(g) 合成樹脂　(h) 合成ゴム　(i) 熱可塑性樹脂　(j) 熱硬化性樹脂
[2] モノマーからビニロンを合成するまでの反応式を書け。
[3] 重合度 100 の分子が 1 モル、重合度 200 の分子が 2 モル、重合度 300 の分子が 1 モル含まれるポリメタクリル酸メチルがある。このポリメタクリル酸メチルの数平均分子量と重量平均分子量を求めよ。ここでメタクリル酸メチルの分子量は 100 とする。

14-27 以下の問に答えなさい。
(1) 次の高分子化合物を合成する際の反応式を書いた後、それぞれの合成法の違いを簡単に説明せよ。
　(a) ポリ塩化ビニルとポリエチレンテレフタレート
　(b) ポリスチレンとポリビニルアルコール
(2) 以下の空欄に適切な言葉を埋めなさい。
　世界初の合成繊維である（①）を合成したのは（②）である。さらに高分子化学分野の戦後最大の発明としてプロピレンの（③）重合に用いる（④）触媒が挙げられる。また最近、白川英樹博士は（⑤）高分子の開発でノーベル化学賞を受賞した。
　ラジカル付加重合は（⑥）反応、（⑦）反応、（⑧）反応、（⑨）反応の四つの素反応よりなる。一方、アニオン重合ではこれらの素反応のうち⑧と⑨が起こりにくいので、この重合で得られる高分子は（⑩）ポリマーと呼ばれる。
(3) 次の高分子の化学構造を立体構造を含めて正確に書きなさい。
　(a) アイソタクチックポリプロピレン
　(b) 合成ゴムに用いられるブタジエンより得られるポリマー
　(c) 頭－頭結合を含むポリスチレン

15 工業化学

15-1 下の文章を読み、設問 (a) – (c) に答えよ。
　アセトアルデヒドは、過去には (①) 触媒による ② アセチレンの水和反応によって製造されていたが、現在では (③) 触媒によって (④) を直接酸化するヘキスト-ワッカー法に転換されている。これによって、(①) 触媒による公害の発生を未然に防止することもできる。同様に、塩化ビニルは、過去には ⑤ アセチレンの付加反応によって製造されていたが、現在では (④) と塩素から合成される (⑥) の脱塩化水素反応によって製造されている。
　(a) ①、③ に適当する金属の元素記号を示せ。
　(b) ④、⑥ に適当する化合物の化学式を示せ。
　(c) ②、⑤ の下線部の化学反応式を示せ。

15-2 石油の脱硫について以下の問に答えよ。
　(1) 硫黄の悪影響について説明せよ。
　(2) 石油成分中に硫黄がチオフェンとして存在しているときの脱硫の反応式を示せ。
　(3) その硫黄の利用法を二つあげよ。
　(4) 石油 1 t 中に硫黄が 1.6 % 含まれている。これがすべてチオフェンの形で存在しているとして脱硫に要する H_2 gas の体積は何 m^3 か。ただし、S の原子量を 32 とする。

15-3 LPG、アスファルト、ナフサ、軽油、灯油、重油を平均分子量の軽い順に並べよ。

15-4 次の反応式を示せ。
　(1) ナイロン-6,6 の製法
　(2) ヘキスト-ワッカー法によるアセトアルデヒドの製法
　(3) プロピレンからのアクリロニトリルの製法

15-5 C_4 留分の炭化水素について以下の問に答えよ。
　(1) C_4 留分とは何か。
　(2) C_4 留分の主な化合物の構造式をしめせ。

15-6 クメン法について説明せよ。

15-7 塩化ビニルの合成法について説明せよ。

15-8 エチレンの工業的な利用法を三つあげ、反応を説明せよ。

15-9 以下の言葉について説明せよ。（H元，秋田大）
　(1) 炭素のガス化
　(2) 合成繊維の名称と構造
　(3) 有機元素分析

15　工業化学

15-10　次の化合物の合成法を示せ。
(1) 酢酸
(2) プロピレンオキシド
(3) アセチレンからのアセトアルデヒド

16 化学用語の説明

16-1 次の語句を説明せよ。
(1) 共役二重結合
(2) Diels-Alder 反応
(3) Friedel-Crafts 反応
(4) DHA
(5) 酸塩基反応
(6) 共役酸・塩基
(7) エステル化反応
(8) 円二色性
(9) Lambert-Beer の法則
(10) ニンヒドリン反応
(11) キサントプロテイン反応
(12) Grignard 反応（ベンゾフェノンを用いて）
(13) Friedel-Crafts 反応（塩化アセチルを用いて）
(14) 水素結合（ギ酸を用いて）
(15) 光学異性体（乳酸を用いて）
(16) 芳香族性
(17) ポリエステル
(18) 幾何異性
(19) 液晶
(20) フロン

16-2 次の語句を説明せよ．
(1) エンジニアリングプラスチック
(2) 酵素
(3) DNA
(4) ケト・エノール互変異性
(5) 立体異性
(6) ベックマン転位
(7) タンパク質
(8) ポリエチレン
(9) ナイロン
(10) セッケン
(11) 炭水化物
(12) ポリ塩化ビニル
(13) 油脂
(14) 核酸

16 化学用語の説明

16-3 次の語句を説明せよ。
(1) ナフサ
(2) ブロック共重合
(3) 界面活性剤

16-4 機器分析で機器と関係する言葉について説明せよ。
(1) NMR：ケミカルシフト
(2) NMR：多重度
(3) NMR：積分曲線
(4) UV-VIS：極大吸収波長
(5) UV-VIS：モル吸光係数

16-5 次の用語を説明せよ。
(1) メソ体
(2) Walden 反転

16-6 ルイス酸とブレンステッド酸についてわかりやすく説明せよ。

16-7 蛍光の発光原理について説明せよ。

16-8 次の化学用語を説明せよ。
(1) σ電子とπ電子
(2) イオン化ポテンシャルと化学ポテンシャル
(3) エンタルピーとエントロピー
(4) 求核置換と求電子置換
(5) 互変異性と共鳴

16-9 次の事項を簡単に説明せよ。
(1) 光学異性
(2) Lewis の酸・塩基
(3) 水素結合

17 総合問題

17-1 次の反応生成物の構造を示せ。（H2, 京都大・工）

(1) + —Δ→

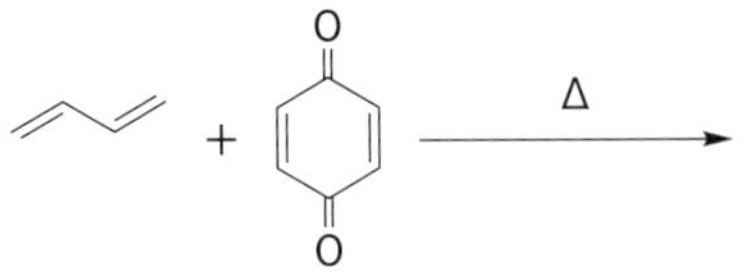

(2) + CH₃CH₂CH₂-Br —AlBr₃→

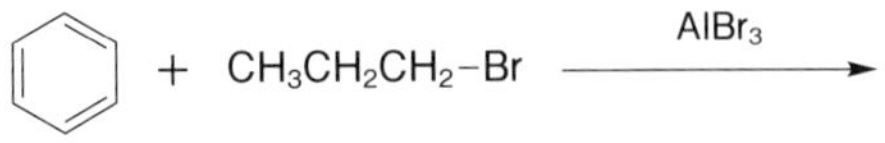

〈ヒント〉
第1級カルボカチオンがより安定な第2級カルボカチオンに転位し、それぞれから生成物を生じる。

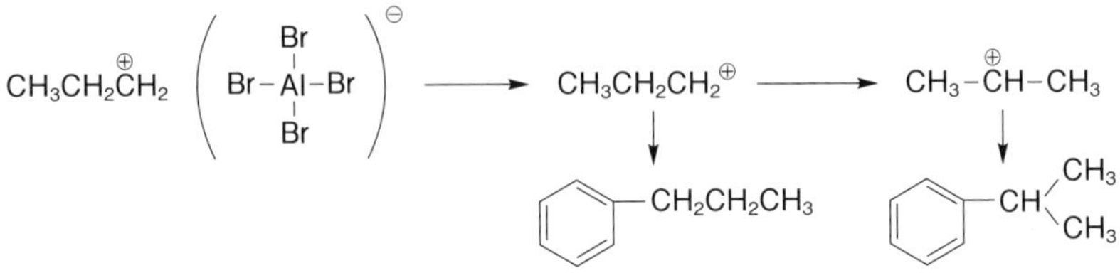

$$CH_3CH_2\overset{\oplus}{C}H_2 \left(\begin{array}{c}Br\\Br-Al-Br\\Br\end{array}\right)^{\ominus} \longrightarrow CH_3CH_2CH_2^{\oplus} \longrightarrow CH_3-\overset{\oplus}{C}H-CH_3$$

それぞれから → Ph-CH₂CH₂CH₃ および Ph-CH(CH₃)₂ を生じる。

17-2 つぎの(1)から(4)の化合物を、[ ]内の反応を用いて得るには、どのような構造の化合物を原料に用いれば良いか。原料となる化合物の構造式とIUPAC名を記せ。但し、構造式は簡略化した形式で示してもよい。また、IUPAC名は英語で記すこと。（H5, 長岡技科大）

(1) [脱水]

CH₃-C=CH-CH₃
　　|
　　CH₃

(2) [酸化]

CH₃-C-CH₂CH₃
　　‖
　　O

(3) [酸化]

CH₃-CH₂-CH-COOH
　　　　　|
　　　　　CH₃

(4) [HBr の付加]

CH₃-CH-CH₂-CH₃
　　|
　　Br

〈ヒント〉

(1) ① 反応途中に生成する第3級カルボカチオンを経て反応が進む。

CH₃-$\overset{\oplus}{C}$-CH₂-CH₃
　　|
　　CH₃

② 第3級カルボカチオンから、より多くの置換基が置換したオレフィンを生成するザイツェフ則（Saytzeff則、Zaitsev則と表記することもある）。

17 総合問題

(4) いずれのオレフィンからも同じ第2級カルボカチオン中間体を生じ、これから反応が進行する。

$$CH_3-\overset{\oplus}{\underset{CH_3}{C}}-CH_2-CH_3 \xleftarrow{H^\oplus} CH_3-\underset{CH_3}{C}=CH-CH_3 \quad CH_2=\underset{CH_3}{C}-CH_2-CH_3$$
$$\qquad\qquad\qquad\qquad\qquad\qquad (3) \qquad\qquad (2)$$

17-3 次の主反応生成物の構造式を示せ。ただし、構造式は簡略化した形式で示してもよい。また、以下の構造式の中で、R はアルキル基を示す。（H5，長岡技科大）

(1) $(CH_3)_2\underset{Br}{C}-CH_2CH_3 \xrightarrow[-HBr]{KOH}$

(2) $R-C\equiv CNa + CH_3COCH_3 \longrightarrow$

(3) $3\ \bigcirc\!\!\!\!\!\!\!\!\! + CHCl_3 \xrightarrow{AlCl_3}$

(4) $CH_3COCH_2CH_3 + \bigcirc\!\!\!\!\!\!\!\!\!\text{-CHO} \xrightarrow{NaOH}$

〈ヒント〉

(1) ① E2反応による *trans-β*-脱離
② ザイツェフ則に従う。

[反応機構図: OH⁻ が H を攻撃し、Br が脱離する E2 遷移状態]

(2) [反応機構図: R-C≡C:⁻ がアセトンのカルボニル炭素を攻撃し、CH₃-C(CH₃)(O⁻)-C≡C-R を生成、次いで H⁺ で処理]

(3) [反応機構図: CHCl₃ + AlCl₃ → ⁺CHCl₂ (AlCl₄⁻) → ベンゼンと反応して PhCHCl₂ → AlCl₃ で ⁺CHCl(Ph) (AlCl₄⁻) → さらに反応 →

Ph₂CHCl → Ph₃CH（トリフェニルメタン）]

(4)

$$CH_3-\underset{O}{\underset{\|}{C}}-CH_2CH_3 \longrightarrow \left[\overset{\ominus}{C}H_2-\underset{\underset{O}{\|}}{C}-CH_2-CH_3 \longleftrightarrow CH_2=\underset{\underset{O^\ominus}{|}}{C}-CH_2-CH_3 \right] \xrightarrow{\underset{O}{\underset{\|}{C}}-H \text{ (Ph)}}$$

[Ph-CH(O⁻)-CH₂-C(=O)-CH₂-CH₃] → [Ph-CH(OH)-CH(⁻)-C(=O)-CH₂-CH₃] →

Ph-CH=CH-C(=O)-CH₂-CH₃

17-4 次の反応により生成する化合物 (I)–(X) の構造を示せ。反応が高い位置選択性や立体選択性を伴って進行する場合、その生成物の立体化学を含めた構造がはっきりわかるように記述せよ。(H6, 豊橋技科大)

(1)
$$CH_3CH=CH_2 + HBr \begin{cases} \xrightarrow{\text{マルコフニコフ}}_{\text{Polar mechanism}} C_3H_7Br \quad (I) \\ \xrightarrow{\text{逆マルコフニコフ}}_{\text{Radical mechanism}} C_3H_7Br \quad (II) \end{cases}$$

(2) (S)-1-phenylethyl p-toluenesulfonate + CH₃COONa ⟶ C₁₀H₁₂O₂ (III) + p-CH₃C₆H₄SO₃Na

(3) CH₃O–C₆H₅ + CH₃COCl $\xrightarrow{\text{Lewis acid}}$ C₉H₁₀O₂ (IV)

(4) C₆H₅–CHO + CH₃MgBr ⟶ C₈H₉OMgBr (V)

(5) 2 CH₃COOCH₂CH₃ $\xrightarrow{\text{base}}$ C₆H₁₀O₃ (VI) + CH₃CH₂OH

(6) furan + maleic anhydride $\xrightarrow{\Delta}$ C₈H₆O₄ (VII)

(7) PhCH(CH₃)₂ $\xrightarrow{O_2}$ PhC(CH₃)₂OOH $\xrightarrow{H^+}$ C₆H₆O (VIII) + C₃H₆O (IX)

(8) CH₃CH=CH₂ + NH₃ + 1.5 O₂ ⟶ C₃H₃N (X) + 3 H₂O

17 総合問題

〈ヒント〉

(1) ① 上の反応はプロトン付加により生成したカルボカチオンへの Br⁻ の攻撃によるマルコフニコフ付加（正常付加）。

② 下は過酸化物の存在下により生じた Br ラジカルの末端炭素への付加による第2級ラジカルを経由する逆マルコフニコフ付加（異常付加）。

$$R-O-O-R \longrightarrow R-O\cdot + \cdot O-R$$

$$R-O\cdot + H-Br \longrightarrow R-O-H + \cdot Br$$

$$CH_3-CH=CH_2 \longrightarrow CH_3-\overset{\cdot}{C}H-CH_2Br > CH_3-CH(Br)-\overset{\cdot}{C}H_2$$

$$CH_3-CH(\cdot)-CH_2Br + H-Br \longrightarrow CH_3-CH_2-CH_2Br + \cdot Br$$

(2) ① 求核剤が CH_3COO^- のアニオンであるため S_N2 反応が起こりやすい。

② Walden 反転した生成物が得られる。

(3) ① CH_3O 基は o,p-配向性

② Friedel–Crafts アシル化

(5) ① カルボニル基の α 位のプロトン引き抜きによるカルボアニオン（エノラートイオン）の生成

② カルボアニオンのもう一分子のカルボニル炭素への求核的付加

③ エトキシドアニオンの脱離

$$CH_3COOCH_2CH_3 \xrightarrow{\text{Base}} [\ ^{\ominus}CH_2-C(=O)-OC_2H_5 \longleftrightarrow CH_2=C(O^{\ominus})-OC_2H_5]$$

$$\longrightarrow CH_3-C(=O)-CH_2-C(=O)-OC_2H_5 \longrightarrow CH_3-C(=O)-CH_2-C(=O)-OC_2H_5$$

17-5 次の各反応の主生成物の構造式を記せ。

(1) $CH_3MgBr \xrightarrow{CH_3OH}$ A [　　　　]

(2) $C_6H_5COCH_3 \xrightarrow{H_2NOH}$ B

(3)

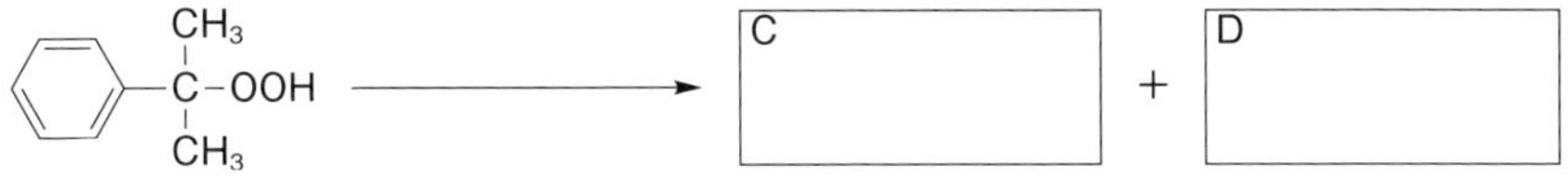
CH3
C-OOH
CH3
C
+
D

(4)

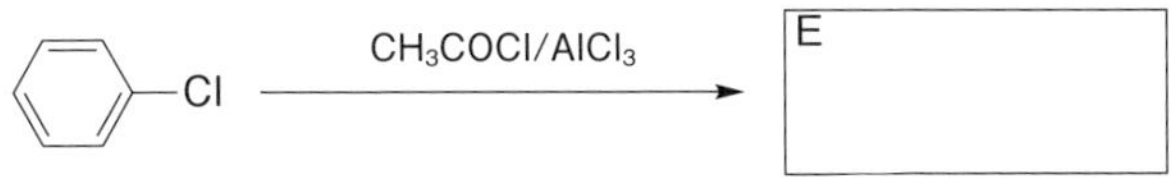
Cl
CH3COCl/AlCl3
E

(5)

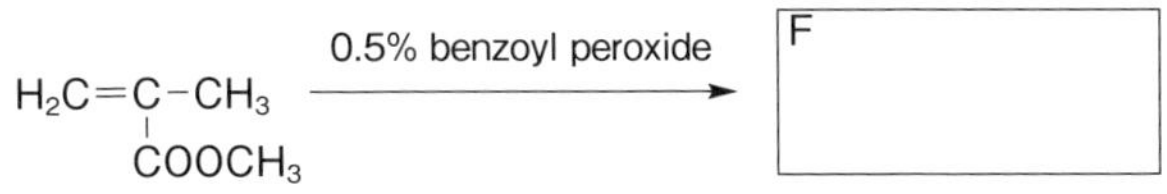
H2C=C-CH3
COOCH3
0.5% benzoyl peroxide
F

〈ヒント〉

(3)

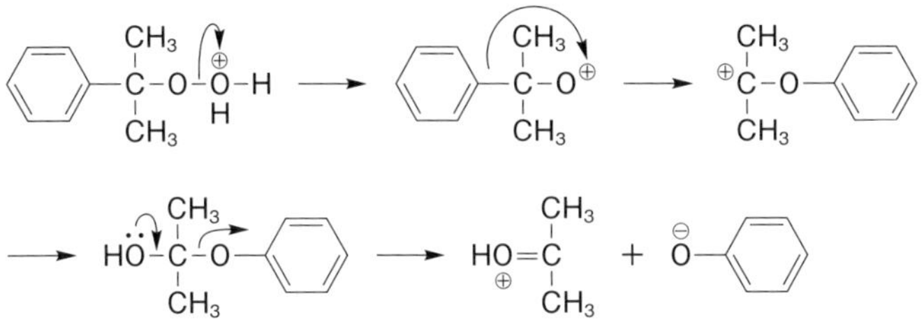
CH3
C-O-O-H
H
CH3
HO=C
+

17-6 次の空欄に該当する有機化合物の構造式を入れ、反応式を完成させよ。

(1)

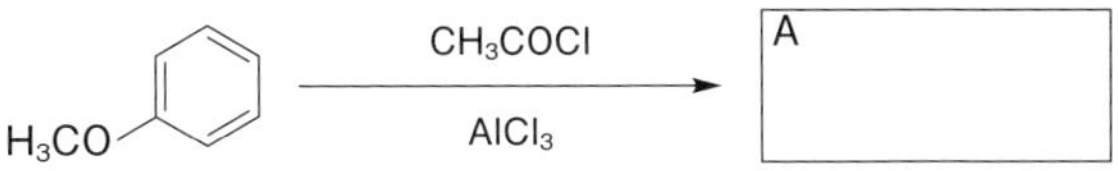
H3CO
CH3COCl
AlCl3
A

(2)

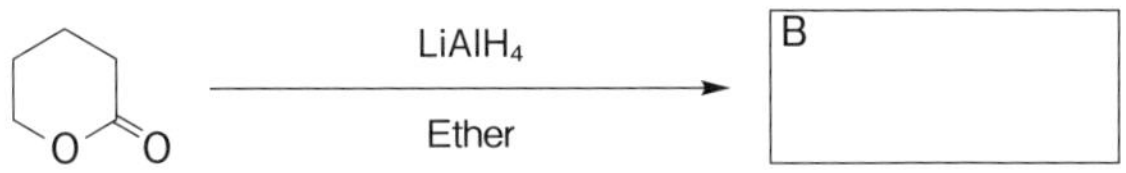
O
O
LiAlH4
Ether
B

(3) $CH_3COCH_2COOC_2H_5 \xrightarrow[C_6H_5CH_2Br]{NaOC_2H_5}$ C

〈ヒント〉

(3) 活性メチレンの α プロトンの引き抜きにより生じたカルボアニオンのベンジル炭素への求核置換

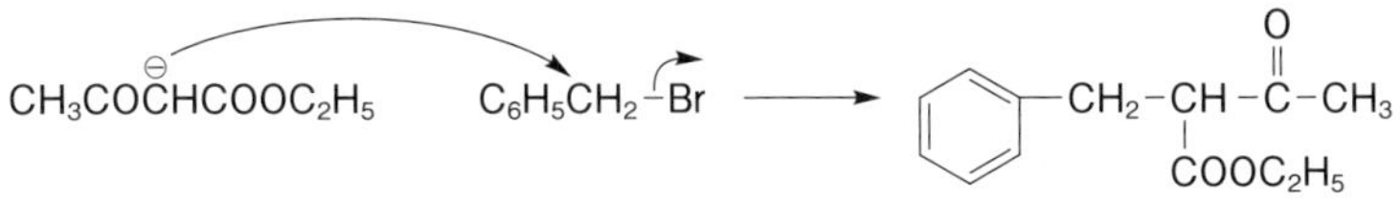
CH3COCHCOOC2H5
C6H5CH2-Br
CH2-CH-C-CH3
O
COOC2H5

17-7 次の反応生成物の構造式を示せ。

(1)

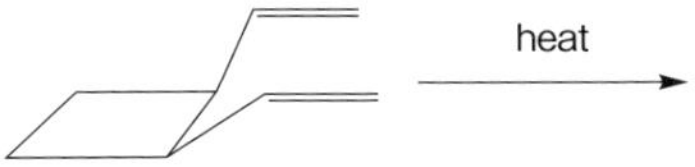
heat

(2)

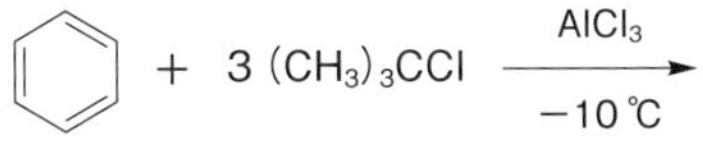
+ 3 (CH3)3CCl
AlCl3
−10 ℃

17 総合問題

(3) 2 ⬠ ⟶

〈ヒント〉

(1) 1,5-hexadiene の [3,3]-シグマトロピー

⬡(1,5-hexadiene) ⟶ ⬡ ⟶ ⬡

(2) Friedel-Crafts のアルキル化
   tert-Bu 基は o,p-配向性であるが、m-位に置換した多置換体も得られる。

(3) Diels-Alder 反応によりシクロペンタジエンが二量化する。

17-8 次の反応生成物を示せ。

$$CH_3CH_2C\equiv CH \xrightarrow[Hg^{2+}]{H_3O^+}$$

17-9 次の合成反応を説明せよ。

(1) C₆H₆ ⟶ m-Br-C₆H₄-NO₂ (3-bromonitrobenzene)

(2) $CH_3CH=CH_2 \longrightarrow (CH_3)_2CHCOOH$

〈ヒント〉

(1) Br 基は o,p-配向性基、NO₂ 基は m-配向性基

17-10 次の反応生成物の構造を示せ。

(1) $R-MgX + R'-\underset{\underset{O}{\|}}{C}-R'' \longrightarrow$

(2) $CH_3CH_2CH_2-\underset{\underset{OH}{|}}{CH}-CH_3 \xrightarrow{I_2,\ NaOH}$

〈ヒント〉

(2) $CH_3-\underset{\underset{O}{\|}}{C}-$ または $CH_3-\underset{\underset{OH}{|}}{CH}-$ を持つ化合物はアルカリ存在下で、ヨウ素によりヨードホルムを生じる。

$R-\underset{\underset{OH}{|}}{CH}-CH_3 \longrightarrow R-\underset{\underset{O}{\|}}{C}-CH_3 \longrightarrow R-\underset{\underset{O}{\|}}{C}-CH_2-I \longrightarrow R-\underset{\underset{O}{\|}}{C}-\underset{\underset{I}{|}}{CH}-I \longrightarrow R-\underset{\underset{O}{\|}}{C}-\underset{\underset{I}{|}}{\overset{I}{C}}-I \xrightarrow{^{\ominus}OH}$

$\longrightarrow RCOOH + CI_3^{\ominus} \longrightarrow RCOO^{\ominus} + CHI_3$

【問題・ヒント編】

17-11 次の反応を完結せよ。

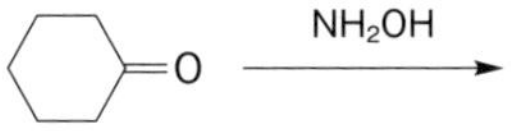

シクロヘキサノン $\xrightarrow{NH_2OH}$

17-12 次の反応生成物の構造式を示せ。（H7，大阪府大）
(1) (CH₃, D, Brを持つシクロヘキサン) $\xrightarrow{OH^-}$

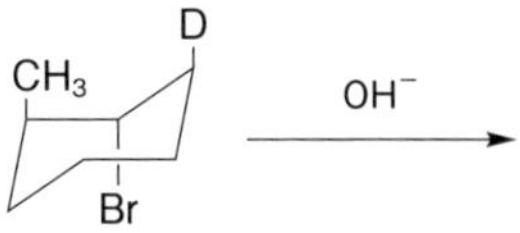

(2) Acetone $\xrightarrow{Cl_2 \quad NaOH}$

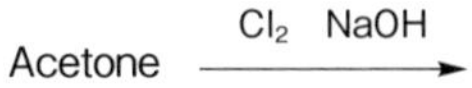

17-13 次の反応生成物の構造式を示せ。（H5，大阪府大）
(1) Ph-COOOH + シクロヘキセン $\longrightarrow$
(2) RCN + R'MgBr $\longrightarrow$
(3) H-C≡C-H + O_3 $\longrightarrow$

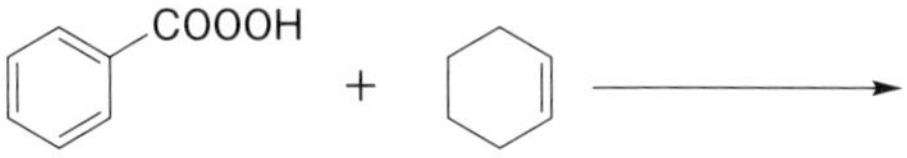

〈ヒント〉
(1) 過酸の酸素は分極しており、求電子的な酸素がアルケンのπ電子の攻撃を受け反応が進行する。

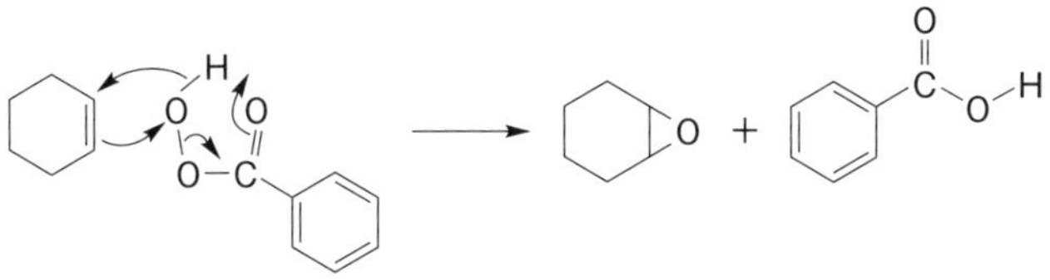

17-14 次の反応の合成法を示せ。矢印の上に反応試薬を記せ。
(1) 1-ブテンから 2-ブテン
(2) ホルムアルデヒドから乳酸

17-15 1-フェニルエタノール（Ph-CH(OH)CH₃）を出発物質に用い、つぎの (1) - (3) に示す化合物を合成せよ。（H6，岩手大）
(1) 2-フェニルエタノール（Ph-CH₂-CH₂OH）
(2) 1,2-ジフェニルエタン（Ph-CH₂-CH₂-Ph）
(3) 4-フェニル-2-ブタノン（Ph-CH₂-CH₂-C(＝O)-CH₃）

17-16 次の反応を反応式で示せ。（H5，岩手大）
(1) Sohio 法を用いたアクリルアミドの合成
(2) Hoffmann 転位を用いたアニリンの合成
(3) グリニャール反応を用いたエチルベンゼンの合成

〈ヒント〉

(2) カルボン酸から直接アミドを作ることはできないので、アンモニアと塩を作り、それを加熱することにより得ることができる。さらに簡便には、一度反応性の高い酸塩化物にしてアンモニアを作用してアミドを作る。カルボン酸アミドへの次亜臭素酸の作用による電子不足窒素（ナイトレン）を経由する Hoffmann 転位によりアニリンが得られる。

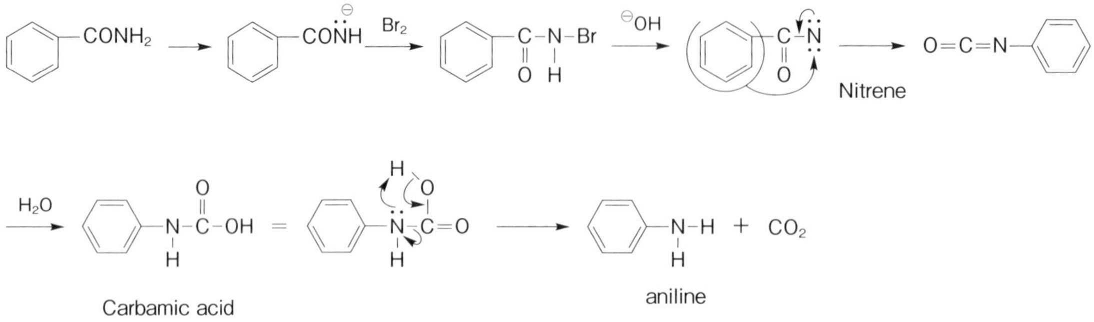
CONH2
CONH
Br2
C-N-Br
O H
OH
C-N
O
Nitrene
O=C=N
H2O
O
N-C-OH
H
Carbamic acid
H
O
N-C=O
H
N-H
H
+ CO2
aniline

17-17 次の反応の生成物の構造式を示せ。

(1) アルキンの臭素化（1 モル、2 モル）

(2) アセトアルデヒドのアルドール縮合

(3) プロパナールの Wittig 反応

〈ヒント〉

(2) アルドール縮合

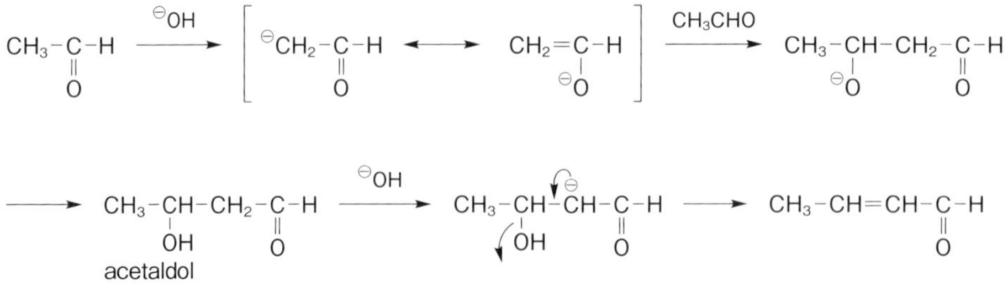
CH3-C-H
O
OH
CH2-C-H
O
CH2=C-H
O
CH3CHO
CH3-CH-CH2-C-H
O O
CH3-CH-CH2-C-H
OH O
acetaldol
OH
CH3-CH-CH-C-H
OH O
CH3-CH=CH-C-H
O

(3) Wittig 反応：リンイリドを経由するオレフィンの生成

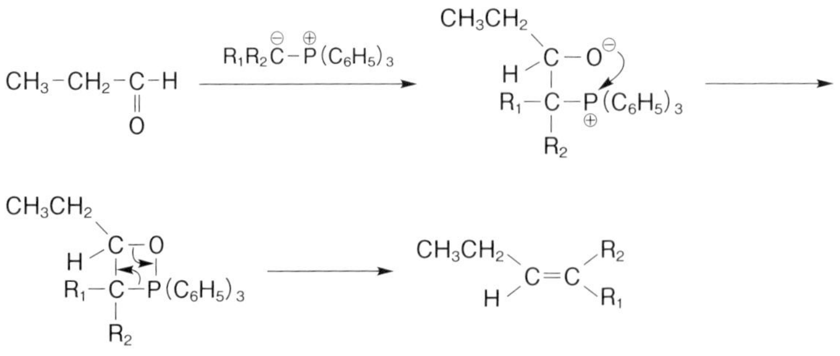
CH3-CH2-C-H
O
R1R2C-P(C6H5)3
CH3CH2
H
C-O
R1-C-P(C6H5)3
R2
CH3CH2
H
C-O
R1-C-P(C6H5)3
R2
CH3CH2
H
C=C
R2
R1

【問題・ヒント編】

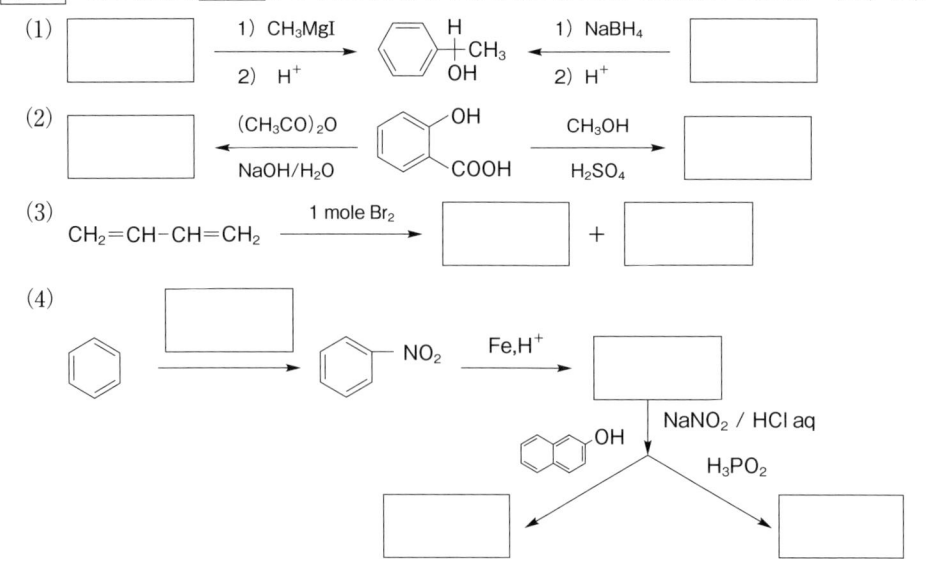

17-18 次の括弧（ ）の中に当てはまる化合物の構造式、反応条件を示せ。（H8, 長岡技科大）

(1) [　　] →(1) CH₃MgI, 2) H⁺)→ Ph-CH(H)(CH₃)(OH) ←(1) NaBH₄, 2) H⁺)← [　　]

(2) [　　] ←((CH₃CO)₂O / NaOH/H₂O)← (2-ヒドロキシ安息香酸: OH, COOH) →(CH₃OH / H₂SO₄)→ [　　]

(3) CH₂=CH-CH=CH₂ →(1 mole Br₂)→ [　　] + [　　]

(4) ベンゼン →[　　]→ PhNO₂ →(Fe, H⁺)→ [　　]
　　↓(NaNO₂ / HCl aq)
　　分岐: β-ナフトール(2-naphthol OH) → [　　]　および　H₃PO₂ → [　　]

17-19 次の (1)-(5) を化学反応式によって示せ。（H8, 長岡技科大・生物機能）
(1) ブタンの完全燃焼
(2) プロピレンへの臭化水素の付加
(3) ニトロベンゼンの合成
(4) 酢酸エチルの加水分解
(5) ヨウ化メチルと金属マグネシウムとの反応

17-20 次の各文の中で記述の正しい文には○、誤っている文には×を記せ。（H9, 長岡技科大・材料）
(1) メタンと塩素ガスの等モルの混合物に紫外線を照射すると塩化メチルと塩化水素のみが得られる。
(2) 2-メチルプロペンに当モルの臭素を付加させると2種類の付加体が生成する。
(3) 同じように光学活性でも、メソ化合物は光学分割できるがラセミ体は分割できない。
(4) S_N1反応、S_N2反応という名前の中の数字は反応の律速段階で関与する分子の数を示す。
(5) トルエンとベンゼンのスルホン化では前者のほうが後者よりも反応性が高い。
(6) カルボン酸塩化物と1級アミンからは容易にアミドが生成する。
(7) シクロヘキサノールよりもフェノールのほうが酸性度が高いのでpK_a値も後者の方が大きい。
(8) ベンズアルデヒドを塩基性条件下で加熱してもアルドール縮合反応は起こらない。
(9) 塩化ベンゼンジアゾニウムにフェノールを反応させるとジフェニルアミンの塩酸塩が得られる。
(10) ポリスチレンの希薄ベンゼン溶液の凝固点が純ベンゼンのそれと大差ないのはポリスチレンの密度がベンゼンの密度にきわめて近いためである。

17-21 求核置換反応、求核付加反応、求電子付加反応、求電子置換反応、脱離反応は、有機化学においてよく見られる反応である。これらの反応について、A群から反応基質、B群から反応試薬、C群から反応条件、触媒をそれぞれ選び、主な生成物の構造とともに例を示せ。（H9, 長岡技科大・材料）

17 総合問題

A: [トルエン]　CH₃CH₂CH₂Br　[cis-2-ブテン]　[アセトフェノン]　CH₃CH₂C(OH)(CH₃)₂

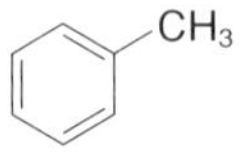

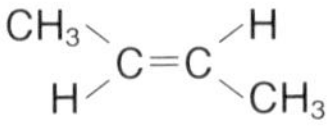

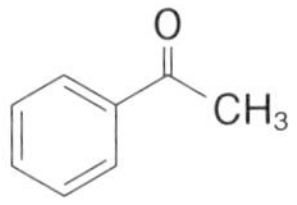

B: Br₂　KOH　1) CH₃MgBr　1) O₃　1) NaBH₄　H₃O⁺
　　　　　　　2) H⁺　　　2) H₃O⁺/Zn　2) H₃O⁺

C: FeBr₃　C₂H₅OH/H₂O　(C₂H₅)₂O　Heat　PtO₂　CCl₄

17-22 C₉H₁₂O という分子式を有する構造不明な有機化合物 A がある。A は一連の試験で以下のような反応結果を示した。（H9，長岡技科大・材料）

(a) Na → ゆっくりとガスが発生し泡が出てくる。
(b) 無水酢酸 → 心地よいにおいのする生成物を与える。
(c) CrO₃/H₂SO₄ → 即座に不透明な青緑色になる。
(d) 熱 KMnO₄ → 安息香酸が生成する。
(e) Br₂/CCl₄ → 脱色されない。
(f) I₂ + NaOH → 黄色固体の沈殿を生じる。
(g) 偏光面を回転する。

(1) A の構造式を示せ（炭素に結合した水素は省いてよい）。
(2) A の異性体の中で、(f)、(g) の実験に対する挙動のみが異なる異性体の構造をすべて示せ。

〈ヒント〉
(1) ① 分子式が C₉H₁₂O 不飽和度 4 だからベンゼン環を持っている可能性がある。

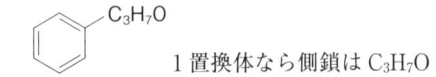

[ベンゼン環-C₃H₇O]　1 置換体なら側鎖は C₃H₇O

② (a) Na との反応でガス（泡）発生したので OH 基を持つ。
③ (b) 無水酢酸との反応で心地よいにおいのエステルを生じたことから OH 基を持つ。
④ (c) CrO₃/H₂SO₄ で青緑色になり酸化反応が起こったことから第 1 級か第 2 級の OH 基を持つ。
⑤ (d) KMnO₄ で安息香酸を生じたことからベンゼン環側鎖にはアルキル基を含む。
⑥ (e) Br₂/CCl₄ で脱色されないことから C＝C 二重結合を含まない。
⑦ (f) I₂ + NaOH で黄色固体が沈殿したことから側鎖には CH₃-CH(OH)- 基を含む。
⑧ (g) 偏光面を回転させることから不斉炭素を含む光学活性化合物である。

(2) A の異性体には次のものが考えられるが

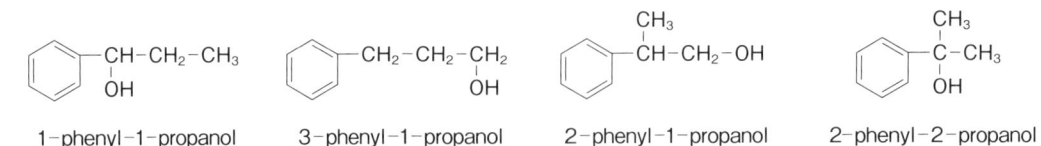

[Ph-CH(OH)-CH₂-CH₃]　[Ph-CH₂-CH₂-CH₂-OH]　[Ph-CH(CH₃)-CH₂-OH]　[Ph-C(CH₃)₂-OH]
1-phenyl-1-propanol　3-phenyl-1-propanol　2-phenyl-1-propanol　2-phenyl-2-propanol

(f) に関して左から ×，×，×，×　（A は ○）

(g) に関しては左から○、×、○、× (A は○)
(c) に関しては左から○、○、○、× (A は○)
したがって、2 番目の 3-phenyl-1-propanol が答えとなる。

17-23 つぎの (a) – (d) の内から 3 問を選び、ペアで示した化合物をお互いに区別する方法をそれぞれ二つあげ、どのような違いにより区別できるかについて具体的に説明せよ。(H8, 東工大・生命理工)

(a) $CH_3CH(OH)CH_3$、$CH_3CH_2CH_2OH$
(b) $CH_3COOCH_2CH_3$、$HCOOCH_2CH_2CH_3$
(c) ベンゼンとシクロヘキセン
(d) $CH_2=CHC(=O)CH_3$、$CH_3CH_2C(=O)CH_3$

17-24 分子式 C_6H_{12} で表される光学活性な炭化水素 A を水素添加すると、分子式 C_6H_{14} で表される光学不活性な炭化水素 B が生じた。このような条件を満たす A、B の一組を考え、それぞれの構造式を示し命名せよ。(H8, 東工大・生命理工)

〈ヒント〉
① (A) は C_6H_{12} で光学活性化合物 = 不斉炭素を持つ。不飽和度 1。
② (B) は C_6H_{14} で光学不活性。

17-25 以下の (a) – (d) の反応生成物 A – D の構造式と化合物名を記せ。(H9, 東工大・生命理工)

(a) Ethane $\xrightarrow{900\ ℃}$ A

(b) $H_2C\overset{O}{-}CH_2$ $\xrightarrow{OH^-}$ B

(c) 七員環ラクタム (NH-C(=O)) $\xrightarrow[250\ ℃]{H_2O}$ C

(d) Naphthalene $\xrightarrow[450\ ℃]{O_2,\ V_2O_5}$ D

17-26 つぎの (a) – (d) の内から 3 問を選び、それぞれのペアーで示した化合物をお互いに区別する化学的もしくは物理的方法 2 つを挙げ、どのような違いにより区別できるかについて具体的に説明せよ。(H11, 東工大・生命理工)

(a) アセトンとアセトアルデヒド
(b) フェノールとシクロヘキサノール
(c) アニリンとアセトアニリド
(d) ステアリン酸とリノール酸

17-27 次の 4 つの語句の中から二つを選び、説明せよ。(H13, 東工大・生命理工)

(1) シクロヘキサンの立体配座
(2) 炭素の sp^2 および sp^3 混成軌道

17 総合問題

(3) ペプチドの高次構造
(4) 芳香族性

17-28 次の4つの反応の中から二つを選び、具体的な反応例を示し、その反応機構を説明せよ。（H13, 東工大・生命理工）

(1) フリーデル-クラフツのアシル化反応
(2) マロン酸ジエチルのα,β-不飽和ケトンへの1,4-付加反応
(3) カルボン酸とアルコールからのエステル合成反応
(4) S_N1反応とS_N2反応

17-29 以下の問に答えよ。（H13, 東工大・生命理工）

分子式$C_4H_{10}O$を持つ化合物A、B、Cは、いずれも金属ナトリウムと反応し水素を発生する。化合物Aは酸化すると酸性を示す化合物2-メチルプロパン酸となり、化合物Bを同様な条件で酸化すると酸性を示さない生成物が得られる。一方、化合物Cに対し塩酸と塩化亜鉛を作用させると室温で直ちに反応が起こり、化合物Dが生成する。化合物A、B、C、Dの構造式を示せ。また、なぜそのように判断したのかを述べよ。

〈ヒント〉
① 分子式$C_4H_{10}O$より不飽和度は0。すなわち、二重結合も環構造も持たない。
② Naと反応し水素を発生することからOH基を持つ。
③ Aは酸化すると酸性の2-メチルプロパン酸を与えることからAは第1級アルコール。
④ Bは酸化しても酸性を示さないことから、Bは第2級アルコール。
⑤ Cは塩酸-塩化亜鉛と容易に反応することから、Cは第3級アルコール。

17-30 2-ニトロフェノール、桂皮酸、ベンズアルデヒドの混合物のジエチルエーテル溶液がある。以下の問に答えよ。（H8, 東工大）

(1) 抽出操作によってこれら三種の化合物を分離する方法について説明せよ。
(2) これら3種の化合物のNMRスペクトルを予想せよ。

〈ヒント〉
(1) ① 2-ニトロフェノール（o-ニトロフェノール）、桂皮酸は酸性化合物のため強アルカリのNaOH水溶液と反応して、それぞれの塩を生成する。その際、ベンズアルデヒドは反応しないためエーテル層に移る。
② フェノールは炭酸よりも弱い酸であるため、その塩は二酸化炭素により複分解される。
③ 桂皮酸のナトリウム塩は塩酸により分解し、桂皮酸となりエーテル層に移る。

17-31 以下の反応式において使用する試薬名、生成物の化合物名、反応名を示せ。

(a) シクロヘキセン →[A] ノルカラン（ビシクロ[4.1.0]ヘプタン）

(b) シクロヘキセン →[B] シクロヘキセンオキシド

(c) フェニル エチル ケトン（C₆H₅-CO-C₂H₅） →[C, Acid] C₆H₅-CH₂-C₂H₅

(d) 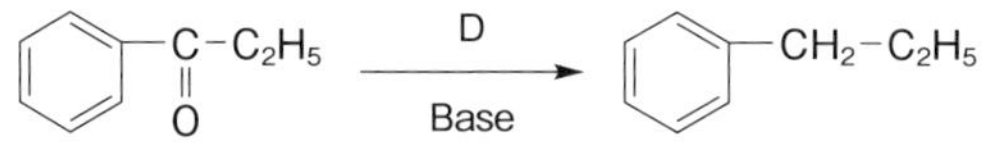 ![Ph-C(=O)-C₂H₅ → Ph-CH₂-C₂H₅, D/Base]

〈ヒント〉
① Simmon-Smith のカルベン付加、またはジアゾメタンへの光照射によるカルベン付加
② mCPBA（メタクロロ過安息香酸が取り扱いやすい）によるエポキシ化
③ Clemmensen 還元
④ Wolff-Kishner 還元

17-32 カッコ内に指定した簡単な有機化合物から次の化合物を合成したい。それぞれについて、適切な出発物質と生成物ならびに反応経路を化学式で示せ。（H11，京都工芸繊維大）
 (a) アセトアルデヒド （炭素数2個の出発物質から）
 (b) 第3級ブチルアルコール （炭素数3個以下の出発物質から）
 (c) ジエチルエーテル （炭素数2個以下の出発物質から）

17-33 次の用語を説明せよ。
 (1) マルコフニコフ則
 (2) Friedel-Crafts 反応
 (3) Grignard 試薬
 (4) Williamson のエーテル合成

17-34 次の (1)–(10) のうち5つを選び、その主生成物を記せ。

(1)  シクロヘキセン + Br₂ ⟶

(2) 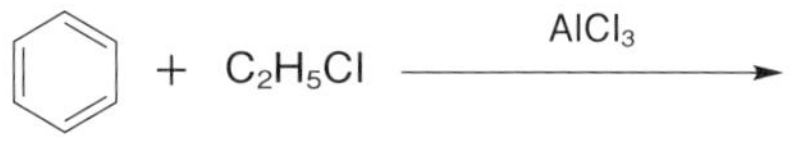 ベンゼン + C₂H₅Cl —AlCl₃→

(3) CH₃–CH=CH–CH=O —Ag₂O→

(4) 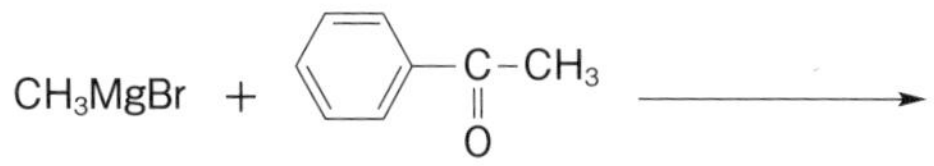 CH₃MgBr + C₆H₅–C(=O)–CH₃ ⟶

(5) CH₃–CH₂–O–CH(CH₃)₂ + HI ⟶

(6) 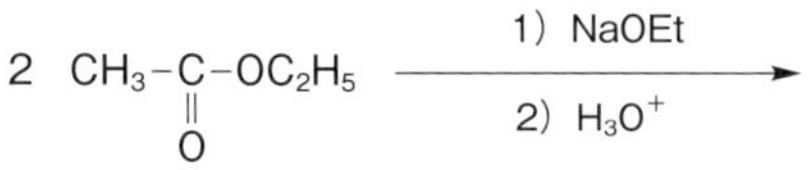 2 CH₃–C(=O)–OC₂H₅ —1) NaOEt 2) H₃O⁺→

(7) 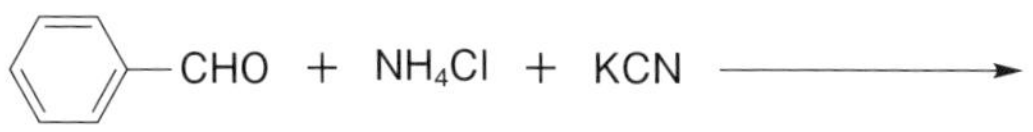 C₆H₅–CHO + NH₄Cl + KCN ⟶

(8) 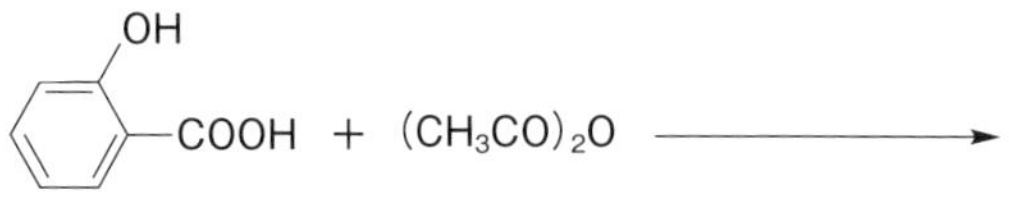 サリチル酸 (o-HO-C₆H₄-COOH) + (CH₃CO)₂O ⟶

(9) 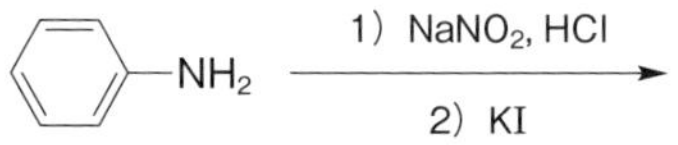 C₆H₅–NH₂ —1) NaNO₂, HCl 2) KI→

(10) CH₃-C(=O)-NHCH₂CH₃ + LiAlH₄ ⟶

(11) [benzene] + HNO₃ – H₂SO₄ ⟶

(12) [1-methylcyclohexene] + Br₂ – H₂O ⟶

〈ヒント〉
(1) 三員環状ブロモニウムイオン中間体を経由する trans-1,2 付加
(2) Friedel-Crafts のアルキル化
(3) 酸化
(4) Grignard 反応
(5) エーテル酸素へのプロトン付加により生成したオキソニウムイオンに嵩高く強い求核剤である I⁻イオンが立体障害の少ない炭素を攻撃して進行した (S_N2 反応)。
(6) 活性メチレン化合物とエステルとの求核的付加－脱離反応 (Claisen 縮合)
(7) カルボニル基へのニトリルの付加を経由する芳香族アルデヒドの二量化 (Benzoin 縮合)
(8) サリチル酸への無水酢酸によるアシル化
(9) アニリンのジアゾ化による塩化ベンゼンジアゾニウムの合成、サンドマイヤー変法によるヨウ素化
(10) 酸アミドの還元
(11) ベンゼンのニトロ化
(12) Br₂-H₂O からの次亜臭素酸の付加：HOBr 結合において δ＋に分極した Br がシクロヘキセンの二重結合に付加し三員環状ブロモニウムイオン中間体を生じ、次いで OH⁻イオンが立体障害の小さい反対側から、またメチル基が結合していない方の炭素を攻撃する。

17-35 次の語句 (1) - (12) のうちの5つを選び、その内容を簡潔に説明せよ。
(1) 幾何異性   (2) 水素結合   (3) 溶解度積   (4) ヌクレオチド   (5) エントロピー   (6) 緩衝溶液   (7) ジアステレオマー   (8) イオン化ポテンシャル   (9) イオン交換樹脂   (10) 電気陰性度   (11) 強酸   (12) クロマトグラフィー

17-36 次に示した4つの化合物を酸として強い順に並べよ。また、そのような順番になると考えた理由も記せ。(H12, 新潟大・理)

　　エタノール、p-ニトロフェノール、p-クレゾール (4-メチルフェノール)、フェノール

17-37 次の事項について、例となる化合物の構造式を示し、説明せよ。(H12, 信州大・繊維)
(1) ラセミ混合物
(2) 求電子芳香族置換反応

17-38 次の合成反応の過程を1段階ごとに、必要な試薬とともに化学反応式で示せ。(H13, 京都工芸繊維大・繊維)
(1) benzene → 1-phenylpropane

(2) benzene → acetanilide
(3) 2-methyl-2-propanol → *tert*-butyl methyl ether

〈ヒント〉
(3) 逆の組み合わせでは E2 反応が優先し 2-methyl-1-propene が生成する。

17-39 次の化合物 (a)-(c) の合成経路を各段階ごとに必要な試薬とともに化学反応式で示せ。ただし、合成経路中で無機試薬は自由に使用してよいが、ベンゼンとエチレン以外の有機化合物を使用してはならない。（H14, 京都工芸繊維大・繊維）
(a) 安息香酸
(b) 酢酸エチル
(c) エタノールアミン (2-aminoethanol)

17-40 次の反応の主な生成物の構造式と化合物名を答えよ。（H15, 京都工芸繊維大・繊維）

(a) 1-methylcyclohexene + HBr $\xrightarrow{(C_2H_5)_2O}$

(b) $CH_3CBr(CH_3)CH_2CH_3$ $\xrightarrow[C_2H_5OH]{NaOC_2H_5}$

〈ヒント〉
(a) カルボカチオン中間体を経由する付加反応
(b) 第3級ハロゲン化アルキルへの強塩基 (CH_3CH_2ONa) による E2 脱離反応

17-41 以下の問に答えよ。（H15, 京都大・工）

trans-2-メチルシクロヘキサノールを酸触媒の存在下で加熱すると、H_2O の脱離により 1-メチルシクロヘキセンが主生成物として得られる。

一方、*trans*-1-ブロモ-2-メチルシクロヘキサンに EtONa を作用させると、HBr の脱離により 3-メチルシクロヘキセンが主生成物として得られる。

二つの脱離反応が異なる位置異性体を与える理由を、下記の語群の言葉をすべて用いて説明せよ。
　語群：E1 反応、E2 反応、カルボカチオン、Saytzeff 則、アンチ脱離

17-42 次の文章を読んで下記の問いに答えよ。
分子式 C_3H_8O を有する化合物 (A、B および C) がある。A と B は金属ナトリウムと反応するが、C は反応しな

17 総合問題

い。AとBはニクロム酸カリウムと反応し、Bは中性物質(D)を、Aは中間体(E)を経て酸性物質(F)を生成するが、Cは反応しない。

(1) A, B, C, D, EおよびFの構造式と名称を書け。
(2) Aと金属ナトリウムとの反応を化学式で示せ。
(3) AとFの混合物に少量の濃硫酸を加えて加熱した場合の反応を化学式で示せ。
(4) Eにある種の試薬を加えると銀が析出した。この反応に用いられた試薬は何か。また、この反応を何と呼ぶのか。また、この反応を説明せよ。

17-43 次の文章を読んで以下の問に答えよ。

プロパンにおいて、水素を水酸基で置換するとAまたはB(A、Bは構造異性体)が生じる。Aを硫酸酸性二クロム酸カリウムで酸化すると、中性の化合物Cが生じる。Bを酸化させると、Dを経て酸性酸化物Eが生ずる。Dとアンモニア性硝酸銀水溶液とを混合すると、銀が析出する。また、A、Bに硫酸を少量加えて熱すると、不飽和炭化水素Fが生じる。

(1) A-Fの構造式を示せ。また、A, B, C, D, E, Fの名称を記せ。
(2) Fに臭素を付加させた化合物Gの構造式を示せ。
(3) Gの構造異性体をすべて記せ。
(4) BとEの等モル混合物において起こる反応を化学反応式で示せ。
(5) Dの水溶液にフェーリング溶液A液(硫酸銅水溶液)とB液(酒石酸ナトリウムカリウムと水酸化ナトリウム水溶液)を加えて加熱したとき、反応溶液はどのように変化するか。これについて説明せよ。

17-44 二酸化炭素、水、ベンゼンそれぞれの標準生成エンタルピーは -393.5、-285.9、$+49.3\ \text{kJ mol}^{-1}$ である。ベンゼンの標準燃焼エンタルピーを二酸化炭素、水、ベンゼンそれぞれの反応式を示して求めよ。ただし、二酸化炭素、水の標準生成エンタルピーとは、それぞれの標準状態で安定な成分元素、すなわちC(グラファイト)、O_2(g)、 H_2(g)から1 molの物質が生じるときのエンタルピー変化である。(H14, 京都大・工)

17-45 有機化合物の酸性度を表すのに pK_a を用いる。この pK_a は解離平衡における酸解離定数 K_a を用いて、$pK_a = -\log K_a$ により定義される。(H15, 京都大・工)

(1) 次の化合物群について pK_a の大きい順番に解答欄に左から並べよ。

　　　　C₆H₅-OH　　CH₃COOH　　CF₃COOH　　(CH₃)₂C=O　　H₂O

(2) 次の化合物の水素原子 a-d について酸性度の大きい順番に解答欄に左から記号で記せ。

(3) Ethyllithium をシクロペンタジエンとフェニルアセチレンの混合物に非水溶媒中 0℃で作用させた。どのような反応が起こるか pK_a の値（カッコ内の数字）に基づき説明せよ。

シクロペンタジエン (15)　　Ph—C≡C—H (25)　　H$_3$C—CH$_3$ (50)

〈ヒント〉

(1) pK_a の大きさは上のような（　）内の数字になるが酸性度は逆の順番である。
   pK_a ＝ －logK_a のため

(2) カルボニル基の隣接 α 炭素に結合している水素原子はプロトンとして離れやすく酸性度は大きい。b の水素は二つのカルボニル基の α 炭素上にあり、プロトンが外れたカルボアニオンの負電荷は二つのカルボニル酸素にまで非局在化し安定に存在するため最も酸性度が大きい。一方、a と c の水素原子はカルボニル基の α 炭素上にあり酸性度も大きくなるが、c の水素がプロトンとして外れたカルボアニオンは、ベンゼン環との共役により一層非局在化するため、より安定に存在し a よりも酸性度が大きくなる。ベンゼン環の水素は酸性度が非常に小さい。

17-46 プロパナールとブロモメタンを炭素原料とし、以下の化合物 A–C を合成する反応式を示せ。反応剤は何を用いてもよい。（H15, 京都大・工）

17 総合問題

A CH₃CH₂-CH(OH)-CH(CH₃)-CHO

B CH₃CH₂-CH(OH)-CH(CH₃)-CH(OH)-CH₃

C CH₃CH₂-C(OH)(CH₃)-CH₃ (with extra CH₃)

〈ヒント〉
(A) Aldol 縮合
(B) (A) のアルドール縮合生成物は水酸基（活性水素）を持つため、Grignard 試薬との反応を使うことはできない。したがって、カルボニル基への Wittig 反応を用いて増炭反応を行い、次いで水和反応により目的のアルコールを生成する。
(C) アルデヒド炭素への 2 つのメチル基の導入
　① アルデヒドをエステルに変換後分子 CH₃MgBr の導入
　② 別解として、アルデヒドへの CH₃MgBr の導入、得られたアルコールの酸化、2 段階目の CH₃MgBr の導入

17-47 次のそれぞれの化学反応式 (1)–(4) の A–J に当てはまる化合物の構造式を示せ。ただし、G–J については立体化学がわかるように示すこと。（H14, 京都大・工）

(1) PhBr → [Mg, Et₂O] → A → [1) B 2) H₃O⁺] → PhCH₂CH₂OH
　→ [PCC, CH₂Cl₂] → C   PCC = [pyridine-NH]⁺[CrO₃Cl]⁻

(2) cyclohexane → [Br₂, hν] → D → [CH₃CH₂OK / CH₃CH₂OH] → E → [N-bromosuccinimide, hν, CCl₄] → F

(3) CH₃CH₂C≡CCH₂CH₃
　→ [H₂, Pd/CaCO₃ (Lindlar catalyst)] → G
　→ [1) Li, C₂H₅NH₂ 2) NH₄Cl] → H

(4) 1-methylcyclopentene
　→ [Br₂, H₂O] → I
　→ [1) BH₃ 2) H₂O₂, OH⁻] → J

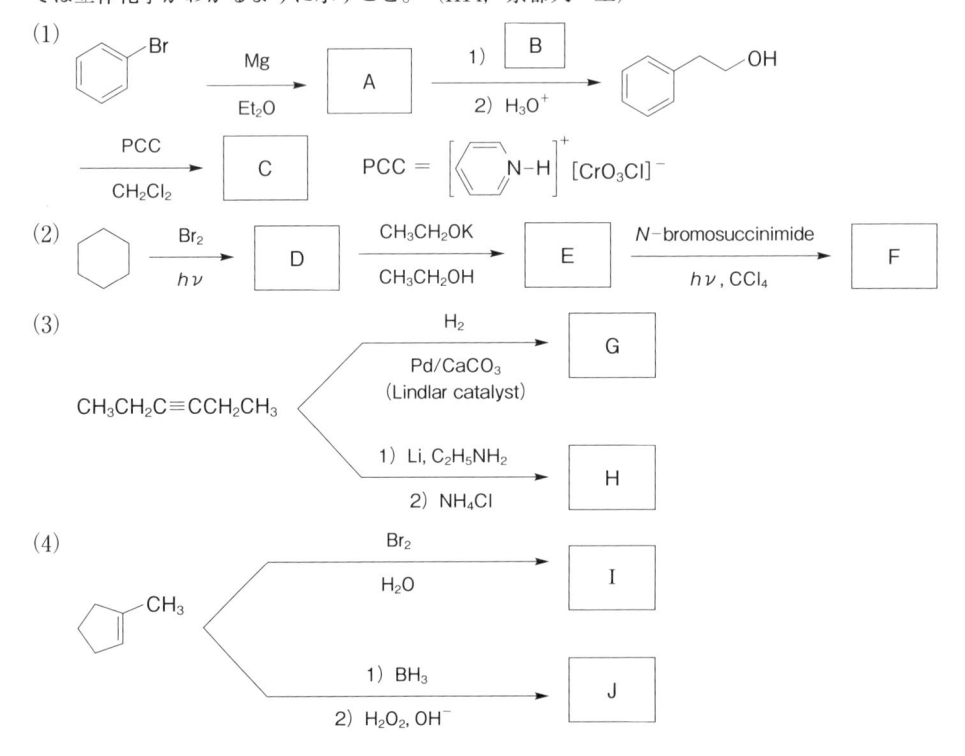

〈ヒント〉
  (1) Grignard 試薬調製、増炭反応、温和な PCC 酸化
  (2) ハロゲン化、強塩基による E2 脱離、アリル位臭素化
  (3) アセチレン誘導体の還元
  (4) 二重結合への付加 (HO-Br、BH$_3$)
     二重結合への HO-Br 付加においては、まず δ+ に分極した Br$^+$ が二重結合に上から攻撃し三員環状のブロモニウムイオン中間体を経由して、次いで OH$^-$ イオンが下側からメチル基付け根の炭素を攻撃して、メチル基と水酸基が同一炭素上に位置する。一方、メチル基の電子供与性効果によりメチル基が結合していない炭素上の電子密度が高くなるため BH$_3$ のホウ素が炭素からの攻撃を受け、一方水素はメチル基が結合している炭素と結合し四員環状の遷移状態を経由して B と H がシス付加する。残りの -BH$_2$ も同様に反応する。次いでアルカリの存在下で $^-$OOH の O$^-$ 部分がホウ素 B を攻撃するとともに、OH がホウ素付け根の炭素と結合しメチル基と水酸基がトランスに配置した化合物を生成する。

17-48 次の (1) から (4) の事項に当てはまる化合物を (a) - (f) から選び記号で答えよ。(H16, 長岡技科大・材料)
(1) プロトン NMR スペクトルには一つのシグナルしか観測されない。
(2) sp 混成軌道による結合がある。
(3) シス-トランス異性体がある。
(4) 光学異性体がある。
   (a) 1-ブチン   (b) 2-ブテン   (c) 2-メチル-2-ブテン   (d) 2,2-ジメチルプロパン
   (e) 1-ブタノール   (f) 2-ブタノール

17-49 次の文章中の化合物 A から D の構造式を書きなさい。(H16, 長岡技科大・材料)
分子式 C$_3$H$_6$ で表される化合物 A は、臭素水を脱色した。A に酸性下で水を付加すると化合物 B が生じ、B に K$_2$Cr$_2$O$_7$ を作用させると化合物 C が得られた。一方、A に (BH$_3$)$_2$ を作用させ、ついで H$_2$O$_2$ で酸化する事により化合物 D を得た。化合物 B と D は互いに異性体である。

〈ヒント〉
  ① Br$_2$ の trans 付加による臭素の脱色 (三員環状ブロモニウムイオン経由) (二重結合を持つ)
  ② 酸触媒の存在下の水付加 (第 2 級カルボカチオン経由)
  ③ K$_2$Cr$_2$O$_7$ によるアルコールの酸化
  ④ ハイドロボレーション-酸化による第 1 級アルコールの生成

17-50 次の (1) - (5) の反応で得られる主生成物の構造式を書きなさい。尚、(2) と (3) の A は (1) の A と同じ化合物である。(H16, 長岡技科大・材料)

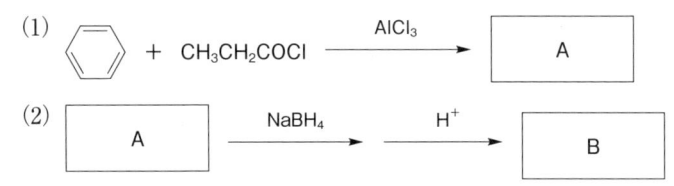

(1) ベンゼン + CH$_3$CH$_2$COCl →(AlCl$_3$) A

(2) A →(NaBH$_4$) →(H$^+$) B

17 総合問題

(3)
$$\boxed{A} \xrightarrow{\text{Zn(Hg), HCl}} \boxed{C}$$

(4)
$$\text{H}_3\text{C}-\underset{\underset{\text{O}}{\parallel}}{\text{C}}-\text{CH}_3 + n\text{-C}_4\text{H}_9\text{MgBr} \xrightarrow{\text{H}_3\text{O}^+} \boxed{D}$$

(5)
$$\text{H}_3\text{C}-\underset{\underset{\text{CH}_3}{|}}{\overset{\overset{\text{CH}_3}{|}}{\text{C}}}-\text{ONa} + \text{CH}_3\text{CH}_2\text{Br} \longrightarrow \boxed{E}$$

〈ヒント〉
(1) Friedel-Crafts のアシル化
(2) NaBH₄ による温和な還元
(3) 亜鉛アマルガム－塩酸による Clemmensen 還元
(4) Grignard 反応
(5) 嵩高い強塩基による E2 脱離（この場合、エーテルも少量生成する（S_N2））。

17-51 分子式が C₆H₁₂O₂ であるカルボニル化合物 A について行った実験結果から A の構造を決定した。考察の中で、①、②、③、⑤、⑨、⑩ は当てはまる語句すべてを、④、⑥、⑦、⑧、⑪ には空欄に適当な語句を補い、⑫ には構造式を書き入れて文章を完成させなさい。（H16，長岡技科大・材料）

実験結果
(a) A のプロトン NMR スペクトルには a－d の 4 種類のシグナルが現れ、その積分強度比は高磁場側から順に 3：6：2：1 であった。各シグナルの分裂パターンは a：三重線、b：二重線、c：四重線、d：七重線で、分裂の幅を調べると、a と c および b と d の分裂の幅がそれぞれ等しくなっていた。
(b) A は水素化ホウ素ナトリウムとは反応しないが、水素化アルミニウムリチウムとは容易に反応し、反応式が C₃H₈O で互いに異性体である化合物 B と C が生成した。
(c) A を酸性水溶液中で加熱すると、C と分子式 C₃H₆O₂ の化合物 D が生成した。
(d) B は重クロム酸ナトリウムの酸性水溶液で処理すると容易に D となった。

考察
　カルボニル化合物としてはアルデヒド、ケトン、カルボン酸、酸ハロゲン化物、酸無水物、エステル、アミドがある。これらの候補の中で、分子式から考えると（①）の可能性はない。また、水素化ホウ素ナトリウムと反応しないことから、（②）も除外することができ、残る候補は（③）となる。さらに、酸性条件下での加水分解で 2 種類の有機化合物が生成することを考えると、候補を（④）のみに絞ることができる。
　（④）のカルボニル基は水素化アルミニウムリチウムで処理すると 1 級アルコールに（⑤）できることが知られている。B と C は炭素数が等しいので、A は炭素数三個のカルボン酸成分を有していたことがわかる。プロトン NMR スペクトルの中で、a と c および b と d の分裂の幅（⑥定数と呼ぶ）がそれぞれ等しいことは、これらが隣接する炭素上の水素によるシグナルであることを意味している。A が三重線であることは隣接する炭素上に水素が（⑦）個あることを意味し、c が四重線であることは隣接する炭素上に水素が（⑧）個あることを意味している。すなわち、これらは（⑨）基のシグナルである。同様にして b と d は（⑩）基によるシグナルであると解釈できる。したがって、A の IUPAC 名は（⑪）、構造は（⑫）となる。

〈ヒント〉
① NMR スペクトル

d	c	b	a	→ 高磁場
1 H	2 H	6 H	3 H	
septet	quartet	doublet	triplet	
Jdb = Jbd	Jca = Jac	Jbd = Jdb	Jac = Jca	

(CH₃)₂CH-基の存在　　CH₃CH₂-基の存在

② LiAlH₄ は非常に反応性の強い還元剤で、アルデヒド、ケトン、カルボン酸、エステルを還元してアルコールを生じる。一方、NaBH₄ は LiAlH₄ よりも弱い還元剤で、カルボン酸やエステルの還元には用いられない。

③ A を酸性水溶液中で加熱すると C（C₃H₈O：アルコール）と D（C₃H₆O₂＝C₂H₅COOH）を生じる。

④ B を Na₂Cr₂O₇ で酸化すると D（カルボン酸）となることから B は第1級アルコール。

17-52 有機化合物の混合物をそれぞれの化合物に分離するには酸や塩基をうまく使うことが重要である。ここでは、アニリン、ベンゼン、安息香酸、フェノール、キシレンの混合物からそれぞれを分離するために、混合物のエーテル溶液から、以下の操作を行う。次の (a) から (g) の問に答えよ。

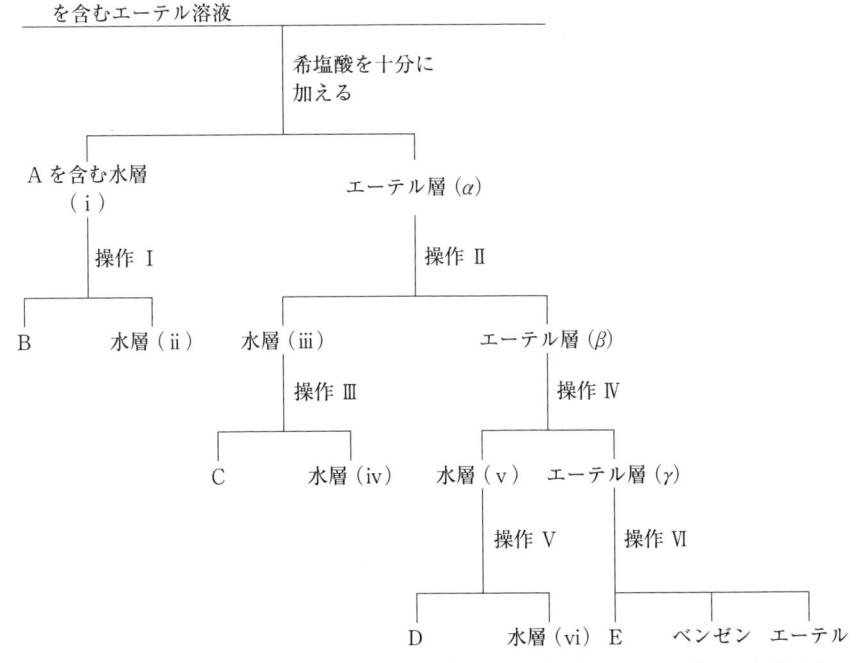

(a) 操作ⅠからⅤに当てはまるものを次の (イ) から (ホ) の中から選び、記号をしめせ。
　(イ) 希水酸化ナトリウムを十分に加える。
　(ロ) 炭酸水素ナトリウム水溶液を加える。
　(ハ) 希塩酸を十分に加える。
　(ニ) 食塩水を十分に加える。
　(ホ) 氷冷する。

(b) 水層 (i) に含まれる有機化合物 A の構造式を示せ。

(c) 操作Ⅰにより水層（ⅰ）から分離される有機化合物Bの構造式を示せ。
(d) 操作Ⅲにより水層（ⅲ）から分離される有機化合物Cの構造式を示せ。
(e) 操作Ⅴにより水層（ⅴ）から分離される有機化合物Dの構造式を示せ。
(f) エーテル層（γ）に含まれる有機化合物Eの構造式を示せ。ただし、Eには異性体がある。すべての異性体を明確に区別して構造式を書くこと。
(g) エーテル層（γ）に含まれるベンゼンと有機化合物Eとを分離するために最も適当と考えられる操作Ⅵを説明せよ。

17-53 次の問に答えよ。ただし、原子量の値にはH = 1.0、C = 12.0、O = 16.0、Na = 23.0を用いる。
(a) エタノール1モルをナトリウムと反応させるときに発生する水素ガスのモル数を書け。
(b) パルミチン酸 $C_{15}H_{31}COOH$ の分子量を小数点以下1位までもとめよ。
(c) パルミチン酸のみを構成成分とする油脂 1.00×10^2 g をケン化するのに必要な水酸化ナトリウムの質量を有効数字3桁で求めよ。

〈ヒント〉
　油脂の分子式 $C_{51}H_{98}O_6$、油脂の分子量 806　　NaOHの式量　40.0
　　806 : 3 × 40 = 100 : x　　x = 14.9

17-54 次の化合物のIUPAC名を書きなさい。（H18, 長岡技科大）
(1) $CH_2=CHCH_2OH$　　(2) $(CH_3)_2C=CHCOCH_3$

17-55 次の(1)-(5)の式において、有機化合物は構造式に書き換え、無機化合物は化学式に書き換え、(A)-(E)に主生成物の構造式と名称を書きなさい。ただし、構造式は簡略化した形で書いてよい。また、名称はIUPAC名でも慣用名でもよい。（H18, 長岡技科大）
(1) ナトリウムメトキシド　＋　臭化アリル　→　（A）（エーテル）
(2) 塩化チオニル　＋　安息香酸　→　（B）（酸塩化物）
(3) プロピオン酸　＋　エタノール　→　（C）（エステル）
(4) ペンタナール　＋　水素化アルミニウムリチウム　→　（D）（アルコール）
(5) シクロヘキサノン　＋　過酢酸　→　（E）（ラクトン）

17-56 次の化合物の構造式を書き、当てはまる文を(a)-(e)の中から選び、記号で答えなさい。（H18, 長岡技科大）
メトキシベンゼン、2-プロパノール、アニリン、2-クロロブタン、プロピオニトリル
(a) ^{1}H-NMRスペクトルにおいて、3.8 ppm付近に鋭い一重線を示すピークがある。
(b) 塩基性を示す。
(c) 不斉炭素原子がある。
(d) カルボン酸の誘導体である。
(e) IRスペクトルで 3300〜3600 cm^{-1} 付近に幅広い吸収がある脂肪族化合物。

17-57 次の(1)-(5)の各記述に該当するものを (A)アルケン、(B)芳香族炭化水素、(C)アルコール、(D)

アミン、(E) ハロゲン化アルキルから選び、A-E の記号で答えよ。（H16，長岡技科大・生物）
(1) カルボン酸との縮合反応によりアミドが生成する。
(2) 求核試薬と置換反応を起こしやすい。
(3) 求電子（親電子）試薬と置換反応を起こしやすい。
(4) カルボン酸との縮合反応によりエステルが生成する。
(5) 求電子（親電子）試薬による付加反応を起こしやすい。

〈ヒント〉

(1) R-COOH + R′-NH₂ ⟶ R-C(=O)-NH-R′ + H₂O

(2) R-X + Nu⁻ ⟶ R-Nu + X⁻

(3) C₆H₆ + E⁺ ⟶ C₆H₅-E + H⁺

(4) R-COOH + R′-OH ⟶ R-C(=O)-OR′ + H₂O

(5) R-CH=CH-R′ + HX ⟶ R-CH(H)-CH(X)-R′

17-58 以下の (1)-(4) の文章を読み、化合物 A-J の構造式および名称を答えなさい。（H18，北海道大・工）
(1) グルコースは、アルコール発酵により化合物 A と、地球温暖化の原因物質のひとつといわれている常温常圧で気体の化合物 B に分解される。化合物 A を酸化すると化合物 C が得られるが、化合物 C は容易に酸化されて化合物 D となる。また、化合物 C は、水銀塩を用いて化合物 E に水を付加させることによっても得ることができる。一方、化合物 A と D を少量の濃硫酸とともに加熱すると、強い香気を持つ化合物 F が得られる。
(2) C₃H₆O₃ の分子式を持つ化合物 G は、一つの炭素原子に 4 つの異なる原子や原子団が結合した分子構造を有しており、糖類の発酵によって得ることができる。
(3) p-キシレンの酸化反応によって得られる芳香族化合物 H は、2 価アルコール I との縮合重合により、清涼飲料水の容器の材料として使われている高分子化合物を生成する。
(4) C₄H₄O₄ の分子式を持つジカルボン酸 J は、加熱すると分子内の 2 個のカルボキシル基から水 1 分子がとれて、環状の酸無水物を形成する。

17-59 以下の問に答えなさい。（H18，北海道大・工）
(1) 次の化合物の中で、もっとも弱い酸を一つ選び、記号で答えよ。
　　A：フェノール、B：ベンゼンスルホン酸、C：炭酸、D：安息香酸
(2) 次の化合物の中で、水よりも比重が大きいものを一つ選び、記号で答えよ。
　　A：ジエチルエーテル、B：クロロホルム、C：ヘキサン、D：トルエン
(3) 次の化合物の中で、すべての構成原子が同一平面上にあるものを一つ選び、記号で答えよ。
　　A：エタン、B：エチレン、C：プロパン、D：プロピレン
(4) 次の化合物の中で、4-オクチンの異性体を一つ選び、記号で答えよ。
　　A：cis-4-オクテン、B：シクロオクタン、C：シクロオクテン、D：1,4-シクロオクタジエン

17　総合問題

(5) 次の化合物の中で、不斉炭素を持つ化合物を一つ選び、記号で答えなさい。
　　A：1-ペンタノール、B：2-ペンタノール、C：3-ペンタノール、D：シクロペンタノール

(6) 次の化合物の中で、ヨードホルム反応により黄色沈殿を生じるものを一つ選び、記号で答えよ。
　　A：1-ブタノール、B：2-ブタノール、C：iso-ブタノール、D：tert-ブタノール

(7) 次の化合物の中で、濃硝酸を加えて過熱すると黄色沈殿を生じるものを一つ選び、記号で答えよ。
　　A：アラニン、B：フェニルアラニン、C：セリン、D：リシン

(8) 次の糖類の中で還元性を示さないものを一つ選び、記号で答えよ。
　　A：グルコース、B：フルクトース、C：マルトース、D：スクロース

(9) 分子化合物の中で、2種類の単量体が重合して生成したものを一つ選び、記号で答えよ。
　　A：ナイロン-6、B：ポリエチレン、C：ポリスチレン、D：アラミド

(10) 次の高分子化合物の中で、アミド結合を持つものを一つ選び、記号で答えよ。
　　A：ナイロン-6,6、B：ポリアセチレン、C：ビニロン、D：ブタジエンゴム

〈ヒント〉

(1) 酸性度

　　ベンゼンスルホン酸（B）　>　安息香酸（D）　>　二酸化炭素（C）　>　フェノール（A）

(2) 比重

　　CHCl₃　>　トルエン　>　CH₃CH₂OCH₂CH₃　>　CH₃CH₂CH₂CH₂CH₃
　　クロロホルム（B）　　トルエン（D）　　ジエチルエーテル（A）　　ヘキサン（C）

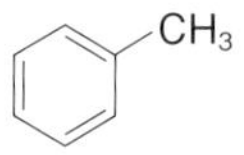

(3) 同一平面上 sp² 混成軌道を持つもの

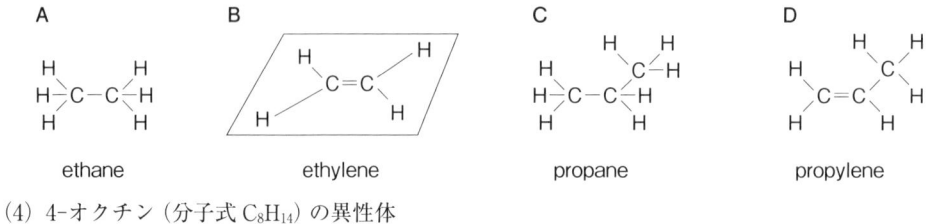

　　A: ethane　　B: ethylene　　C: propane　　D: propylene

(4) 4-オクチン（分子式 C_8H_{14}）の異性体

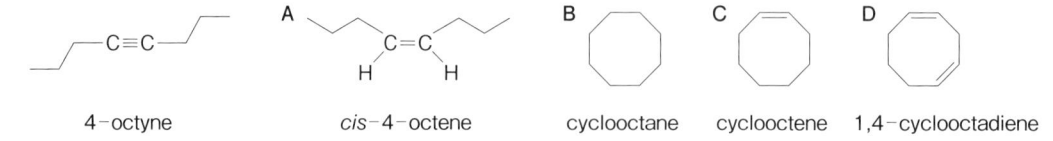

　　4-octyne　　A: cis-4-octene　　B: cyclooctane　　C: cyclooctene　　D: 1,4-cyclooctadiene

(5) 不斉炭素を持つ化合物

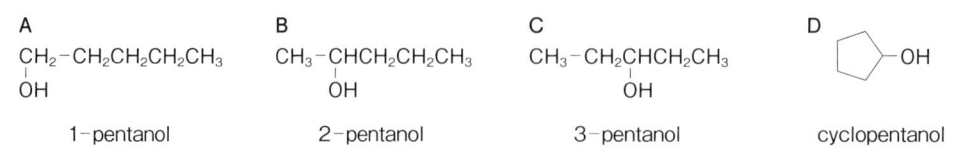

　　A: 1-pentanol　　B: 2-pentanol　　C: 3-pentanol　　D: cyclopentanol

(6) ヨードホルム反応による黄色沈殿の生成

CH₃CH(OH)-結合または CH₃(C=O)-結合を持つ化合物

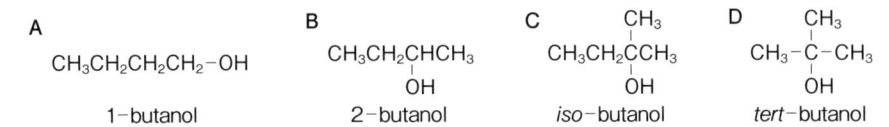

A CH₃CH₂CH₂CH₂-OH　1-butanol

B CH₃CH₂CH(OH)CH₃　2-butanol

C CH₃CH₂C(CH₃)(OH)　iso-butanol

D CH₃-C(CH₃)(OH)-CH₃　tert-butanol

(7) 濃硝酸との反応で黄色沈殿生成

フェニル基を持つアミノ酸がキサントプロテイン反応（ニトロ化）を示す。

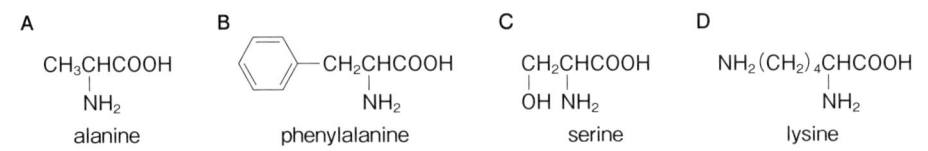

A CH₃CH(NH₂)COOH　alanine

B C₆H₅-CH₂CH(NH₂)COOH　phenylalanine

C CH₂(OH)CH(NH₂)COOH　serine

D NH₂(CH₂)₄CH(NH₂)COOH　lysine

(8) 還元性を示さない糖

ヘミアセタール構造は少量ながら開環アルデヒド型をとるので、鎖状構造で CHO 基を持つ（または構造変化して持つ）ものは還元性を示す。

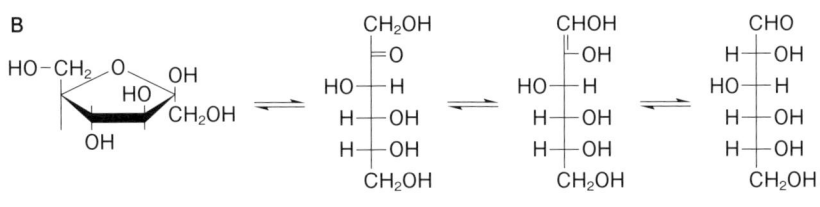

A　glucose

B　fructose

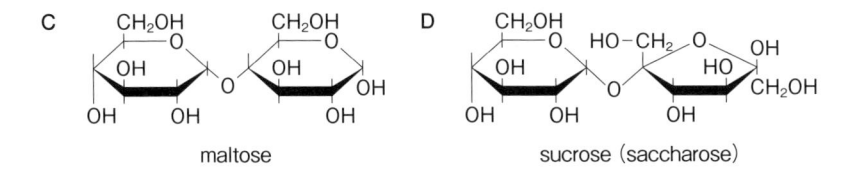

C　maltose

D　sucrose（saccharose）

(9) 2種類の単量体から合成

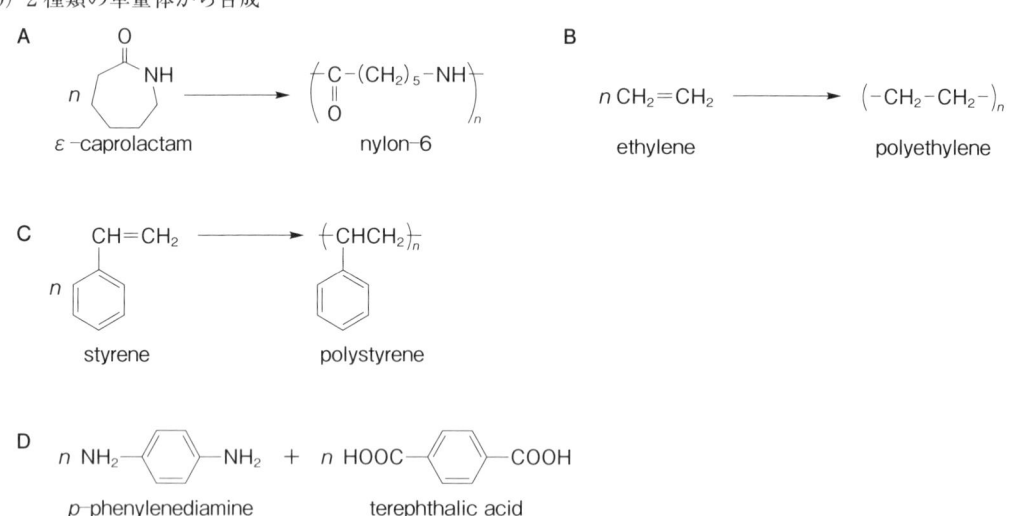

A ε-caprolactam → nylon-6
B ethylene → polyethylene
C styrene → polystyrene
D p-phenylenediamine + terephthalic acid → poly(p-phenylene terephthalamide) + (2n−1) H₂O

(10) アミド結合 (NH-(C=O) 結合)

A nylon-6,6
B polyacetylene
C poly(vinyl formal)
D polybutadiene

17-60 次の文章を読んで以下の問に答えなさい。(H18, 北海道大・工)

化合物 A、B は、$C_8H_8O_2$ の分子式を持つ。化合物 A に水酸化ナトリウム水溶液を加えて加熱した後に、エーテルで抽出すると水層から $C_7H_6O_2$ の分子式を持つ化合物 C が得られ、エーテル層からは化合物 D が得られた。一方、化合物 B に水酸化ナトリウム水溶液を加えて加熱した後、水層に二酸化炭素を通じると C_6H_6O の分子式を持つ化合物 E が遊離した。また、さらに水層を希塩酸で酸性にした後にエーテルで抽出すると化合物 F が得られた。化合物 E のナトリウム塩を高温高圧下で二酸化炭素と反応させた後、希硫酸を作用させると $C_7H_6O_3$ の分子式を持つ化合物 G が得られた。化合物 G に化合物 D と濃硫酸を反応させると外用塗布剤として用いられ $C_8H_8O_3$ の分子式を持つ化合物 H が得られた。

(1) 化合物 A, B, C, E, G, H に該当する化合物の構造式を示しなさい。
(2) 化合物 E の持つ性質として適当なものを下から二つ選びなさい。
　(a) 弱塩基性である　(b) 弱酸性である　(c) 中性である　(d) 塩化鉄水溶液を加えると特有の呈色を示す
　(e) フェーリング液を加えると赤色の結晶を析出する　(f) ニンヒドリン水溶液を加えて温めると赤紫色になる　(g) ヨウ素と水酸化ナトリウム水溶液を加えて温めると黄色結晶を生じる。
(3) 化合物 F はアニリンに加えて加熱すると白色結晶を精製した。この反応式を示しなさい。

〈ヒント〉
不飽和度5（アルカン $C_8H_{18}-C_8H_8O_2$）なのでベンゼン環を含む可能性がある。

1置換ならば

Ph-C₂H₃O₂ （Ph-COOCH₃, Ph-OCOCH₃）

2置換ならば

(CH₃-C₆H₄)-C₂H₄O₂ （CH₃-C₆H₄-COOH, HO-C₆H₄-COCH₃）

が考えられ本文より以下となる。

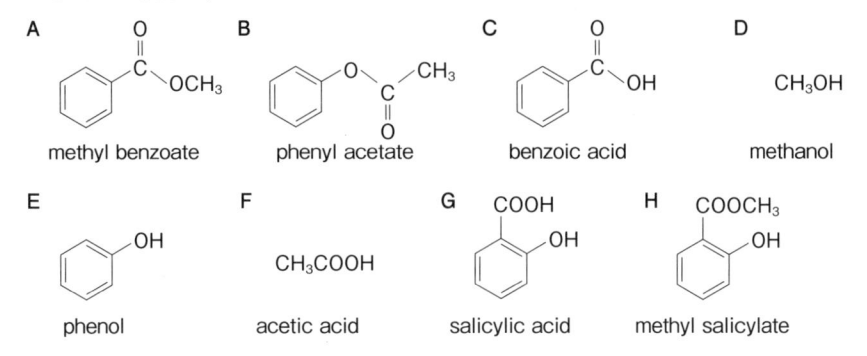

A: methyl benzoate (Ph-COOCH₃)
B: phenyl acetate (Ph-O-CO-CH₃)
C: benzoic acid (Ph-COOH)
D: methanol (CH₃OH)
E: phenol (Ph-OH)
F: acetic acid (CH₃COOH)
G: salicylic acid (o-HO-C₆H₄-COOH)
H: methyl salicylate (o-HO-C₆H₄-COOCH₃)

17-61 下記の問に答えよ。（H13, 新潟大・理）
(1) エタノールからジエチルエーテルやエチレンを合成する方法を化学反応式で示して説明せよ。
(2) エチレンに臭化水素および臭素をそれぞれ反応させたとき、どのような生成物が得られるか化学反応式で示せ。

17-62 下記の語句について説明せよ。（H11, 新潟大・理）
(1) ベンゼンの共鳴エネルギー
(2) マルコフニコフ則

17-63 次の各反応における生成物の構造式を書け。また、反応を説明せよ。

(1) PhCH₂Br $\xrightarrow{\text{NaCN}}$

(2) シクロヘキサノン $\xrightarrow[\text{2) H}_3\text{O}^+]{\text{1) CH}_3\text{MgBr}}$

(3) トルエン $\xrightarrow{\text{HNO}_3/\text{H}_2\text{SO}_4}$

(4) シクロヘキセン + KMnO₄ $\xrightarrow[\text{NaOH}]{\text{H}_2\text{O}}$

17 総合問題

(5)
$$\text{CH}_3\text{C}(\text{CH}_3)=\text{CHCH}_2\text{CH}_3 \xrightarrow{\text{1) O}_3}_{\text{2) Zn, H}_3\text{O}^+}$$

〈ヒント〉
(1) ベンジルカチオンを経由する S_N1
(2) Grignard 反応
(3) ニトロ化（CH_3-基は o,p-配向）
(4) $KMnO_4$ 酸化による cis-ジオールの生成
(5) オゾン分解

17-64 エタノールの NMR スペクトルについて、帰属、化学シフト、積分曲線、ピーク面積、多重度について説明せよ。

17-65 MS（質量スペクトル法）について説明せよ。

17-66 (a)-(c) に示す化合物の IUPAC 名または慣用名、A-F に化合物の構造式を示せ。また、各反応を説明せよ。

(1) $(\text{CH}_3)_2\text{CHCH}_3 \xrightarrow{h\nu, \text{Br}_2} \text{A}$
(a)

(2) $\text{CH}_3\text{CH}=\text{CH}_2 \xrightarrow{\text{HBr}} \text{B}$
(b)

(3) $\text{CH}_3\text{CH}=\text{CH}_2 \xrightarrow{\text{H}_2\text{SO}_4} \xrightarrow{\text{H}_2\text{O}} \text{C}$
(c)

(4) $\text{CH}_3\text{CH}_2\text{CH}=\text{CH}_2 \xrightarrow{\text{O}_3} \xrightarrow{\text{Zn-HCl}} \text{D} + \text{E}$

(5) シクロヘキサノール $\xrightarrow{\text{K}_2\text{Cr}_2\text{O}_7} \text{F}$

〈ヒント〉
(1) 光照射下におけるハロゲン化（第3級ラジカルを経由して反応が進む）
(2) アルケンへの HBr 付加（第2級カルボカチオン経由）
(3) アルケンへの間接水和法
(4) オゾン分解
(5) 第2級アルコールの酸化

17-67 以下の文を読み、問 (a)-(e) に答えよ。

炭化カルシウム（カーバイド）に水を作用させると A が発生する。A は三重結合のため反応性が高く、触媒の存在で水素を反応させると二重結合を持つ B を経て炭化水素 C を生成する。また、A に触媒の存在下に1モルの水を付加すると、水に不溶性の化合物 D が得られる。D はフェーリング液を還元する。

(a) A-C の名称、および構造式を書け。

(b) 炭化カルシウムと水から A を生成するときの反応を、化学反応式で示せ。
(c) B はエタノールと濃硫酸の混合物を約 170 ℃ に加熱して合成できる。そのときの反応を化学反応式で示せ。
(d) D はエタノールを二クロム酸カリウムで酸化しても得られる。D をさらに酸化すると酸性化合物 E となる。D、E の構造式と名称を書け。
(e) A、B、C のモル比 1：1：1 の混合物 1 mol を完全に燃焼するのに酸素は何モル必要か。
(f) D とフェーリング溶液との反応における色変化を示せ。またこの反応で生じる色の成分は何か。

〈ヒント〉
(b) アセチレン合成
(c) 分子内脱水反応 (170 ℃)（140 ℃ では分子間脱水反応が起こりジエチルエーテルを生じる）
(d) 第 1 級アルコールは酸化によりアルデヒドに、さらにカルボン酸になる。
(e) 完全燃焼の式

$HC\equiv CH + 2.5 O_2 \longrightarrow 2CO_2 + H_2O$

$H_2C=CH_2 + 3O_2 \longrightarrow 2CO_2 + 2H_2O$

$CH_3-CH_3 + 3.5 O_2 \longrightarrow 2CO_2 + 3H_2O$

各 1 モルを完全燃焼するに必要な酸素のモル数は合計 9 モルであり、混合物 1 モルでは 3 モル

(f) フェーリング溶液の色は 2 価の銅イオンに由来する青色から赤レンガ色に変わる。

17-68 次の文章を読み、以下の問に答えよ。

分子式 C_2H_4O で示される化合物 A および B がある。化合物 A に水を作用させると化合物 C が得られた。化合物 C とテレフタル酸ジメチルエステルを縮合重合させ高分子 D を合成した。
一方、化合物 B を酸素酸化により化合物 E へと変換した。さらに、化合物 E の脱水反応により化合物 F を得た。塩基性条件下で、セルロースを化合物 F で処理するとセルロース中の水酸基の一部が反応して高分子 G となった。高分子 G は土壌中、1 年間で完全に二酸化炭素と水にまで分解したが、高分子 D は土壌に埋設してもほとんど分解することはなかった。

(1) 化合物 A, B, C, E, F の名称および構造式を書け。
(2) 高分子 D および高分子 G の名称を書け。
(3) 高分子 D を合成した反応を化学反応式により示せ。
(4) 高分子 G を合成する反応名を示せ。
(5) 土壌中で高分子が分解することを何というか。

17-69 以下の問いに答えよ。（H8, 京都大・工）
(1) 化合物 A-P に当てはまる化合物を書け。
(2) (1) と (4) の反応は一般に何と呼ばれているか。
(3) (B) (I) の化合物名を IUPAC 命名法で英語で答えよ。

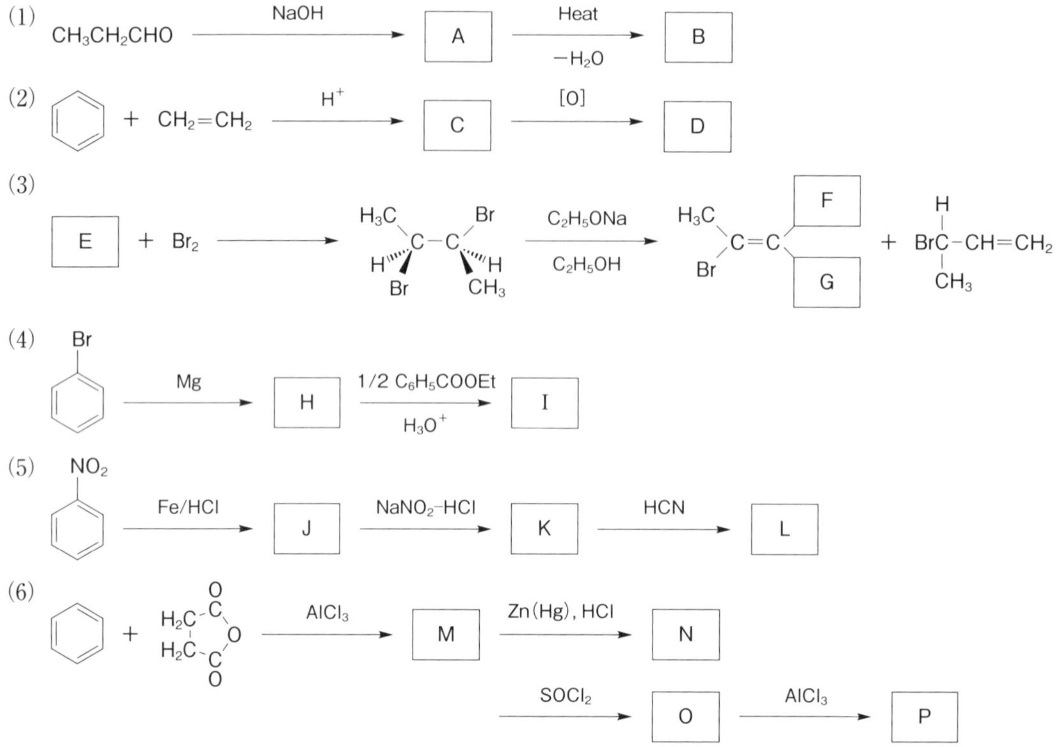

17 総合問題

(1) CH₃CH₂CHO —NaOH→ [A] —Heat, −H₂O→ [B]

(2) C₆H₆ + CH₂=CH₂ —H⁺→ [C] —[O]→ [D]

(3) [E] + Br₂ → (H₃C)(H)(Br)C—C(Br)(H)(CH₃) —C₂H₅ONa / C₂H₅OH→ H₃C(Br)C=C(CH₃)[F]/[G] + BrCH(CH₃)—CH=CH₂

(4) C₆H₅Br —Mg→ [H] —1/2 C₆H₅COOEt, H₃O⁺→ [I]

(5) C₆H₅NO₂ —Fe/HCl→ [J] —NaNO₂–HCl→ [K] —HCN→ [L]

(6) C₆H₆ + (succinic anhydride) —AlCl₃→ [M] —Zn(Hg), HCl→ [N] —SOCl₂→ [O] —AlCl₃→ [P]

〈ヒント〉
(1) アルドール縮合、脱水による α,β-不飽和アルデヒドの合成
(2) Friedel-Crafts のアルキル化、酸化的脱水素化（スチレン）または酸化（安息香酸）
(3) Br₂ の trans 付加、アルカリによる脱 HBr

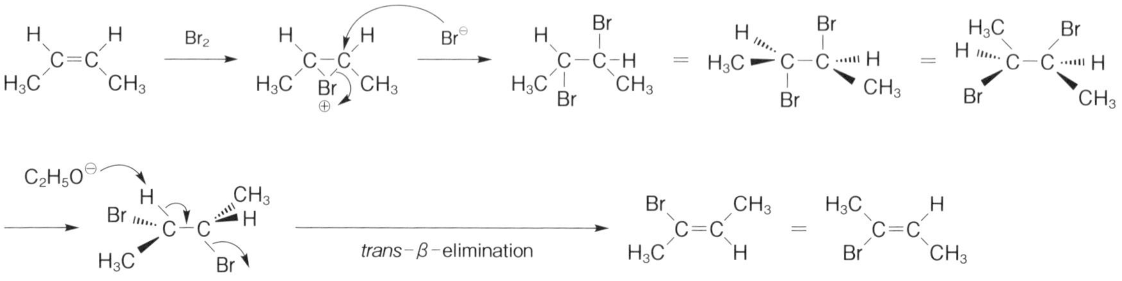

(Z)-2-bromo-2-butene

(4) Grignard 反応

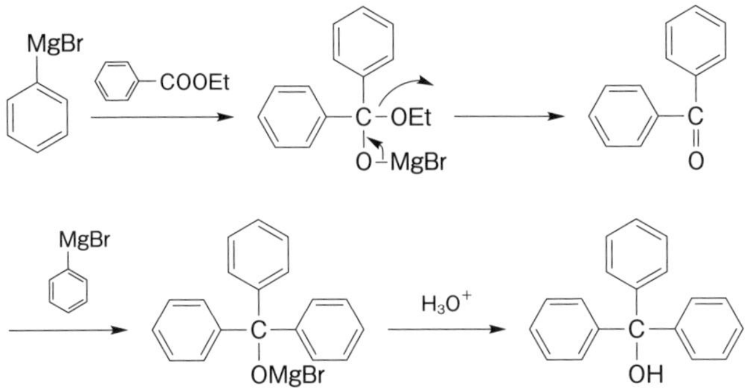

(6) Friedel-Crafts のアシル化、還元、酸ハロゲン化物の生成、分子内アシル化

17-70 以下の問に答えよ。（H8, 京都大）

(1) A, B (2) C, D (3) E, F (4) G, H

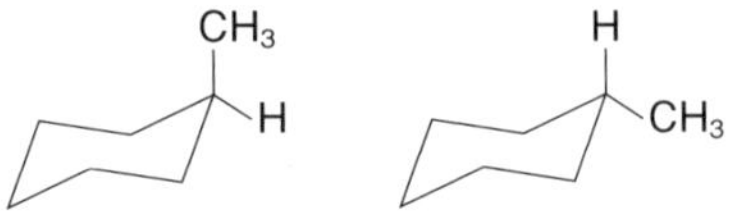

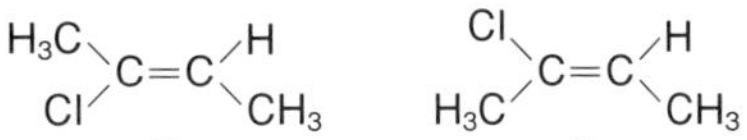

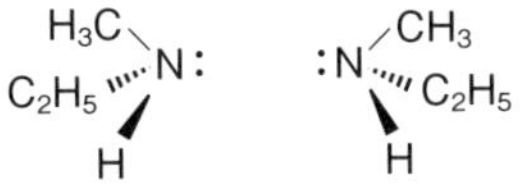

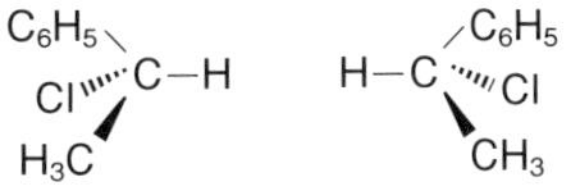

(a) (1)–(4) の中で、室温で平衡に達していてそれぞれを単離できないものを二つ挙げよ。
(b) (1)–(4) の中で鏡像関係にあるものを一つ挙げよ。
(c) C の化合物の名前を IUPAC 命名法で英語で答えよ。
(d) G の化合物が R, S 表示でどちらになるか簡単な説明をつけて答えよ。

17-71 次の語句の中から二つを選び、具体例を挙げて説明せよ。
(1) ディールス-アルダー反応
(2) 求核性と塩基性
(3) ペプチド合成
(4) 芳香族求電子置換反応

17 総合問題

17-72 アニリン、o-クレゾール、サリチル酸およびトルエンのジエチルエーテル溶液（以下エーテルと略す）を、下図に示すように、HCl、NaOH および Na$_2$CO$_3$ 溶液を用いて系統的に分離した。（ア）から（エ）までの化合物名とその化学構造式を答えよ。

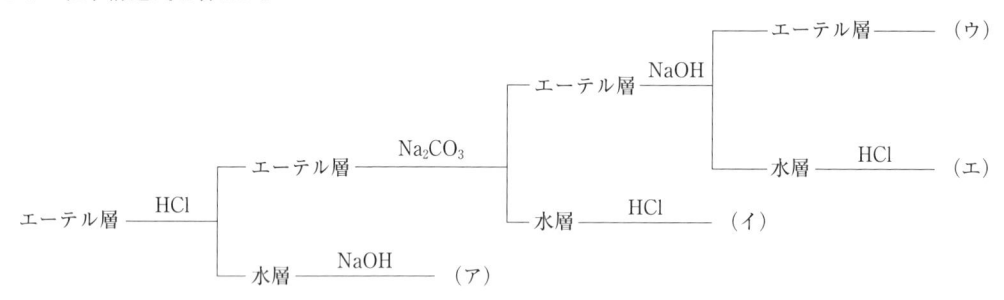

〈ヒント〉

酸性化合物の酸性度

サリチル酸の pK$_a$ は 2.97（クロロ酢酸の 2.82 と同程度）と強酸、o-クレゾールの pK$_a$ は 10.28（フェノールの 10.0 とほぼ同じ）で弱酸。

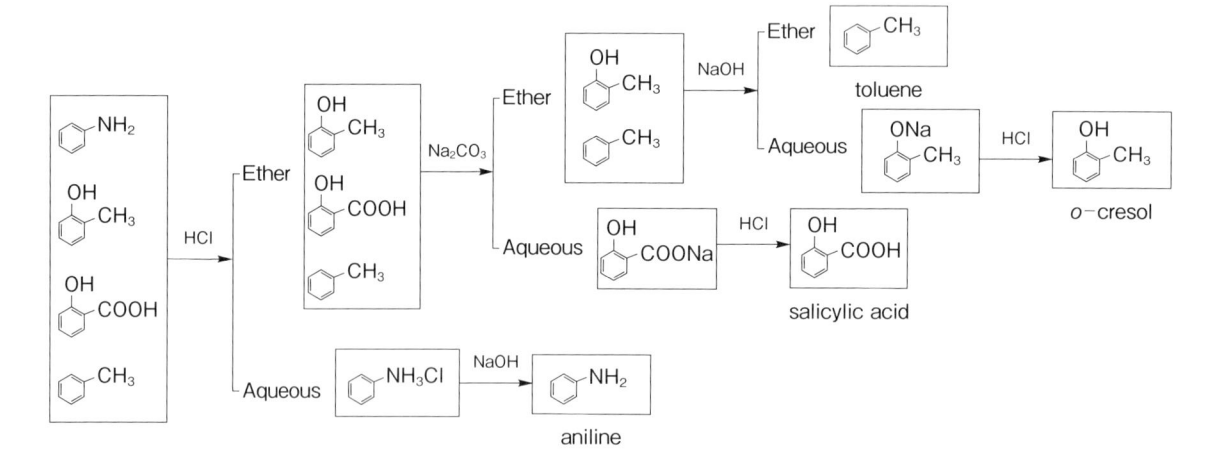

17-73 次にあげる言葉を二つ選び、（ ）中の化合物を用いて説明せよ。

(1) グリニャール反応（ベンゾフェノン）
(2) フリーデル-クラフツ反応（塩化アセチル）
(3) 水素結合（ギ酸）
(4) 光学異性体（乳酸）

17-74 以下の問に答えよ。（S62, 東京大）

トルエンから p-アミノ安息香酸の合成方法を示せ。

〈ヒント〉

トルエンのメチル基は o,p-配向性、カルボキシル基は m-配向性、アミノ基は o,p-配向性を持つ。したがって、反応としてニトロ化、酸化、還元の順番に行えば p-アミノ安息香酸が得られる。

17-75 以下の問に答えよ。（H8，東京大）

(1) C_4H_9Cl で示されるすべての構造を示し、それぞれについて IUPAC 命名法で命名せよ。
(2) ある有機化合物をオゾン分解したら $CH_3COC_2H_5$ と C_2H_5CHO が検出された。もとの有機化合物の構造を示せ。
(3) 以下の語句を説明せよ。
　　(a) 不斉炭素原子　(b) Grignard 反応　(c) 分極　(d) ラジカル　(e) 薄層クロマトグラフィー

17-76 下記の文章を読んで、(a)-(o) に適当な語句を入れよ。

(1) エタノールに濃硫酸を加えて 160-170℃ に加熱すると (a) が生成する。また、この反応を 140℃で行わせると (b) が生成する。一方、エタノールを二クロム酸カリウムの硫酸酸性溶液で穏やかに酸化すると (c) が生成し、さらに酸化すると (d) が生成する。(c) の検出方法としては (e) が代表的であるが、(c) はアセトンの検出に用いられるヨードホルム反応もする。なお、(a) は (f) に水素を付加することによっても生成される。(a) を付加重合させれば (g) になる。

(2) PET ボトルの材料であるポリエチレンテレフタレートは (h) とエチレングリコールを縮合重合させた高分子である。このように (i) 結合を多く含む高分子を一般に (j) といい、衣料用繊維などに広く用いられている。

(3) タンパク質は多数のアミノ酸が (k) 結合を作って次々に縮合した形の構造を持つ。(l) 反応は (k) 結合が存在していることを示し、(m) 反応はアミノ酸の検出に用いられる。したがって、タンパク質の検出には (l) 反応も (m) 反応も用いられる。一方、合成繊維である (n) は分子内に (o) 結合を多数持ち、その構造はタンパク質に似ている。このため、(n) は絹などの動物繊維に似た性質を持っている。

〈ヒント〉

①
CH_3-CH_2-OH (ethanol) $\xrightarrow[160\sim170℃]{H_2SO_4}$ **a** $H_2C=CH_2$ (ethylene) $\xleftarrow{H_2}$ **f** $H-C\equiv C-H$ (acetylene)

g $-(CH_2-CH_2)_n-$ polyethylene

$\xrightarrow[140℃]{H_2SO_4}$ **b** $CH_3CH_2-O-CH_2CH_3$ diethyl ether

$\xrightarrow{K_2Cr_2O_7}$ **c** $CH_3-\underset{O}{\overset{\|}{C}}-H$ acetaldehyde $\longrightarrow$ **d** $CH_3-\underset{O}{\overset{\|}{C}}-H$ acetic acid

② $n\ HOOC-\text{C}_6\text{H}_4-COOH + n\ HO-CH_2CH_2-OH$

$\longrightarrow -(\underset{O}{\overset{\|}{C}}-\text{C}_6\text{H}_4-\underset{O}{\overset{\|}{C}}-O-CH_2CH_2-O)_n- + (2n-1)\ H_2O$

$n\ NH_2-\underset{R_1}{\overset{|}{CH}}-COOH + n\ NH_2-\underset{R_2}{\overset{|}{CH}}-COOH \longrightarrow -(NH-\underset{R_1}{\overset{|}{CH}}-\underset{O}{\overset{\|}{C}}-NH-\underset{R_2}{\overset{|}{CH}}-\underset{O}{\overset{\|}{C}})_n- + (2n-1)\ H_2O$

17 総合問題

17-77 次の文章の（ ）内に適当な語句を入れよ。
(1) アルケンは一般式（　　）で表される鎖式不飽和炭化水素である。
(2) 第2級アルコールを酸化すると（　　）になる。
(3) ベンゼン環は（　　）反応より置換反応の方が起こりやすい。
(4) （　　）と（　　）から1分子の水がとれて縮合した化合物をアミドという。
(5) エステルに塩基を加えて加熱すると、カルボン酸の塩とアルコールとに分解する。これを（　　）という。
(6) フェノールに（　　）の水溶液を加えると赤紫になる。
(7) カルボン酸とアルコールから1分子の水がとれて縮合した化合物を（　　）という。
(8) 2-ブテンにはトランス-2-ブテンとシス-2-ブテンの（　　）異性体が存在する。

〈ヒント〉

(2) R-CH(OH)-R' —[O]→ R-C(=O)-R'

(4) R-COOH + R'-NH₂ ——→ R-C(=O)-NH-R'

(5) R-C(=O)-O-R' + NaOH ——→ R-COONa + R'-OH

(7) R-COOH + R'-OH ——→ R-C(=O)-O-R' + H₂O

(8) trans-2-butene / cis-2-butene の構造式

17-78 以下の問に答えよ。
(1) 次の元素の組み合わせのうち、電気陰性度の高いものに丸印をつけよ。
　　(a) F、I　　(b) O、H
(2) 次の反応の生成物を矢印の後に、反応名（例：酸化反応、ホフマン反応など）をカッコ内に書け。
　(a) シクロヘキサノン + CH₃MgBr ——→ □　（　　）
　(b) H₃C-CH=CH-CH₃ + Br₂ ——→ □　（　　）
　(c) シクロヘキサノン + LiAlH₄ ——→ □　（　　）
　(d) CH₃CH₂CH₂-Cl + LiBr ——→ □　（　　）
　(e) ベンゼン + HNO₃ + H₂SO₄ ——→ □　（　　）

17-79 次の表のA群（化学式）とB群（例）を下から選び答えよ。

化合物	アルコール	エーテル	アルデヒド	ケトン	カルボン酸	エステル
A群						
B群						

　　A：ROH、RCOOR′、RCOR′、ROR′、RCHO、RCOOH
　　B：酢酸、エタノール、ホルムアルデヒド、ジエチルエーテル、酢酸エチル、アセトン

17-80　ベンゼン、アントラセンは芳香族化合物であるが、1,3-シクロブタジエン、1,3,5,7-シクロオクタテトラエンには芳香族性はない。この理由をヒュッケル則を用いて説明せよ。（H9，豊橋技科大）

17-81　以下の有機反応で得られる化合物の構造を書き、命名せよ。命名法は慣用名、IUPAC名、いずれでもよい。（H9，豊橋技科大）

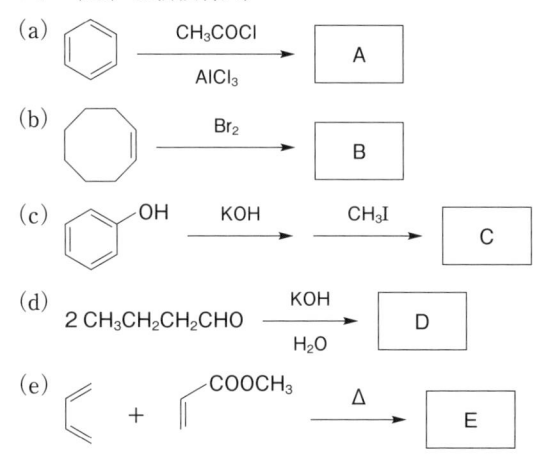

(a) ベンゼン $\xrightarrow[\text{AlCl}_3]{\text{CH}_3\text{COCl}}$ A

(b) シクロオクテン $\xrightarrow{\text{Br}_2}$ B

(c) C₆H₅OH $\xrightarrow{\text{KOH}} \xrightarrow{\text{CH}_3\text{I}}$ C

(d) 2 CH₃CH₂CH₂CHO $\xrightarrow[\text{H}_2\text{O}]{\text{KOH}}$ D

(e) ブタジエン + CH₂=CHCOOCH₃ $\xrightarrow{\Delta}$ E

〈ヒント〉
　(a) Friedel-Crafts のアシル化
　(b) Br₂ のトランス付加
　(c) Williamson のエーテル合成
　(d) Aldol 縮合
　(e) Diels-Alder 反応

【解 答 編】

1 化学結合、構造、物理的性質、命名法など

1-1
(1) H　(2) S　(3) Cl　(4) C　(5) N

1-2
(1) （ア）組成式 CH_2O　（イ）分子量 60　（ウ）示性式 $CH_3\text{-}COOH$
(2) Xの分子量（エ）26、　分子式（オ）C_2H_2　（カ）C_6H_6　（キ）C_8H_8

1-3
(1) [A] sp^2、[B] 120、[C] sp^3、[D] 109.5
(2) [1] (d) 椅子、[2] (g) エクアトリアル、[3] (h) アキシアル
(3) ① 1s軌道：球形
(4) ② パウリの排他律（禁制）
(5) ③ π結合

1-4
(a) 幾何異性体：二重結合は自由に回転できないため、二重結合周りの立体配置の違いにより2種類の異性体が存在し、同じ基が二重結合の同じ側にあるものをシス (cis) 形、反対側にあるものをトランス (trans) 形という。また、このような cis, trans 異性を幾何異性といい、これらの化合物を幾何異性体と呼ぶ。

$$\underset{cis}{\underset{H}{\overset{CH_3}{>}}C=C\underset{H}{\overset{CH_3}{<}}} \qquad \underset{trans}{\underset{H}{\overset{CH_3}{>}}C=C\underset{CH_3}{\overset{H}{<}}}$$

(b) 光学異性体：中心炭素の周りの四つの置換基がすべて異なる化合物は、実像とその鏡像の関係にある一対の分子を生じ、このような一対の分子を鏡像異性体（エナンチオマー）という。鏡像異性体同士は分子の沸点、融点、溶解度などの物理的性質や化学的性質は同じであるが、旋光性（偏光の振動面を回転させる性質）だけが反対になるため、鏡像異性体は光学異性体とも呼ばれている。

(c) 官能基異性体：官能基が互いに異なる異性体同士をいう。
　　$CH_3\text{-}O\text{-}CH_3$　　$CH_3CH_2\text{-}OH$

1-5
(1) 原子は原子核と電子からできており、さらに原子核はプラス電荷を持つ陽子と電荷を持たない中性子から

なっている。電子はマイナス電荷を持つことから、原子全体では電荷は 0 となる。質量数は陽子の数と中性子の数の和であり、原子番号は陽子の数であり、また電子の数となる。

(2) エタン　　　　　　　　エチレン　　　　　　　　　アセチレン

1-6

ジクロロベンゼン双極子モーメントは下図のように表され、その大きさ μ は次のようになる。

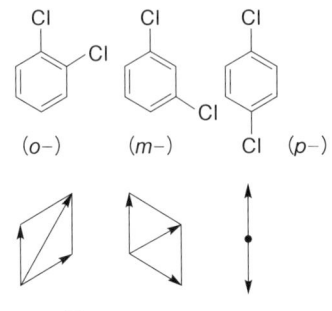

(o-)　　　(m-)　　　(p-)

双極子モーメント　$\mu = \sqrt{3}$　　$\mu = 1$　　$\mu = 0$

1-7

アセチレンの炭素間の結合は、一つの sp 混成軌道同士間による σ 結合と、$2p_y$ 軌道同士間による π 結合、$2p_z$ 軌道同士間による π 結合の三重結合により形成されている。

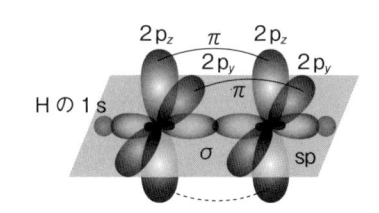

1-8

(a) 共鳴構造と互変異性

共鳴構造：ある一つの分子において、原子配置は変わらないのに電子配置に関しては異なる構造が二つ以上描ける場合。

互変異性：原子の移動を伴う構造変換で平衡状態にある異性現象であり、互いに異なる官能基に変換しあう。

(b) 共有結合のホモリシスとヘテロリシス

ホモリシス：結合電子がそれぞれの原子上に均等に分かれる（ラジカルの生成）。

ヘテロリシス：結合電子が一方の原子に偏る（イオンの生成）。

A:B ⟶ A・ + B・　　　　　A:B ⟶ A:$^{\ominus}$ + B$^{\oplus}$

1 化学結合、構造、物理的性質、命名法など

(c) 結合性分子軌道と反結合性分子軌道

原子が結合して分子軌道を形成するとき、元の原子軌道よりもエネルギーが低くなる（安定化する）ものが結合性分子軌道で、高くなる（不安定化する）ものが反結合性分子軌道である。

反結合性分子軌道 σ*

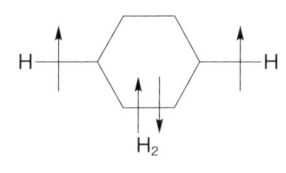

結合性分子軌道 σ

1-9

(1) 分子式 $C_5H_8O_2$

(2) R_1-COO-R_2 の構造を持つ化合物

R_1 = H　R_1-COO-C_4H_7

H-COOCH$_2$CH$_2$CH=CH$_2$　　　H-COOCH$_2$CH=CHCH$_3$　　　H-COOCH=CHCH$_2$CH$_3$
　　　　　　　　　　　　　　　　　　　　(cis, trans)　　　　　　　　　　　(cis, trans)

H-COOCH$_2$C=CH$_2$　　　H-COOC=CHCH$_3$　　　H-COOCCH$_2$CH$_3$
　　　　　|　　　　　　　　　　　|　　　　　　　　　　　||
　　　　CH$_3$　　　　　　　　CH$_3$　　　　　　　　　CH$_2$
　　　　　　　　　　　　　　　(cis, trans)

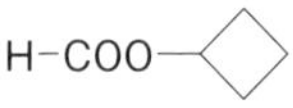

H-COO-◇ 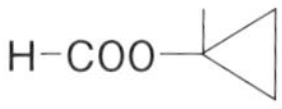　　H-COO-△ 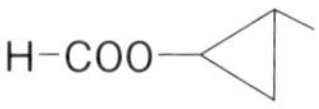　　H-COO-△　　H-COOCH$_2$-△
　　　　　　　　　　　　　　　(cis, trans)

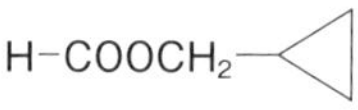

R_1 = CH$_3$　R_1-COO-C_3H_5

CH$_3$-COO-CH$_2$CH=CH$_2$　　CH$_3$-COO-CH=CHCH$_3$　　CH$_3$-COO-C=CH$_2$
　　　　　　　　　　　　　　　　(cis, trans)　　　　　　　　　　　|
　　　　　　　　　　　　　　　　　　　　　　　　　　　　　　　　CH$_3$

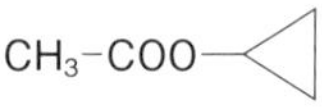

CH$_3$-COO-△

R_1 = CH$_3$CH$_2$-　R_1-COO-C_2H_3　　　　　R_1 = CH$_3$-CH=CH-

CH$_3$CH$_2$-COO-CH=CH$_2$　　　　　　　　　　CH$_3$-CH=CH-COOCH$_3$

R_1 = CH$_2$=CH-　　　　　　　　　　　　　　R_1 = CH$_2$=CH-CH$_2$-

CH$_2$=CH-COO-CH$_2$CH$_3$　　　　　　　　　CH$_2$=CH-CH$_2$-COOCH$_3$

R_1 = H$_2$C=C-　　　　　　　　　　　　　　　R_1 = △-
　　　　　|
　　　　CH$_3$

H$_2$C=C-COOCH$_3$　　　　　　　　　　　　△-COOCH$_3$
　　　|
　　CH$_3$

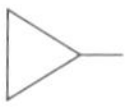

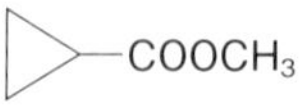

【解答編】

(3) メタクリル酸メチル、ポリメタクリル酸メチル

$$CH_2=C(CH_3)(COOCH_3) \longrightarrow -(CH_2-C(CH_3)(COOCH_3))_n-$$

1-10

分子式　$C_2H_4Cl_2$

1-11

問 1-5 と類題。

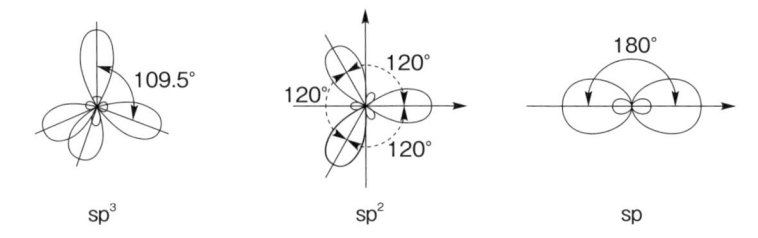

sp³　109.5°　　sp²　120°　　sp　180°

1-12

(1) sp³混成軌道　(2) 109.5°　(3) 分子量 72
(4) 構造異性体

$CH_3-CH_2-CH_2-CH_2-CH_3$　　$CH_3-CH(CH_3)-CH_2CH_3$　　$CH_3-C(CH_3)_2-CH_3$ (with additional CH_3)

n-pentane　　2-methylbutane　　2,2-dimethylpropane

1-13

(1) 実験式 (a) 1:1:1　(2) 分子量 116
(3) A　fumaric acid　B　maleic acid　C　maleic anhydride
(4) D　succinic acid　(5) E　malic acid (hydroxysuccinic acid)
(6) (c) 17.2

105

1 化学結合、構造、物理的性質、命名法など

1-14
(1) メタン　　　　　　　　　エチレン　　　　　　　　アセチレン

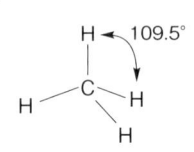

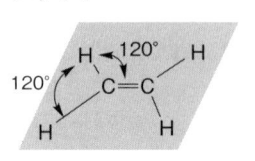

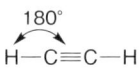

sp³ 混成軌道　　　　　　　 sp² 混成軌道　　　　　　　sp 混成軌道
（正四面体）　　　　　　　（平面正三角形）　　　　　 （直線形）

(2) メタン　　　　　　　　　エチレン　　　　　　　　アセチレン

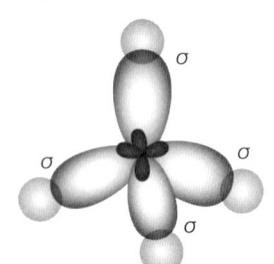

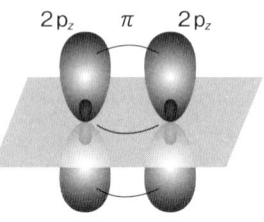

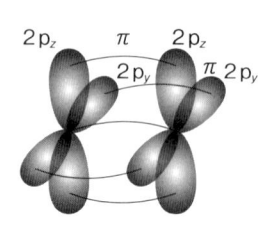

1-15
(1) 実験式 $C_6H_{14}O$

(2)

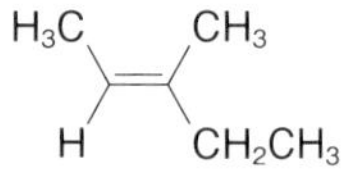

(E)-3-methyl-2-pentene 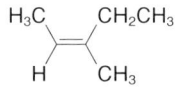　　(Z)-3-methyl-2-pentene

1-16
(1) 実験式 C_3H_3O　　(2) 分子量 110　　(3) 分子式 $C_6H_6O_2$　　(4) 構造式の一例

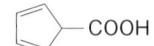

1-17
(1) 実験式 $C_5H_8O_2$

(2) $C_4H_7COOH + H_2O \rightarrow C_4H_7COO^{\ominus} + H_3O^{\oplus}$

(3) $C_4H_7COONa + Br_2 \rightarrow C_4H_7Br_2COONa$

　　分子内の C=C 二重結合に Br_2 が付加したため

(4) 幾何異性体（シス、トランス）を持つもの。

$CH_3-CH=CH-CH_2-COOH$　　$CH_3-CH_2-CH=CH-COOH$　　$CH_3-CH=\underset{|}{\overset{CH_3}{C}}-COOH$

(5) 光学異性体が存在するものの構造式を求める。

$CH_2=CH-\underset{|}{\overset{CH_3}{CH}}-COOH$

【解答編】

1-18

(1) 実験式 C₃H₈O

(2) 分子量測定法
  1. 凝固点降下法：「希薄溶液の凝固点降下は、溶質の種類に無関係で、溶質が非電解質の場合、重量モル濃度に比例する。」
     $M = (1000 \times t_f \times w)/(\Delta t \times W)$
     $M =$ 分子量、$t_f =$ モル凝固点降下、$\Delta t =$ 凝固点降下、$W =$ 溶媒の質量、$w =$ 溶質の質量
  2. 沸点上昇法：「非電解質の希薄溶液の沸点上昇は、溶質の種類に無関係で、溶質の重量モル濃度に比例する。ただし、溶質の種類によって沸点上昇度が異なる。」
     $M = (1000 \times t_m \times w)/(\Delta t \times W)$
     $M =$ 分子量、$t_m =$ モル沸点上昇、$\Delta t =$ 沸点上昇、$W =$ 溶媒の質量、$w =$ 溶質の質量
  3. 気体密度法：「常温で気体でなくとも、気化しやすい液体は気体密度を測定することにより分子量を求めることができる。」
     $M = wRT/PV = dRT/P$
     $M =$ 分子量、$d =$ 気体の密度、$R =$ 気体定数、$P =$ 圧力、$T =$ 温度、$w =$ 気体の質量
  4. 浸透圧法：「溶液の浸透圧 π をある温度 T で測定すれば分子量を求めることができる。」
     $M = wRT/\pi V$
     $M =$ 分子量、$\pi =$ 浸透圧、$V =$ 溶液の体積、$R =$ 気体定数、$T =$ 温度、$w =$ 溶質の質量

(3) 構造式

CH₃-CH₂-CH₂-OH   CH₃-CH-CH₃   CH₃-CH₂-O-CH₃
                      |
                      OH

1-19

(1) 分子量 60   (2) 実験式（組成式）CH₂O   (3) 分子式 C₂H₄O₂   (4) CH₃-COOH：酢酸
(6) 50 ml

1-20

(1) 電子   (2) 共有結合   (3) 電荷   (4) イオン結合   (5) 配位結合

1-21

(1) 分子式 C₆H₁₂O

(2)

1 化学結合、構造、物理的性質、命名法など

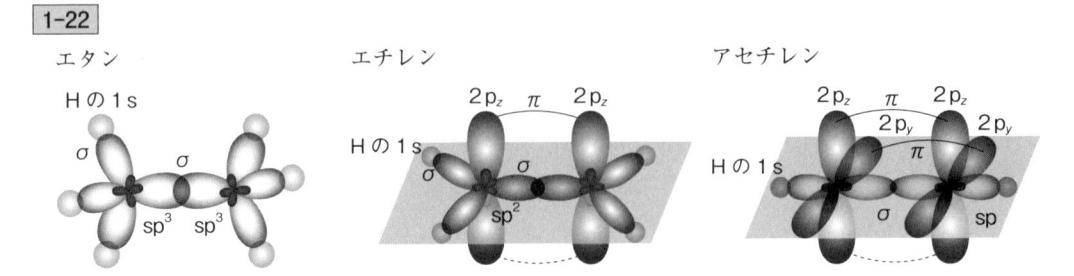

1-22

エタン　　　　　　　　　エチレン　　　　　　　　　アセチレン

1-23

(a) sp³混成軌道　　　　　　　　　　sp²混成軌道

(b)

(c) エチレンのσ分子軌道：軌道の軸方向の結合であり、軌道の重なりが大きく安定である。
エチレンのπ分子軌道：軌道の腹同士の結合（結合方向に垂直なp軌道同士の側面からの結合）であり、軌道の重なりが小さく不安定である。

1-24

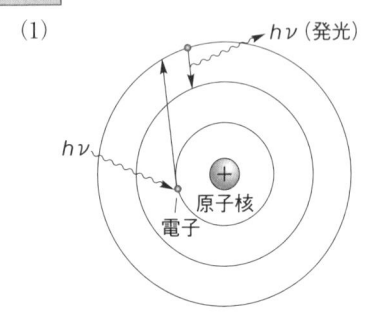

(1)

ボーアの原子モデル
1. 原子内の電子はいくつかのある定まった軌道にのみ存在する。
2. 各々の軌道上にある電子は各々の軌道によって定まるエネルギーを持つ。
3. 普通の状態では電子は最も低いエネルギー準位（基底状態）にあるが、熱、光、電気などのエネルギーが供給されると高いエネルギー準位（励起状態）に移ることができる。
4. 電子が一つのエネルギー準位からほかのより低いエネルギー準位に移るとき、そのエネルギー差に相当する光量子を放出するので、ある定まった波長の光が発生する。
（発光スペクトルは、電子があるエネルギー準位からほかのより低いエネルギー準位に移るとき、それらの

エネルギー差に相当する光量子を放出する際に見られる現象である。)
(2) CH 化合物

　　エタン　　　　　　エチレン　　　　　　アセチレン

　　(問 1-22 と類題)

1-25

(1) 量子数 $(n, l, m) = (1, 0, 0)$
(2) (g) 結合性軌道 $\sigma 1s$　　(h) 反結合性軌道 $\sigma^* 1s$

(3)

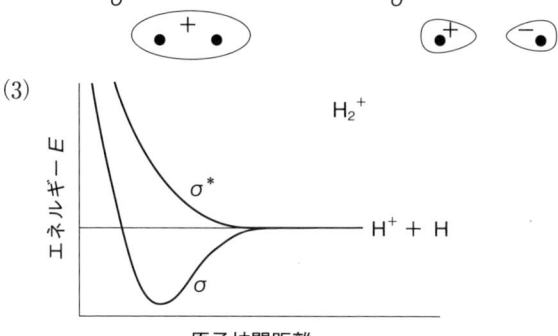

(4) パウリの原理：「同一原子内ではどの二つの電子もそのすべての量子数が等しい値をとることができない」または「一つの原子軌道にはスピンの反対の電子が二つ入りうる」または「スピン量子数も含めると同じ量子数を持つ電子は一つしか存在できない」。
(5) 安定性の順序　$H_2 > H_2^+ > He_2$

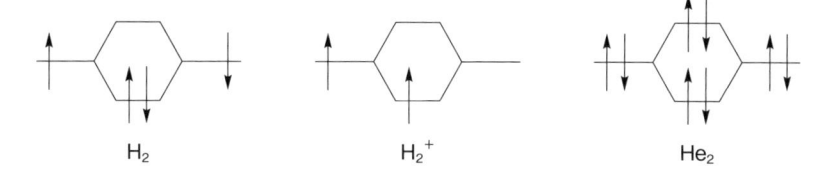

1-26

(2) エタノール ＞ (3) 1-ヘキサノール ＞ (1) ヨードエタン

(2) と (3) は OH 基を持ち、水との水素結合により溶解するが、疎水性のアルキル基の大きさにより (2) ＞ (3) となる。(1) は I の電気陰性度が小さく、水素結合能も小さくなる。

1-27

(1) 炭素原子の電子配置は $1s^2 2s^2 2p^2$ である。
(2) 炭素原子の対を成していない 2p 軌道の二つの電子がそれぞれ水素の電子を共有して結合を作るとすると、CH_2 という化合物が生成すると考えられる。しかしこの化合物は非常に不安定であることが知られていることから、新しく混成軌道という概念が出てきた。すなわち、2s 軌道にある 2 個の電子のうち 1 個を空の $2p_z$ に移す（励起）。こうすると $1s^2 2s^1 2p^3$ の電子配置となり、電子が 1 個だけ入った結合に利用できる軌道が四つできる。これらの軌道がそれぞれ水素の 1s 軌道と重なった場合、2s 軌道を利用した結合と 2p 軌道

1 化学結合、構造、物理的性質、命名法など

を使う三つの結合とは性質が異なり、メタンの等価な4本の結合は生まれない。そこで、2s軌道の一つと2p軌道三つを混ぜ合わせ、新たにエネルギーの等しい四つの軌道sp³混成軌道を作る（混成）。この四つのsp³混成軌道を最も反発が少なくなるように三次元空間に配置するためには、炭素原子を中心とする正四面体の頂点方向に軌道が存在するようにすればよい。そして四つのsp³混成軌道がそれぞれ水素の1s軌道と重なり合うと4本の等価なC-H結合を持ち、H-C-Hの結合角が109.5°であるメタンの正四面体構造となる。

(2) メタンの分子の空間的配置：sp³混成軌道，正四面体構造

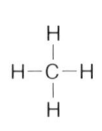

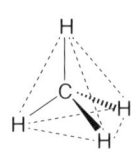

(3) エチレン分子：炭素の電子配置において2s軌道の電子一つが空の2p軌道に励起し、2s軌道の電子と二つの2p軌道の電子から等価な三つのsp²混成軌道を作る。これらが正三角形状の軌道を作り、そのうちの二つが水素とσ結合を形成する。残り一つの混成軌道がもう一つの炭素のsp²混成軌道とσ結合を形成する。また混成に使われなかった2p_z軌道の電子同士は、軌道の側面で重なり合いπ結合を作る。エチレンのC-C二重結合はσ結合とπ結合からできている。

(4) アセチレン分子：炭素の2s電子が2p軌道に励起し、一つの2s軌道と一つの2p軌道が混成し、二つのsp混成軌道を作る。二つの混成軌道は電子間の反発が小さくなるように180°の角度に配置される。それぞれの炭素原子のsp混成軌道同士が重なりC-Cσ結合が、またsp混成軌道と水素の1s軌道が重なりC-Hσ結合が形成される。混成軌道に加わらなかった2p_y, 2p_z軌道は互いに直交しており、隣り合う炭素の2p_y, 2p_z同士が重なると直交した二つのπ結合ができる。したがって、アセチレンの四つの原子はすべて直線上にあり、C-C三重結合は一つのσ結合と二つのπ結合からできている。

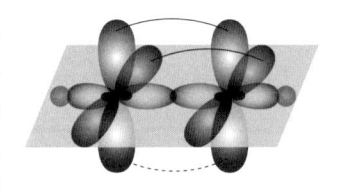

1-28

(a) 1-chloro-2-octene　(b) ethyl propionate　(c) 4-chlorobutyronitrile

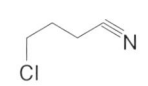

(d) allyl alcohol　　　(e) m-amino-benzoic acid　(f) 2-cyclohexenone

CH₂=CH-CH₂-OH

【解 答 編】

1-29

(a) C_4H_{10}

butane, 2-methylpropane

(b) C_4H_9Br

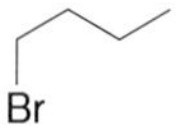

1-bromobutane, 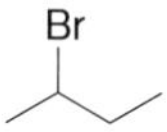 2-bromobutane, 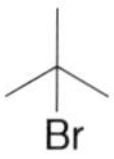 2-bromo-2-methylpropane, 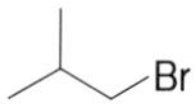 1-bromo-2-methylpropane

(c) $C_2H_2BrCl_3$

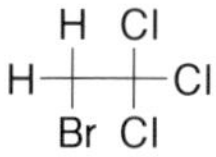

1-bromo-2,2,2-trichloroethane, 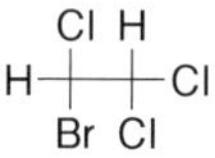 1-bromo-1,2,2-trichloroethane, 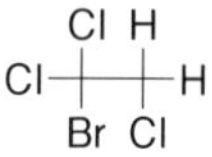 1-bromo-1,1,2-trichloroethane

1-30

(a) benzylalcohol — CH_2-OH on phenyl
(b) *p*-dimethylaminopyridine — pyridine-$N(CH_3)_2$
(c) naphthalene 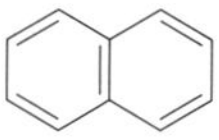
(d) pyrrole — N–H
(e) ethyl isopropyl ether 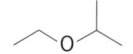
(f) alanine — $NH_2-CH(CH_3)-COOH$
(g) methyl butanoate 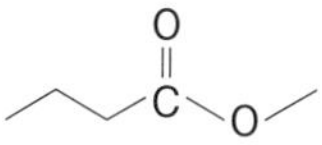
(h) fumaric acid 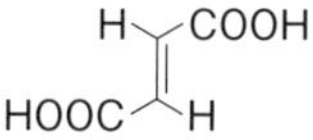
(i) urea — $O=C(NH_2)_2$
(j) (Z)-1-bromo-2-chloro-2-fluoro-1-iodoethene

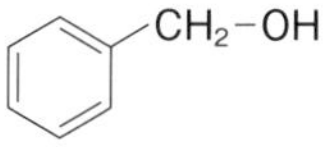

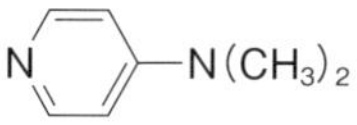

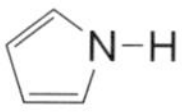

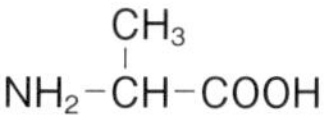

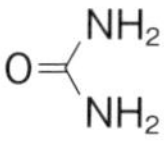

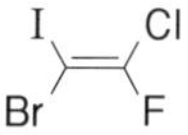

1-31

(a) 2-chloro-2-methylpropane 
(b) isopropyl benzoate 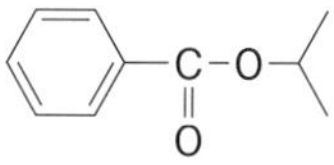
(c) 2-hydroxyoctanoic acid 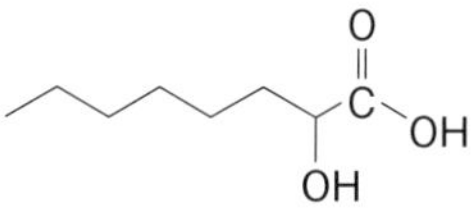
(d) 1,2-dibromoethane — $Br-CH_2-CH_2-Br$
(e) 2-phenylethanol — $C_6H_5-CH_2CH_2OH$
(f) 4-chloro-*N,N*-dimethylaniline — $Cl-C_6H_4-N(CH_3)_2$

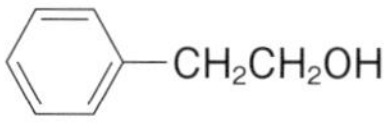

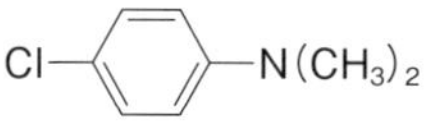

1-32

(a) 2,2,4-trimethylpentane 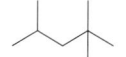
(b) ethyl isopropyl ether 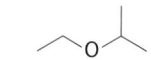
(c) 2-aminopropanoic acid 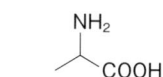
(d) 2,5,5-trimethylheptane — $CH_3-CH(H)(CH_3)-CH_2CH_2-C(CH_3)_2-CH_2CH_3$
(e) 1-phenyl-1-propanone — $C_6H_5-C(=O)-CH_2CH_3$
(f) 4-nitrotoluene — $H_3C-C_6H_4-NO_2$

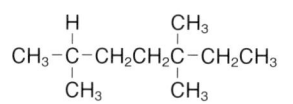

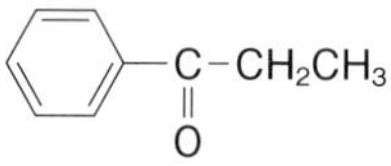

111

1 化学結合、構造、物理的性質、命名法など

1-33

(a) isopropyl formate

H−C−O−CH(CH₃)₂
‖
O

(b) *N,N*-dimethylacetamide

CH₃−C−N(CH₃)₂
‖
O

(c) 1,2-dimethoxyethane

CH₃O−CH₂CH₂−OCH₃

(d) 1,3,5,7-cyclooctatetraene

(e) 2-bromo-6-(1′-chloropentyl)-dodecane

(f) 2-nitro-4-fluoro benzoic acid

1-34

(a) 2-aminopyridine

(b) (*E*)-1,2-dichloroethene

(c) 4-ethyl-3-methylheptane

(d) ethyl methyl ketone
(2-butanone)

CH₃CH₂COCH₃

(e) cyclopropane

(f) glycine
(aminoacetic acid)

NH₂CH₂COOH

1-35

(1) 4-methyl-1-pentanol

(2) bicyclo[3.1.1]heptane

(3) (*Z*,4*S*)-3,4-dimethyl-2-hexene

1-36

(a) アセチルサリチル酸

(b) スチレン

CH=CH₂

(c) アリルアルコール

CH₂=CH−CH₂OH

(d) ベンズアルデヒド

(e) ギ酸

H−COOH

(f) acetanilide

【解 答 編】

(g) cyclohexanone

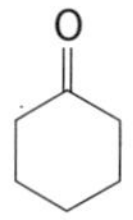

(h) glycerin
(1,2,3-propanetriol) or glycerol

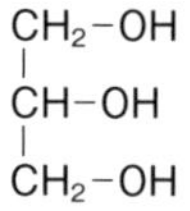

(i) isoprene
(2-methyl-1,3-butadiene)

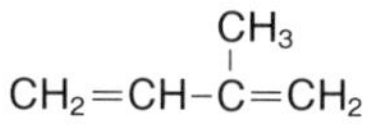

(j) glycine
(aminoacetic acid)

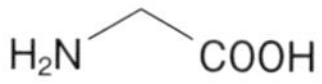

$$\text{cyclohexanone: } \underset{\text{O}}{\bigcirc}$$

$$\begin{array}{l}\text{CH}_2\text{-OH}\\\text{CH-OH}\\\text{CH}_2\text{-OH}\end{array}$$

$$\text{CH}_2=\text{CH}-\underset{\underset{\text{CH}_3}{|}}{\text{C}}=\text{CH}_2$$

$$\text{H}_2\text{N}\diagup\text{COOH}$$

2 アルカン

2-1

ラジカル連鎖反応 $CH_4 + Cl_2 \xrightarrow{h\nu} CH_3\text{-}Cl + HCl$

(1) $Cl\text{-}Cl \xrightarrow{h\nu} 2\,Cl\cdot$

(2) $Cl\cdot + CH_4 \longrightarrow CH_3\cdot + HCl$

(3) $CH_3\cdot + Cl_2 \longrightarrow CH_3\text{-}Cl + Cl\cdot$

(4) $CH_3\cdot + Cl\cdot \longrightarrow CH_3\text{-}Cl$

(5) $CH_3\cdot + CH_3\cdot \longrightarrow CH_3\text{-}CH_3$

(6) $Cl\cdot + Cl\cdot \longrightarrow Cl\text{-}Cl$

(1)：連鎖開始段階…塩素分子のホモリティック開裂による塩素ラジカルの生成

(2), (3)：連鎖成長段階…メチルラジカルの生成、塩化メチルの生成

(4), (5), (6)：連鎖停止段階…ラジカル同士の再結合

2-2

n-ブタンの立体配座とポテンシャルエネルギー

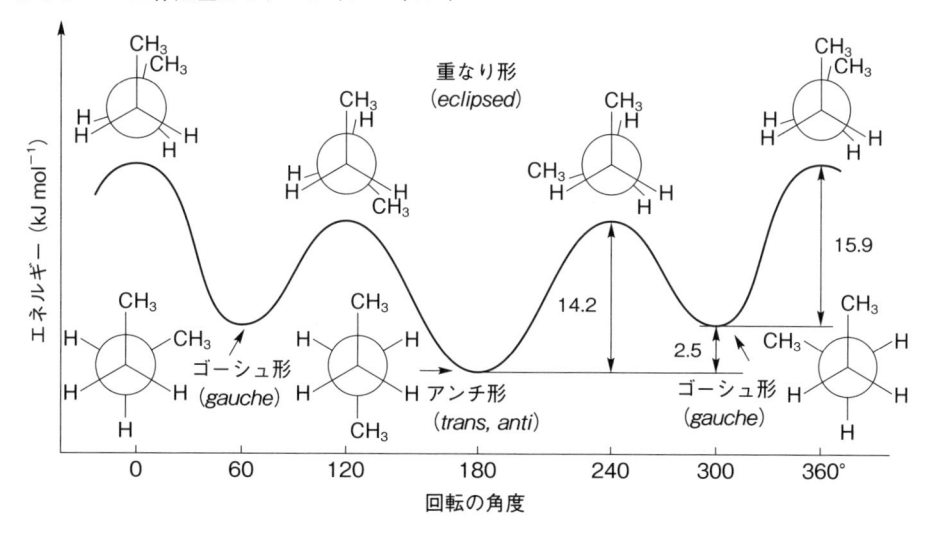

2 アルカン

2-3
シクロヘキサンの立体配座とポテンシャルエネルギー

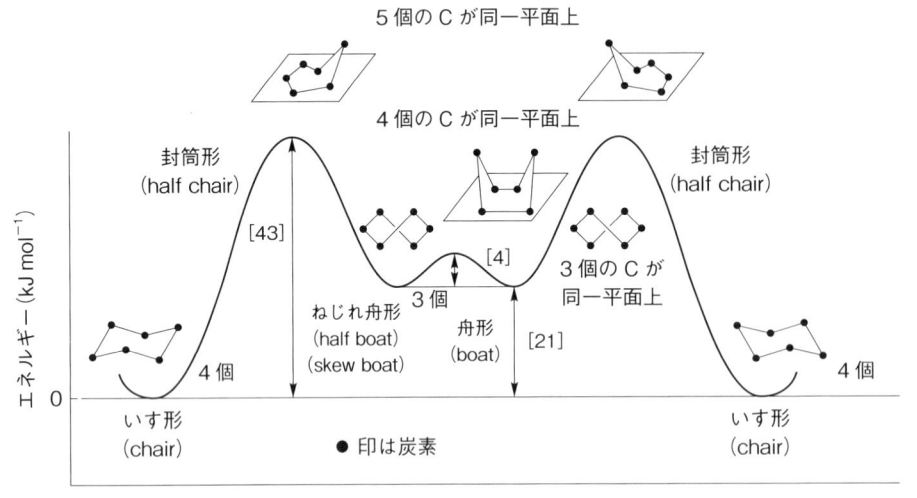

（グラフ：横軸は反応座標、縦軸はエネルギー (kJ mol⁻¹)）

- いす形 (chair)
- 封筒形 (half chair) [43]
- ねじれ舟形 (half boat) (skew boat)
- 舟形 (boat) [4]
- [21]
- 5個のCが同一平面上
- 4個のCが同一平面上
- 3個のCが同一平面上
- ●印は炭素

舟形配座が不安定な理由

① 舟形配座の1,4水素間の反発による不安定化

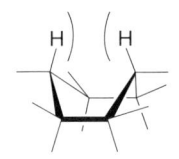

② Newmann 投影式で、隣接炭素間が重なり形（右の図）となり不安定となる。左の図のいす形配座ではねじれ形で安定である。

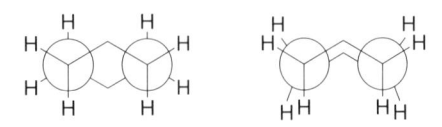

2-4

hexane　　2-methylpentane　　3-methylpentane　　2,3-dimethylbutane　　2,2-dimethylbutane

2-5

(1) $CH_4 + Cl_2 \rightarrow CH_3\text{-}Cl + HCl$

(2) 1：$Cl\cdot$　　2：$CH_3\cdot$　　3：CH_3Cl　　4：Cl_2　　5：CH_3CH_3

【解答編】

$$Cl_2 \xrightarrow{h\nu \text{ or heat}} 2Cl\cdot$$
$$CH_4 + Cl\cdot \longrightarrow CH_3\cdot + HCl$$
$$CH_3\cdot + Cl_2 \longrightarrow CH_3Cl + Cl\cdot$$
$$2Cl\cdot \longrightarrow Cl_2$$
$$2CH_3\cdot \longrightarrow CH_3CH_3$$
$$Cl\cdot + CH_3\cdot \longrightarrow CH_3Cl$$

(3) ラジカル連鎖反応、連鎖開始段階、連鎖成長段階、連鎖停止段階、ラジカル（遊離基）

2-6

(1) アミノ基：$CH_3\text{-}NH_2$　メチルアミン
(2) アルデヒド基：$CH_3\text{-}CHO$　アセトアルデヒド
(3) カルボキシル基：$CH_3\text{-}COOH$　酢酸
(4) 水酸基：$CH_3\text{-}OH$　メタノール
(5) フェニル基：$CH_3\text{-}C_6H_5$　トルエン
(6) 酸性：$CH_3\text{-}COOH$　酢酸
(7) 塩基性：$CH_3\text{-}NH_2$　メチルアミン
(8) 難溶性：$CH_3\text{-}C_6H_5$　トルエン
(9) 固体：$CH_3\text{-}COOH$（氷酢酸 mp 17 ℃）
(10) フェーリング液でCuを還元：$CH_3\text{-}CHO$　アセトアルデヒド

2-7

(問 2-2 の類題)

ブタンの立体配座とポテンシャルエネルギー

2-8

(a) Newman 投影図（問 2-2 , 2-7 の類題）
(b) 2-ブテンの炭素-炭素結合は一つのσ結合と一つのπ結合でできており、この炭素-炭素結合を回転させるためにはπ結合を一度切断しなければならないため、回転は困難である。
(c)

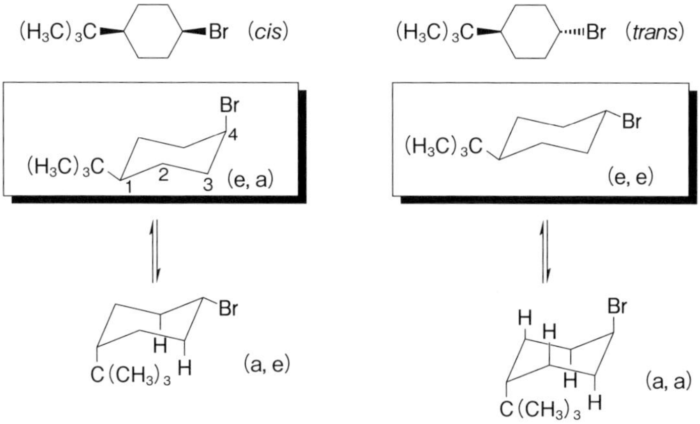

構造式横のカッコ内の e は equatorial、a は axial 結合を示す。

3 アルケン・アルキン

(d)

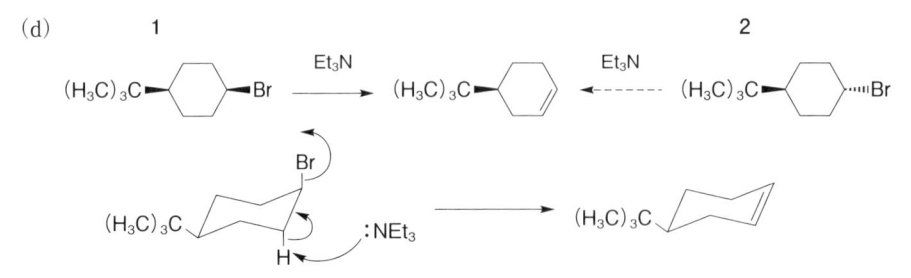

1、2の化合物の最安定配座は問(c)の四角で囲んだ配座であり、いずれも (CH₃)₃C-：*tert*-ブチル基がエクアトリアル位に入っている。化合物1ではBrはアキシアル位にあり1,3-相互作用による反発のため不安定な状態にあって、トリエチルアミンにより容易にトランス-β-脱離（アンチ脱離）（E2脱離）を起こしてシクロヘキセン環が生じる。一方、化合物2ではBrはエクアトリアル位にあり、エネルギー的に安定であるため脱離反応は遅くなる。

2-9

(1) エタンの回転角によるポテンシャルエネルギー変化

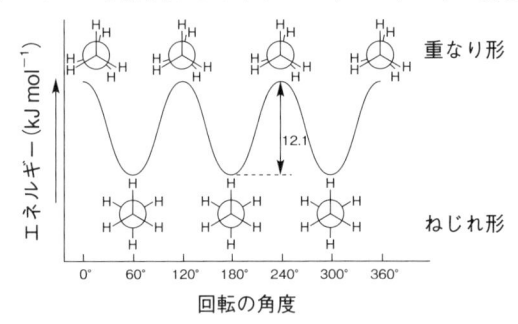

(2) ブタンの回転角によるポテンシャルエネルギー変化（問 2-2 , 2-7 , 2-8 の類題）
(3) シクロヘキサンの立体配座とポテンシャルエネルギー変化（問 2-3 の類題）

3 アルケン・アルキン

3-1

(a) 臭素付加

$$CH_3-CH=CH_2 \xrightarrow{Br_2} CH_3-\underset{Br}{\overset{Br}{CH}}-CH_2$$

(b) 臭化水素付加

$$CH_3-CH=CH_2 \xrightarrow{HBr} CH_3-\underset{Br}{CH}-CH_3$$

【解 答 編】

(c) 酸触媒存在下水の付加（水和）

$$CH_3-CH=CH_2 \xrightarrow{H^+, H_2O} CH_3-\underset{OH}{CH}-CH_3$$

(d) ニッケル触媒存在下水素付加

$$CH_3-CH=CH_2 \xrightarrow{H_2, Ni} CH_3-\underset{H}{CH}-\underset{H}{CH_2}$$

3-2

$$CH_2=CH_2 \xrightarrow{Br_2} \underset{\underset{三員環状ブロモニウム\\イオン中間体}{}}{CH_2-CH_2 \atop \underset{\oplus}{Br}} \longrightarrow \underset{Br}{CH_2}-\underset{}{CH_2 \atop Br}$$

3-3

(1)

$$CH_3-\underset{CH_3}{C}=CH-CH_3 \xrightarrow{HBr} CH_3-\underset{Br}{\underset{CH_3}{C}}-\underset{H}{CH}-CH_3 + CH_3-\underset{H}{\underset{CH_3}{C}}-\underset{Br}{CH}-CH_3$$

(2) 主生成物　$CH_3-\underset{Br}{\underset{CH_3}{C}}-\underset{H}{CH}-CH_3$

プロトンが2位の炭素に付加した場合 第3級カルボカチオンを生成し、3位の炭素に付加した場合 第2級カルボカチオンを生じる。カルボカチオンの安定性から、第3級カルボカチオンを経由する反応が主反応となる。

$$CH_3-\underset{H}{\overset{CH_3}{\underset{\oplus}{C}}}-CH-CH_3 \qquad CH_3-\underset{H}{\overset{CH_3}{C}}-\underset{\oplus}{CH}-CH_3$$

　第3級カルボカチオン　　第2級カルボカチオン

3-4

エチレンの工業的な利用法

1. エチレンの重合によるポリエチレンの合成 → ポリエチレン
2. エチレンへの PdCl₂-CuCl₂ 存在下での酸素、水の作用によるアセトアルデヒドの合成 → エチルアルコール、酢酸への変換
3. エチレンへの銀触媒存在下酸素の付加によるエチレンオキシドの合成 → エチレングリコール → ポリエチレンテレフタレート（ポリエステル繊維、樹脂）への変換

3 アルケン・アルキン

3-5

アセチレンの酸性 (pK_a が小さい)：アセチレンの C-H 結合は sp 混成軌道からできている。s 軌道は球形の軌道で電子を原子核の近くにひきつけている。一方 p 軌道は亜鈴形で、電子は原子核から比較的離れて存在する。エタンの sp³ 混成軌道の s 性は 25 %、エチレンの sp² 混成軌道の s 性は 33 % と低いのに対して、アセチレンの sp 混成軌道の s 性は 50 % であり、C-H の結合電子をより強く炭素上にひきつけている。これによりアセチレンはプロトンを放出しやすくなっている。したがって、pK_a が小さくなる。

$$HC\equiv C\text{-}H \longrightarrow HC\equiv C^{\ominus} + H^{\oplus}$$

$$pK_a = -\log K_a = -\log \frac{[HC\equiv C^{\ominus}][H^{\oplus}]}{[HC\equiv CH]}$$

3-6

① 1-ペンテン → 1)(BH₃)₂ 2) HOOH, NaOH → 1-ペンタノール(OH) → PBr₃ → 1-ブロモペンタン(Br)

② 1-ペンテン → HBr, RC-O-O-C-R (過酸化物) → 1-ブロモペンタン(Br)

1-ペンテンから 1-ブロモペンタンの合成
① (BH₃)₂、HOOH-NaOH による Hydroboration、酸化を経て 1-ペンタノールを生成し、次いで PBr₃ による置換反応を行う方法
② 過酸化物の存在下、HBr を作用させラジカル反応により導く方法

3-7

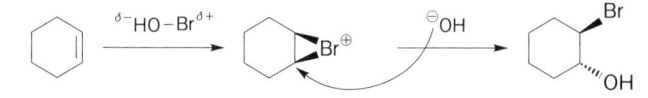

HOBr は O と Br の電気陰性度 (O 3.5, Br 2.8) により Br が δ+ に分極し、シクロヘキセンに付加し三員環状ブロモニウムイオン中間体を生じ、次いで OH⁻ イオンが立体障害の小さい反対側から炭素を攻撃してトランス体が生じる。

3-8

エタン、エチレン、アセチレンの混成軌道の違い。(問 1-24 (2), 1-27 と類題)

3-9

$$CH_3\text{-}CH=CH_2 \xrightarrow{H^+, H_2O} CH_3\text{-}CH(OH)\text{-}CH_3$$

3-10

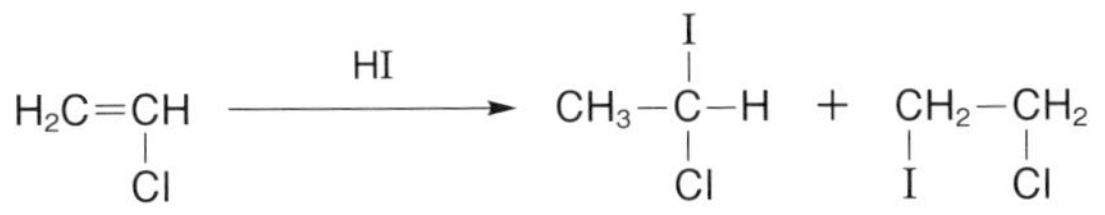

$$H_2C=CH-Cl \xrightarrow{HI} CH_3-\underset{Cl}{\underset{|}{C}}H-I \;\; + \;\; \underset{I}{\underset{|}{CH_2}}-\underset{Cl}{\underset{|}{CH_2}}$$

塩化ビニルはヨウ化水素との付加反応により 1-クロロ-1-ヨウドエタンを生成する。これは、① 途中でできるカルボカチオン中間体の安定性、および ② このカルボカチオンが下式のように、共鳴によってより安定化するためといえる。

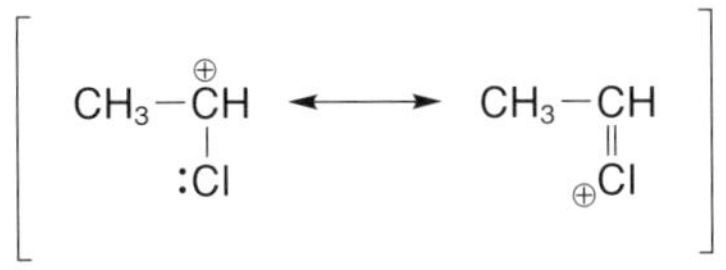

$$\left[CH_3-\overset{\oplus}{C}H-\underset{..}{Cl} \;\longleftrightarrow\; CH_3-CH=\overset{\oplus}{Cl} \right]$$

塩化ビニルは塩素の電子求引性により二重結合の電子密度が低下し、プロトンとの反応性が低下するためエチレンより反応性が低い。

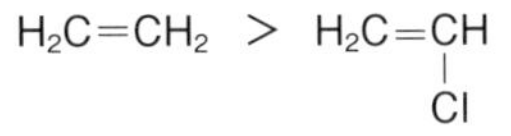

$$H_2C=CH_2 \;>\; H_2C=CH-Cl$$

3-11

(反応経路図)

CH₂=CH₂ →(O₂)→ CH₃-CHO →(CH₃-CH₂-MgBr)→ CH₃-CH(OH)-CH₂CH₃

CH₂=CH₂ →(H₂SO₄, H₂O)→ CH₃-CH₂-OH →(HBr)→ CH₃-CH₂-Br →(Mg)→ CH₃-CH₂-MgBr

CH₃-CH(OH)-CH₂CH₃ →(H⁺, -H₂O)→ CH₃-CH=CH-CH₃ + H₂C=CH-CH₂-CH₃ →(HBr)→ CH₃-CHBr-CH₂-CH₃ →(+ニトロベンゼン)→ 3-ニトロクメン型生成物 (m-NO₂-C₆H₄-CH(CH₃)-CH₂-CH₃)

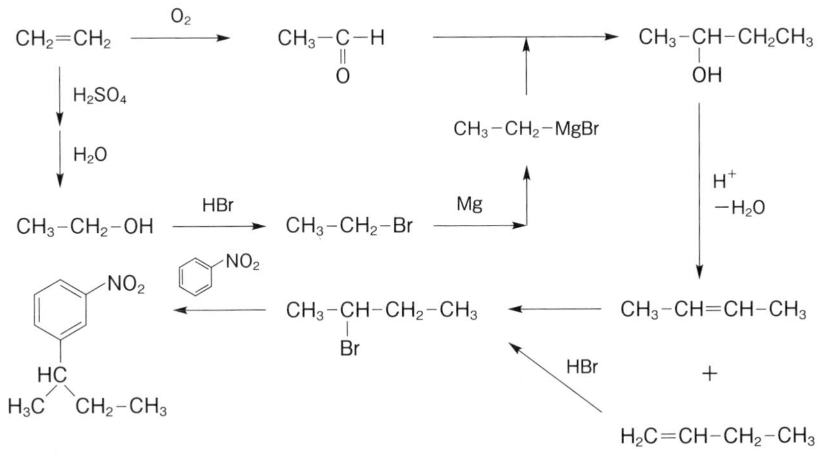

3-12

(1) (A) CH₂=CH₂ (B) CH₃-CH=CH₂ (C) CH₃-CHO (D) CH₃-CO-CH₃

(2) (E) 2-プロパノール (F) 酢酸

(3) 酢酸になる。

(4)
$$CH_3-\underset{O}{\underset{\|}{C}}-OH \;+\; CH_3-\underset{OH}{\underset{|}{CH}}-CH_3 \longrightarrow CH_3-\underset{O}{\underset{\|}{C}}-O-CH(CH_3)_2 \;+\; H_2O$$

3-13

CH₂=CHCH₂CH₃ (1-ブテン)、CH₃-CH=CH-CH₃ (2-ブテン)、(CH₃)₂C=CH₂ (2-メチルプロペン)

3 アルケン・アルキン

3-14
CH$_2$=CH-CH(CH$_3$)$_2$

3-15

[reaction scheme: methylenecyclohexane + H$^+$, H$_2$O → cyclohexyl cation with CH$_3$ → 1-methylcyclohexanol]

[reaction scheme: methylenecyclohexane 1) (BH$_3$)$_2$ 2) HOOH, NaOH → cyclohexyl-CH$_2$-BH$_2$ → (cyclohexyl-CH$_2$)$_3$B → cyclohexyl-CH$_2$-OH]

3-16

[reaction scheme: cyclohexene + Br$_2$ → bromonium ion → trans-1,2-dibromocyclohexane (Br$^-$)]

[reaction scheme: cyclohexene + KMnO$_4$ → cyclic manganate ester → + H$_2$O → cis-1,2-cyclohexanediol]

3-17

CH$_3$-CH$_2$-CH=CH$_2$ $\xrightarrow{\text{HBr}}$ CH$_3$-CH$_2$-CH(⊕)-CH$_2$-H → CH$_3$-CH$_2$-CH(Br)-CH$_3$

CH$_3$-CH$_2$-CH=CH$_2$ $\xrightarrow[\text{RO-O-R}]{\text{HBr}}$ CH$_3$-CH$_2$-CH(·)-CH$_2$-Br → CH$_3$-CH$_2$-CH$_2$-CH$_2$-Br

3-18

(1) CH$_3$-CH=CH-CH$_3$

(2)

[structures of cis-2-butene and trans-2-butene]

cis-2-butene   trans-2-butene

(3) cis体では二つのメチル基が同じ方向にあるためメチル基同士の立体反発が生じ不安定

3-19

マルコフニコフ則：「HX が C=C に付加するとき、X は両方の炭素のうち H の少ない方の炭素に付加する」

【解答編】

3-20

CH₃-CH=CH₂ →(HBr) CH₃-CH⊕-CH₃ → CH₃-CH(Br)-CH₃

3-21

PhCH₂-CH=CH-CH₃ (C₁₀H₁₂) → PhCH₂-CHO (C₈H₈O) → PhCH₂-COOH (C₈H₈O₂) → PhCOOH (C₇のカルボン酸)

3-22

CH₃-CH=CH₂ →(HBr) CH₃-CH⊕-CH₂H → CH₃-CH(Br)-CH₃

CH₃-CH=CH₂ →(HBr, RO-OR) CH₃-CH•-CH₂Br → CH₃-CH₂-CH₂-Br

過酸化物が存在しない場合には、カルボカチオン中間体経由で反応し正常付加生成物（マルコフニコフ生成物）（2-ブロモプロパン）を生じる。一方、過酸化物が存在する場合には、ラジカル中間体を経由して反応し、異常付加生成物（逆マルコフニコフ生成物）（1-ブロモプロパン）を生じる。

3-23

問 3-22 と類題。

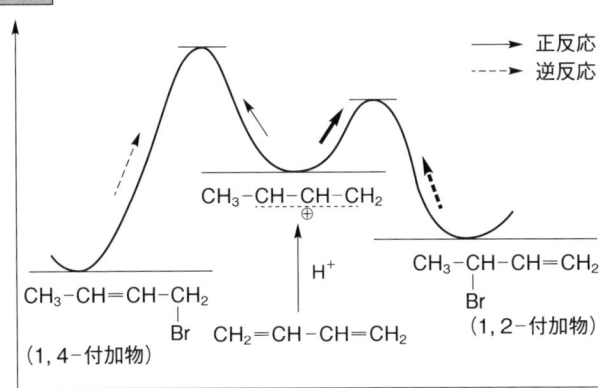

3-24

[エネルギーダイアグラム：正反応（実線）、逆反応（破線）。中間体 CH₃-CH-CH=CH₂⊕ （H⁺付加）、出発物 CH₂=CH-CH=CH₂、生成物 CH₃-CH(Br)-CH=CH₂ (1,2-付加物) および CH₃-CH=CH-CH₂Br (1,4-付加物)]

1,3-ブタジエンに HBr を作用させると、末端炭素（C₁）にプロトンが付加した第2級カルボカチオンが生成する。これは二重結合の隣の炭素上に正電荷を持ちアリルカチオンと呼ばれ、二つの共鳴構造で表せる安定な中間体である。これら二つの共鳴構造では、正電荷は C₂ と C₄ の二つの炭素上に非局在化している。Br⁻ が C₂ 炭素を攻撃すれば 1,2-付加体、C₄ を攻撃すれば 1,4-付加体が生成する。アリルカチオン中間体から 1,2-付加物を与える活性化エネルギー（山の高さ）は、1,4-付加物を与える活性化エネルギー（山の高さ）よりも小さいため、低温では 1,2-付加物が主生成物となる（速度論支配）。また、1,4-付加物の自由エネルギーは 1,2-付加物の自由エネルギー

121

よりも低いため（生成物がエネルギー的に安定なため）、反応温度を十分に上げていくと両方の山を越えることができ、1,4- と 1,2- の間には平衡が存在するようになり、生成物の自由エネルギーの低い 1,4-付加物が主生成物となる（熱力学支配）。

3-25

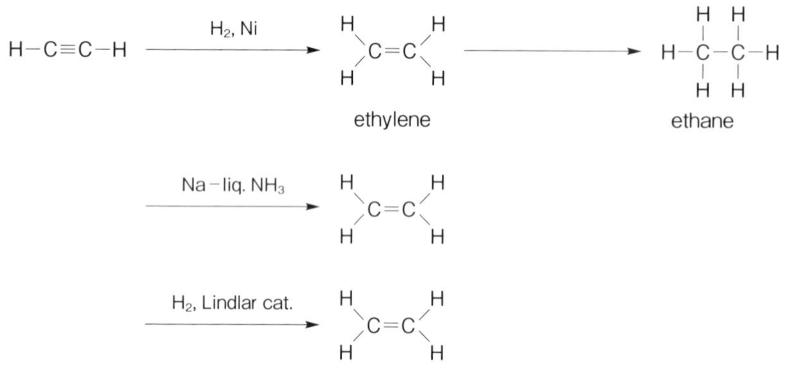

アセチレンに、ニッケルや白金などの通常の水素化触媒の存在下に水素を作用させると、1モルの水素付加によるエチレンの生成だけにとどまらず、2モルの水素が付加してエタンを生成する。これを Lindlar 触媒の存在下に水素を付加させると、エチレンの生成段階で止まる。（原料アセチレンの三重結合が末端ではなく中央に入っている場合には、ナトリウム-液体アンモニアの場合トランス形のエチレン誘導体を、Lindlar 触媒ではシス形のエチレン誘導体を生じる。）

3-26

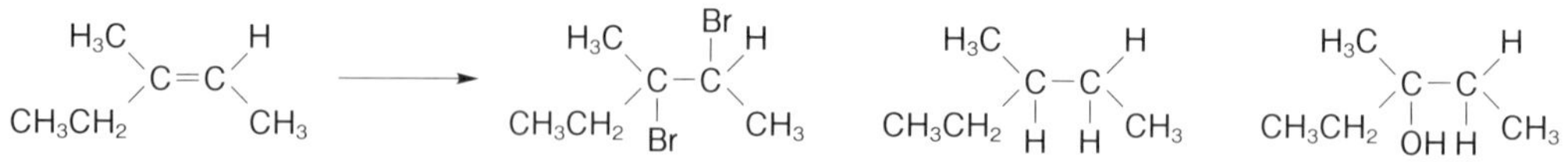

アルケン A に Br_2, H_2/Ni, H_2SO_4-H_2O を作用させるとそれぞれ B、C、D を生じる。
B ではエナンチオマーの 1：1 混合物であるラセミ体が生成する。

3-27

(a) 1個の環を含む。

(b) (1) (2) (3)

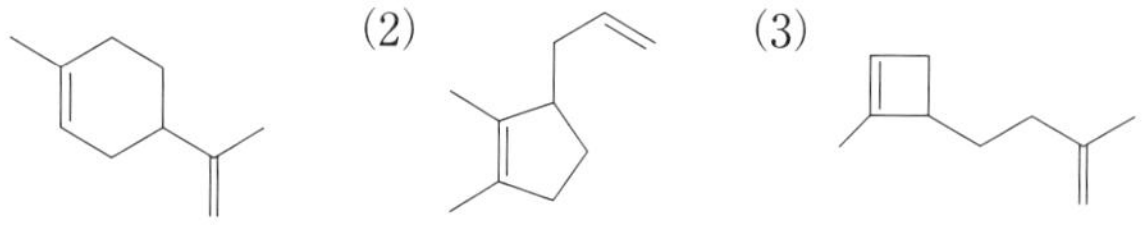

(c) 各化合物から2種類ずつ、計6個。

(1)

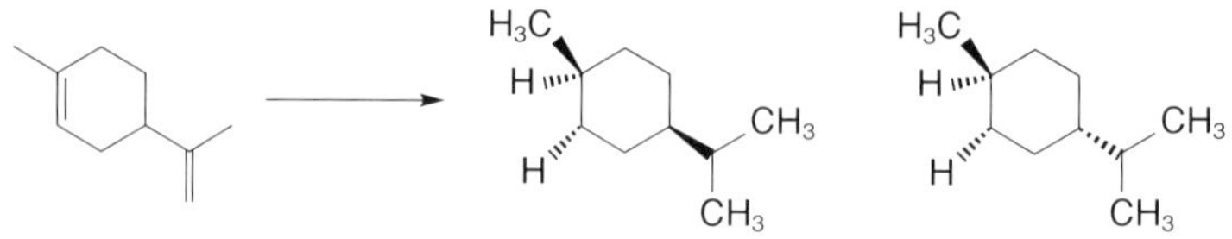

(2) [反応式図: メチル置換シクロペンテン + アリル基 → 2種類の立体異性体]

(3) [反応式図: メチル置換シクロブテン誘導体 → 2種類の立体異性体]

(d) 対称面を持つ((1)の化合物)。

[シクロヘキサン構造の立体配座図 2種類]

A の構造 (b) の (1)

3-28

(1) 0.20 mol = 5.6 g

(2) 7.0 g 中の分子数 = 1.5×10^{23} 個

(3) $V = 12.3$ l

(4) (問 1-22, 1-24 (2) と類題)

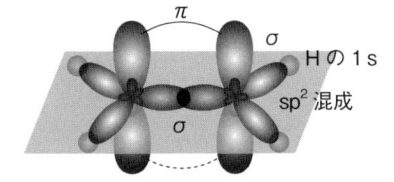

[軌道の重なり図: π結合とσ結合、Hの1s、sp² 混成]

(5) σ 結合：sp² 軌道の軸同士の重なりによる結合

π 結合：p 軌道の腹同士 (側面同士) の重なりによる結合

3-29

(1) [反応式: アルケン + HBr → ブロモアルカン]

(2) [反応機構: (CH₃)₂C(CH₃)-C=CH₂ に H⁺ 付加 → カルボカチオン → メチル転位 → H₂O 付加 → -H⁺ → t-アルコール生成]

3 アルケン・アルキン

(3), (4) [reaction schemes]

3-30

(1) π結合 p_z軌道、sp² 混成軌道 [orbital diagram]

(2) π結合 → π*結合

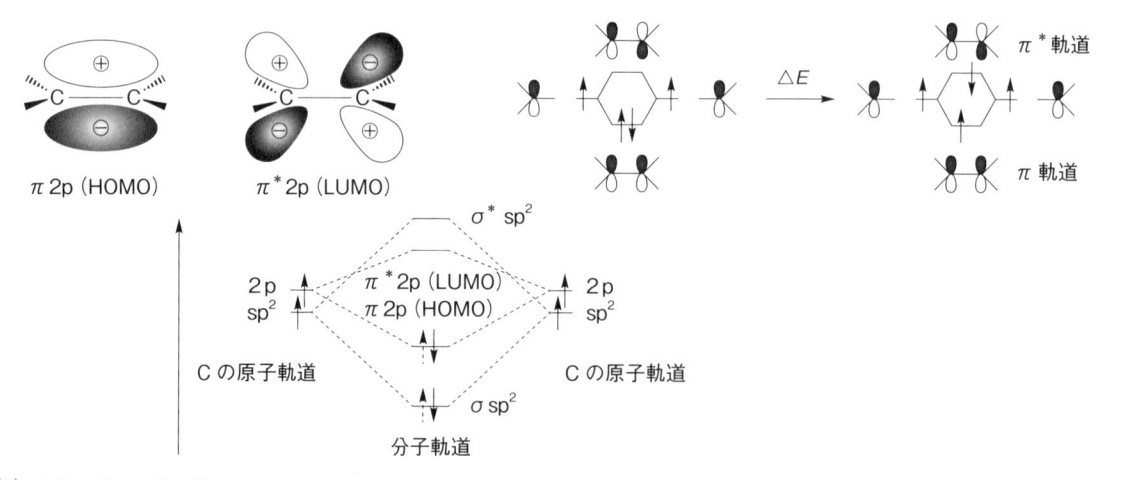

[orbital diagrams: π2p (HOMO), π*2p (LUMO), MO diagram with σ*sp², π*2p (LUMO), π2p (HOMO), σsp²; Cの原子軌道、分子軌道、π*軌道、π軌道]

(3) $\Delta E = h\nu = h\cdot c/\lambda$

ΔE：エネルギー差、h：プランク定数、c：光速度、λ：波長、ν：振動数

4 芳香族

4-1

(a) cyclohexane   cyclohexene   benzene

(b) 234.7 kJ/mol

標準生成熱：ある化合物がその成分元素の単体から生成するときの反応熱

シクロヘキサンの標準生成熱
① $6C(s) + 5H_2(g) \rightarrow C_6H_{10} - 3.3$

シクロヘキセンの水素添加熱
② $C_6H_{10} + H_2(g) \rightarrow C_6H_{12} - 119$

ベンゼンの水素添加熱
③ $C_6H_6 + 3H_2(g) \rightarrow C_6H_{12} - (3 \times 119)$

ベンゼンの標準生成熱
④ $6C(s) + 3H_2(g) \rightarrow C_6H_6 + X$

④ ＝ ① ＋ ② － ③ ＝ $(-3.3) + (-119) - (-3 \times 119)$ ＝ 234.7 kJ/mol

実測の標準生成熱 -83 kJ/mol

エネルギー差 ＝ 234.7－83 ＝ 151.7 kJ/mol ≒ 36.25 kcal/mol

(c) 共鳴エネルギー（非局在化エネルギー）

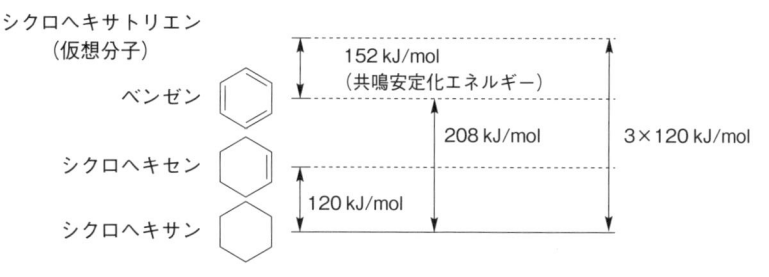

シクロヘキサトリエン（仮想分子）
ベンゼン
シクロヘキセン
シクロヘキサン

152 kJ/mol（共鳴安定化エネルギー）
208 kJ/mol
120 kJ/mol
3×120 kJ/mol

ベンゼンは、二重結合を三つ持つ仮想分子シクロヘキサトリエン構造より、水素添加熱で 152 kJ/mol 安定であると見積もることができた。そこで、ベンゼンを二つの共鳴構造の共鳴混成体として表した姿が、ベンゼンの真の構造に近いといえる。そして、152 kJ/mol がベンゼンの共鳴エネルギーに相当する。事実、ベンゼンは正六角形で、すべての炭素-炭素結合は 0.140 nm であり、単結合と二重結合の中間の値を示している。このように大きな共鳴エネルギーを持つベンゼンでは、付加反応でπ結合が切断されるよりベンゼン環を保つように反応が進行する。ベンゼンの構造は、等価な二つのケクレ構造式 (A)(B) の共鳴混成体として説明することができる。ベンゼンの共鳴構造に最も近い表現法として (C) のように表記することもある。

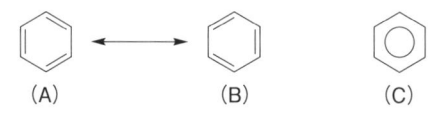

(A)   (B)   (C)

4 芳香族

4-2

(1) 第一段階：濃硝酸-濃硫酸、第二段階：スズ-塩酸

$$\text{C}_6\text{H}_6 \xrightarrow{\text{HNO}_3-\text{H}_2\text{SO}_4} \text{C}_6\text{H}_5\text{NO}_2 \xrightarrow{\text{Sn}-\text{HCl}} \text{C}_6\text{H}_5\text{NH}_2$$

(2) A：アニリン、B：塩化ベンゼンジアゾニウム、C：p-ヒドロキシアゾベンゼン

A(aniline) $\xrightarrow{\text{NaNO}_2-\text{HCl}}$ B(benzenediazonium chloride) $\xrightarrow{\text{C}_6\text{H}_5\text{ONa}}$ C(p-hydroxyazobenzene)

(3) アゾ化合物、アゾ染料

4-3

$$\text{R-OH} \longrightarrow \text{R-O}^{\ominus} + \text{H}^{\oplus}$$

フェノール $\longrightarrow$ [フェノキシドイオンの共鳴構造] $+ \text{H}^{\oplus}$

アルコールからプロトンが外れたアルコキシドイオン（R-O⁻）の負電荷が酸素原子上に局在化されて存在するのに対して、フェノールからプロトンが外れたフェノキシドイオンの負電荷はベンゼン環に流れ、共鳴により非局在化することにより安定化されるので、上の解離反応が容易に起こる。これにより、フェノールはアルコールよりも強い酸である。

4-4

Friedel-Crafts のアルキル化：ベンゼンにハロゲン化アルキルと塩化アルミニウムを作用させることによりアルキル基がベンゼン環の水素の代りに置換したアルキルベンゼンの合成方法

$$\text{C}_6\text{H}_6 \xrightarrow{\text{R-Cl, AlCl}_3} \text{C}_6\text{H}_5\text{R}$$

は次の 3 段階からなる芳香族求電子置換反応である。

(1) 求電子試薬（アルキルカチオン）の生成

$$\text{RCl} + \text{AlCl}_3 \longrightarrow [\text{R}^{\delta+}\cdots\text{Cl}\cdots\text{AlCl}_3^{\delta-}] \longrightarrow \text{R}^{\oplus} + \text{AlCl}_4^{\ominus}$$

(2) ベンゼノニウムイオン（アレーニウムイオン、シクロヘキサジエニル型カチオン）中間体の生成

(3) 芳香環の再生、触媒の再生

$$\text{[中間体]} \xrightarrow{\text{AlCl}_4^{\ominus}} \text{C}_6\text{H}_5\text{R} + \text{AlCl}_3 + \text{HCl}$$

4-5

A〜Hの化合物の構造式は下の図中に示した。

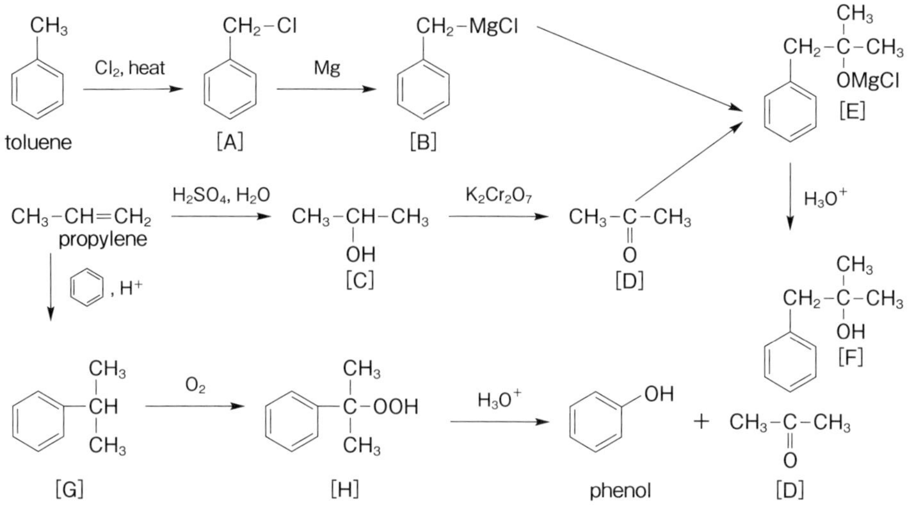

[Reaction scheme:]

toluene —Cl₂, heat→ [A] benzyl chloride (CH₂-Cl) —Mg→ [B] benzyl magnesium chloride (CH₂-MgCl)

CH₃-CH=CH₂ (propylene) —H₂SO₄, H₂O→ CH₃-CH(OH)-CH₃ [C] —K₂Cr₂O₇→ CH₃-C(=O)-CH₃ [D]

propylene —⟨benzene⟩, H⁺→ [G] isopropylbenzene (cumene) —O₂→ [H] cumene hydroperoxide —H₃O⁺→ phenol + CH₃-C(=O)-CH₃ [D]

[B] + [D] → [E] PhCH₂-C(CH₃)₂-OMgCl —H₃O⁺→ [F] PhCH₂-C(CH₃)₂-OH

4-6

Friedel-Crafts のアシル化：ベンゼンにハロゲン化アシル化合物と塩化アルミニウムを作用させるとベンゼンの水素の代わりにアシル基が置換したアシルベンゼンの合成方法

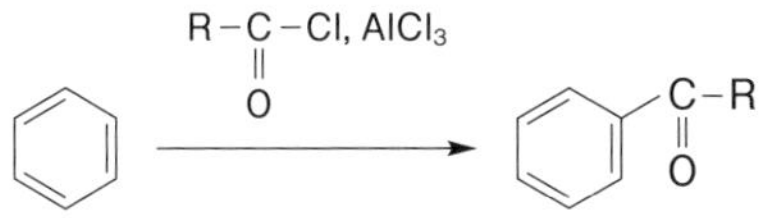

C₆H₆ + R-C(=O)-Cl, AlCl₃ → C₆H₅-C(=O)-R

Friedel-Crafts のアシル化反応はアルキル化と同様に下のように3段階で進行する。

(1) R-C(=O)-Cl + AlCl₃ ⟶ [R-C(=O)···Cl···AlCl₃ (δ⁺/δ⁻)] ⟶ R-C(=O)⁺ + AlCl₄⁻

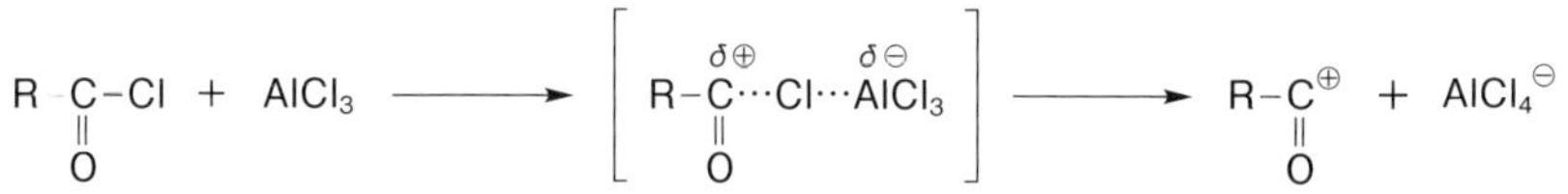

アシルカチオンの生成

(2) C₆H₆ + R-C(=O)⁺ ⟶ [アレニウムイオン中間体（3つの共鳴構造）]

(3) アレニウムイオン + AlCl₄⁻ ⟶ C₆H₅-C(=O)-R + AlCl₃ + HCl

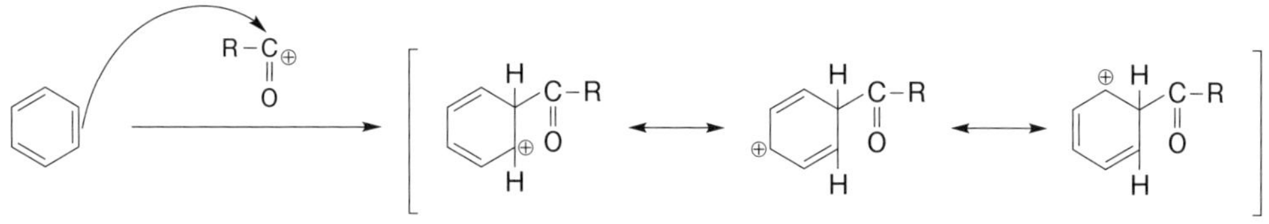

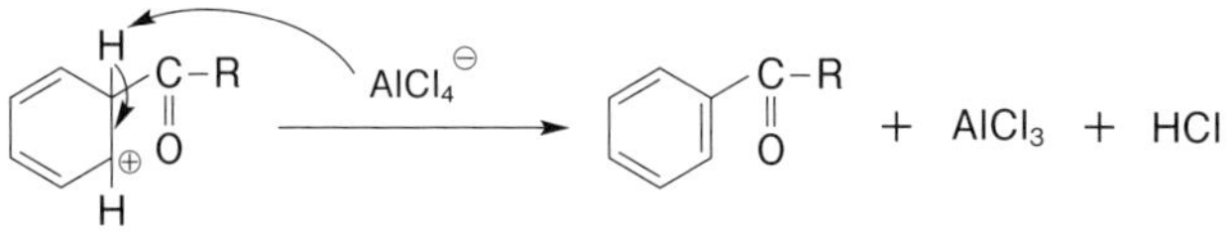

4 芳香族

4-7

トルエン → 4-アミノ安息香酸 (m-) および (o,p-NH₂)

CH₃-C₆H₅ →(HNO₃-H₂SO₄)→ p-O₂N-C₆H₄-CH₃ →(KMnO₄)→ p-O₂N-C₆H₄-COOH →(Sn-HCl)→ p-H₂N-C₆H₄-COOH

4-8

ベンゼン → p-ブロモニトロベンゼン (m-配向性 NO₂), (o,p-配向性 Br)

C₆H₆ →(Br₂-FeBr₃)→ C₆H₅Br →(HNO₃-H₂SO₄)→ p-O₂N-C₆H₄-Br

ベンゼン → m-ブロモニトロベンゼン (m-NO₂), (o,p- Br)

C₆H₆ →(HNO₃-H₂SO₄)→ C₆H₅NO₂ →(Br₂-FeBr₃)→ m-O₂N-C₆H₄-Br

4-9

(1) C₆H₆ + Cl₂ ⟶ C₆H₅Cl + HCl

(2) メチル基は o,p-配向性、ニトロ基は m-配向性のため、以下の式のように反応する。

4-10

置換ベンゼン環へのさらなる求電子置換反応はすでに存在する置換基 X の配向性に従い反応する。

o,p-配向性		m-配向性
活性化する基	不活性化する基	◎ 多重結合を持つ基
◎ 非共有電子対を持つ基	◎ ハロゲン	-(C=O)H、-(C=O)-CH₃、-(C=O)-OH、-S(=O)₂-OH、-NO₂
-OH、-NH₂、-OCH₃、-NHCOCH₃	-F、-Cl、-Br、-I	◎ 正電荷を持つ基
◎ -C₆H₅、-CH₃		-N⁺H₃、-N⁺H(CH₃)

4-11

(1) 化合物 1 モルあたり $22.4\,l \times 8.5 = 190.4\,l$

(2) C_7H_8O 1 モルに対して $7CO_2$ のため $7 \times 44 = 308$ g

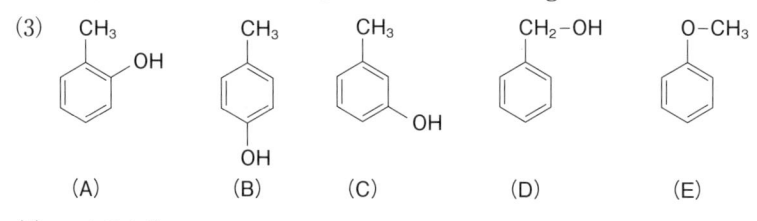

(3) (A) 2-メチルフェノール (B) 4-メチルフェノール (C) 3-メチルフェノール (D) ベンジルアルコール (E) アニソール

(4) エステル化

4 芳香族

(5) 酸化

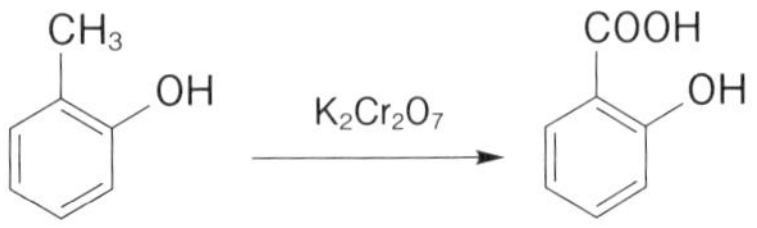

$$\underset{(A)}{\text{CH}_3\text{-C}_6\text{H}_4\text{-OH}} \xrightarrow{\text{K}_2\text{Cr}_2\text{O}_7} \text{HOOC-C}_6\text{H}_4\text{-OH} \quad \text{サリチル酸}$$

(6) スルホン化

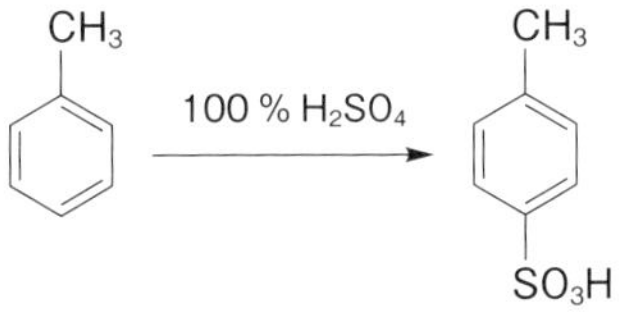

トルエン $\xrightarrow{100\% \text{ H}_2\text{SO}_4}$ p-トルエンスルホン酸 (CH$_3$-C$_6$H$_4$-SO$_3$H)

(7) アルカリ溶融

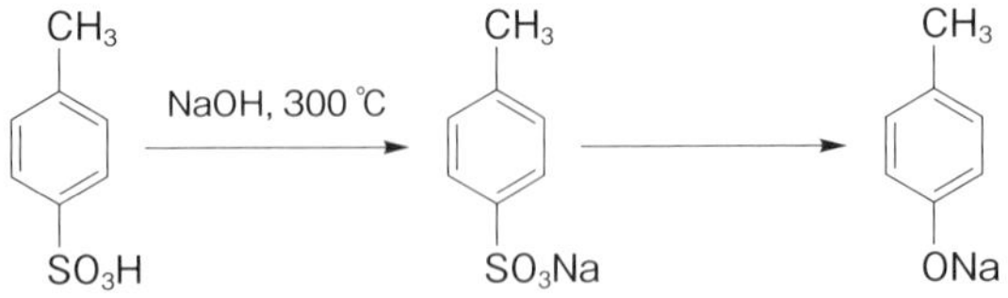

CH$_3$-C$_6$H$_4$-SO$_3$H $\xrightarrow{\text{NaOH, 300 ℃}}$ CH$_3$-C$_6$H$_4$-SO$_3$Na $\longrightarrow$ CH$_3$-C$_6$H$_4$-ONa

(8) 複分解

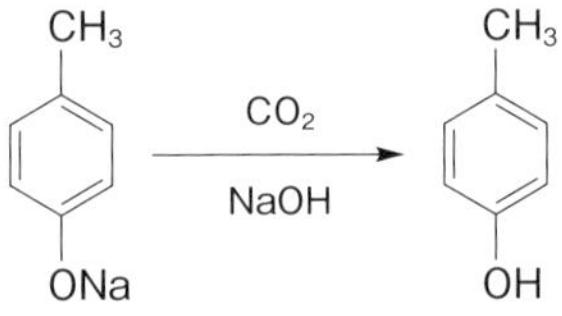

CH$_3$-C$_6$H$_4$-ONa $\xrightarrow[\text{NaOH}]{\text{CO}_2}$ CH$_3$-C$_6$H$_4$-OH

(9)

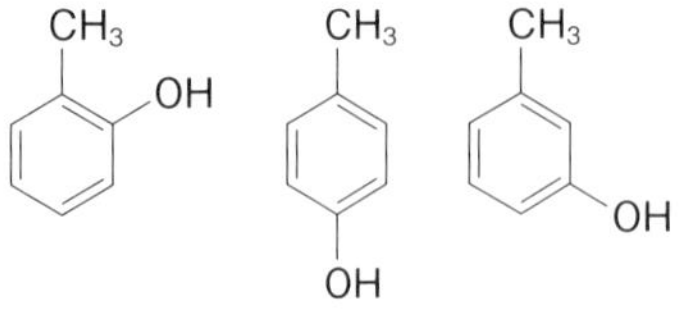

（A）o-クレゾール　（B）p-クレゾール　（C）m-クレゾール　はいずれもフェノール系の化合物で、フェノールと同様に水に溶けて酸性を示す。またアルカリ水溶液と反応して塩を作り溶ける。FeCl$_3$ 水溶液を加えると青紫色を呈する。

4-12

(1) アミノ基：C$_6$H$_5$-NH$_2$ アニリン
(2) メチル基：C$_6$H$_5$-CH$_3$ トルエン
(3) カルボキシル基：C$_6$H$_5$-COOH 安息香酸
(4) 水酸基：C$_6$H$_5$-OH フェノール
(5) 上の四つの化合物を分離するには、下図の方法により行うことができる。

すなわち、安息香酸とフェノールは酸性化合物であるため、強塩基の水酸化ナトリウム水溶液と混ぜると塩となって水に溶解し、さらに炭酸水素ナトリウムにより安息香酸とフェノールの酸性度の違いによりフェノールと安息香酸のナトリウム塩に分離することができる。安息香酸のナトリウム塩は、塩酸などの強酸により複分解し安息香酸を生じる。一方、水酸化ナトリウム溶液に溶けなかったアニリンとトルエンは、アニリンの塩基性により塩酸を加えることでアニリン塩酸塩となって水層に溶け、水酸化ナトリウム水溶液を加

えることによりアニリンが遊離してくる。

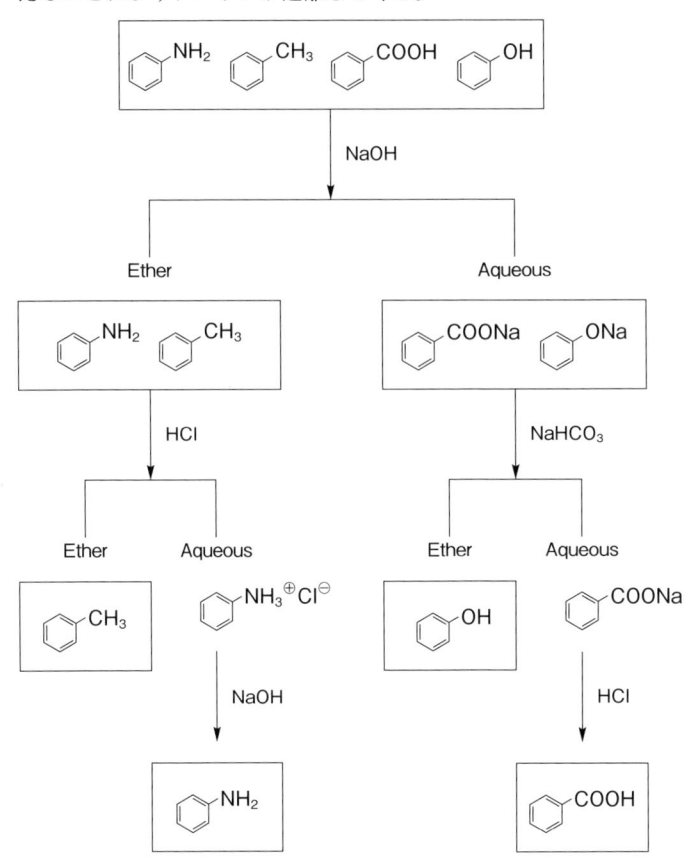

```
          ┌─NH₂    ─CH₃    ─COOH    ─OH┐
          └─────────────────────────────┘
                        │ NaOH
          ┌─────────────┴─────────────┐
        Ether                      Aqueous
   ┌─NH₂   ─CH₃┐              ┌─COONa   ─ONa┐
   └───────────┘              └─────────────┘
        │ HCl                       │ NaHCO₃
   ┌────┴────┐                ┌─────┴─────┐
 Ether   Aqueous            Ether      Aqueous
 ┌─CH₃┐  ─NH₃⁺Cl⁻           ┌─OH┐      ─COONa
 └────┘                     └───┘
          │ NaOH                      │ HCl
        ┌─NH₂┐                      ┌─COOH┐
        └────┘                      └─────┘
```

4-13

(1)

(A) イソプロピルベンゼン (CH(CH₃)₂-C₆H₅)
(B) CH₃-C(=O)-CH₃
(C) C₆H₅-NH₂
(D) [C₆H₅-N⁺≡N]Cl⁻

(E) C₆H₅-N=N-C₆H₄-OH
(F) 2-ニトロフェノール (OH, NO₂ オルト位)
(G) 4-ニトロフェノール (OH, NO₂ パラ位)

4 芳香族

(2)

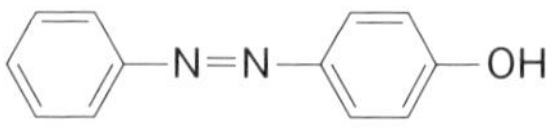

[構造式: phenyl-N=N-phenyl-OH]
p-hydroxyazobenzene

(3) フェノールの OH 基は強い電子供与性基であるため、酸素上の非共有電子対がベンゼン環の方に流れベンゼン環の *o,p*-位を非常に活性化する。したがって温和な条件でもニトロ化が進行する。その際、求電子試薬が *o,p*-位を攻撃した中間体では、*m*-位を攻撃したものよりも多くの共鳴構造式を書くことができ、また、酸素上の非共有電子対がベンゼン環に流れ、正電荷が酸素上にも分散し非局在化することにより安定に存在することができる。

(4)

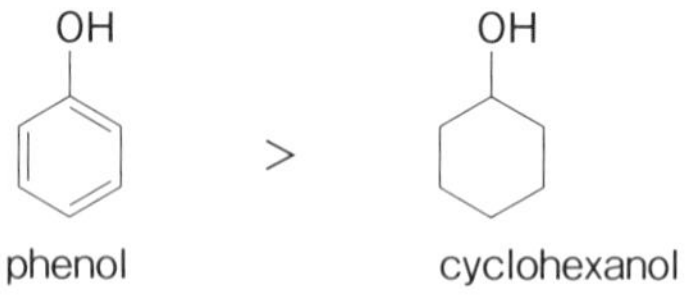

phenol > cyclohexanol

フェノールの OH 結合は分極しており結合が弱くなっている。これは下の共鳴によりいっそう助長され、さらに弱くなっている。

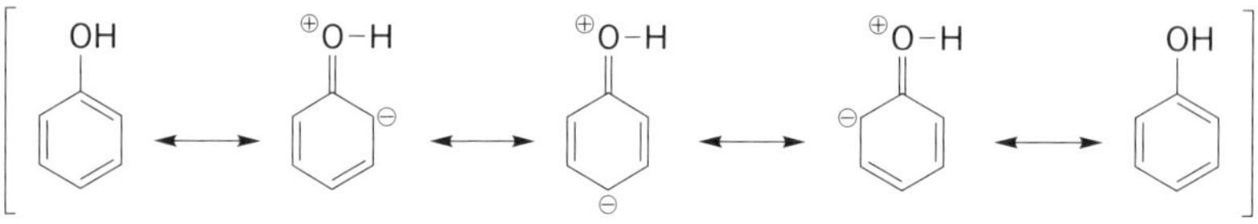

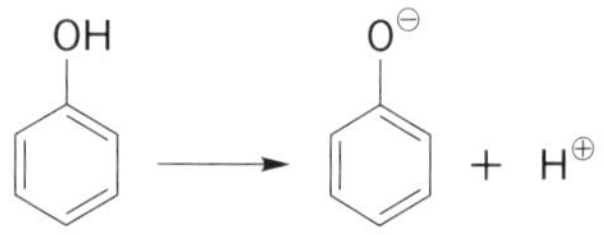

[共鳴構造式群]

[解離式: phenol → phenoxide + H⁺]

プロトンが外れたフェノキシドイオンは共鳴により安定化し上の解離が容易に起こる。

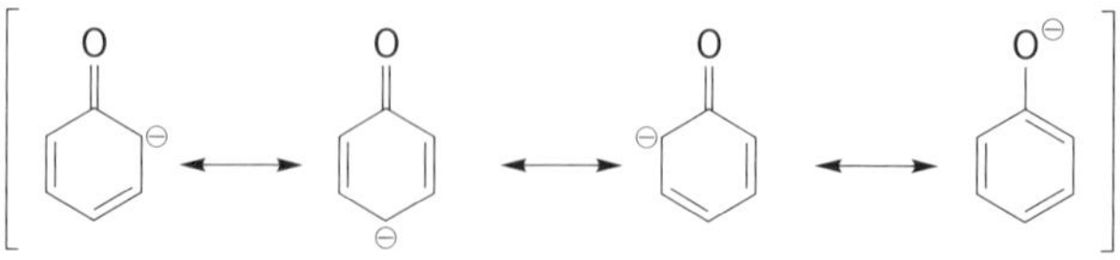

[フェノキシドイオンの共鳴構造式群]

一方、シクロヘキサノールは OH 間の分極は起こるが共鳴による安定化がなく、また、シクロヘキソキシドイオンとなっても共鳴による安定化がないので H⁺ を放出しにくい。すなわち、酸性は非常に小さい。したがって、フェノールの方がシクロヘキサノールよりも酸性が強い。

4-14

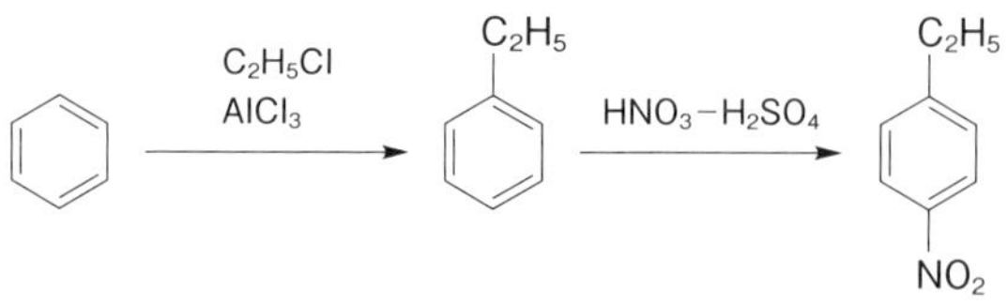

[反応式: ベンゼン + C₂H₅Cl/AlCl₃ → エチルベンゼン + HNO₃-H₂SO₄ → *p*-ニトロエチルベンゼン]

【解答編】

4-15

(1) ベンゼン　　　塩化エチル

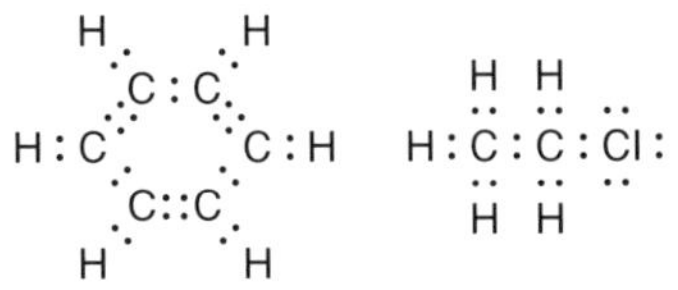

(Lewis structures of benzene and ethyl chloride)

(2) ⌬ + C₂H₅Cl–AlCl₃ → C₆H₅–C₂H₅　（エチルベンゼン）

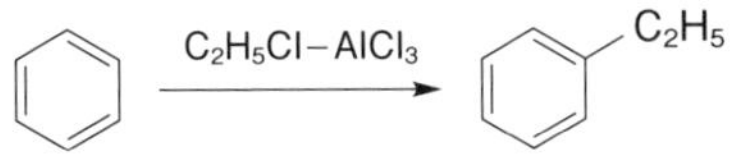

(3) Friedel-Crafts のアルキル化

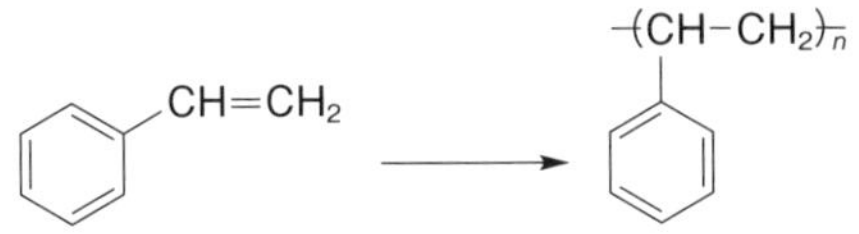

(4) C₆H₅–C₂H₅ →(Fe, 600–650 ℃)→ C₆H₅–CH=CH₂　（スチレン）

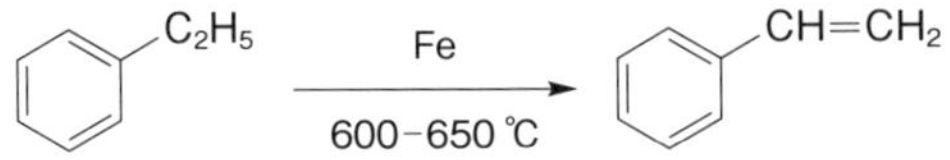

(5) C₆H₅–CH=CH₂ → –(CH–CH₂)ₙ–　（ポリスチレン）
（フェニル基付き）

(6) 付加重合反応

4-16

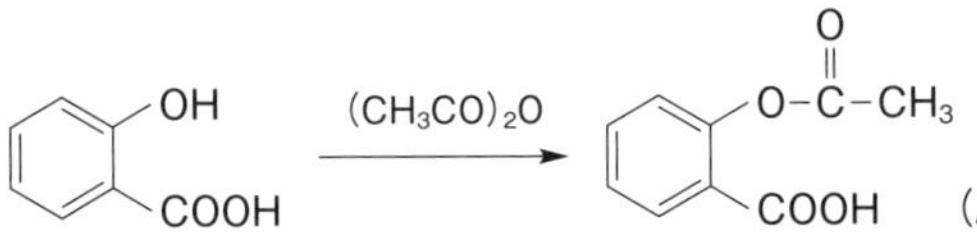

salicylic acid + (CH₃CO)₂O → acetylsalicylic acid (A)

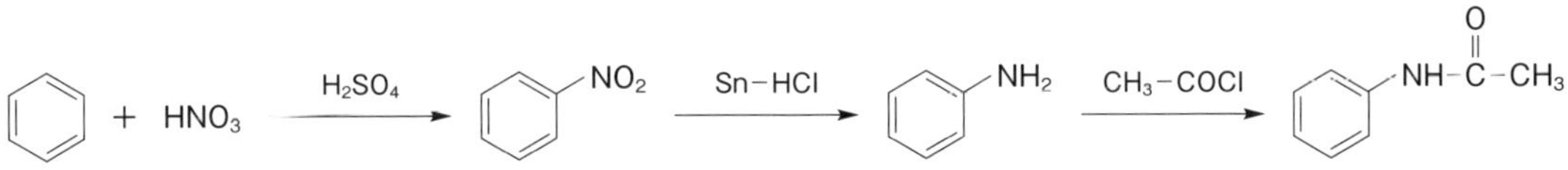

⌬ + HNO₃ →(H₂SO₄)→ nitrobenzene (B) →(Sn–HCl)→ aniline (C) →(CH₃–COCl)→ acetanilide (D)

CH₃CH₂Br + Mg → CH₃CH₂MgBr (E) →[1) C₆H₅–CHO, 2) H⁺]→ 1-phenyl-1-propanol (F)

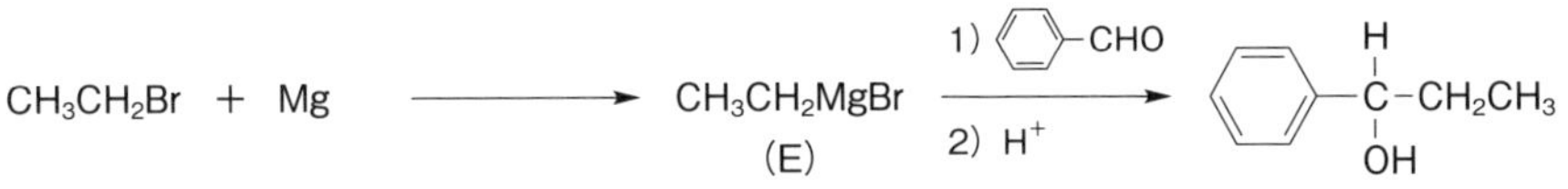

4 芳香族

4-17

(1) トルエン $\xrightarrow{HNO_3-H_2SO_4}$ p-ニトロトルエン $\xrightarrow{Na_2Cr_2O_7}$ p-ニトロ安息香酸

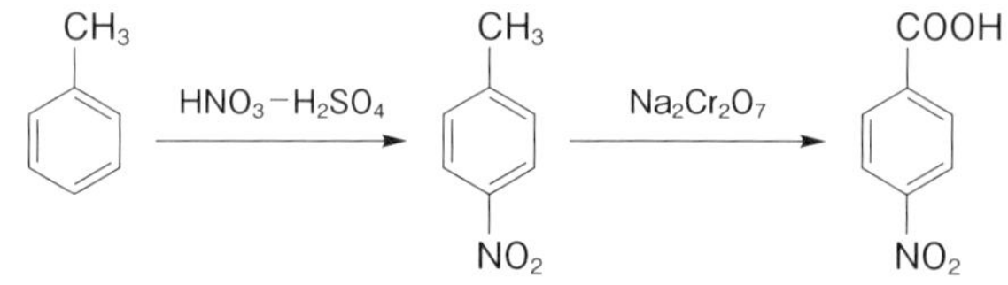

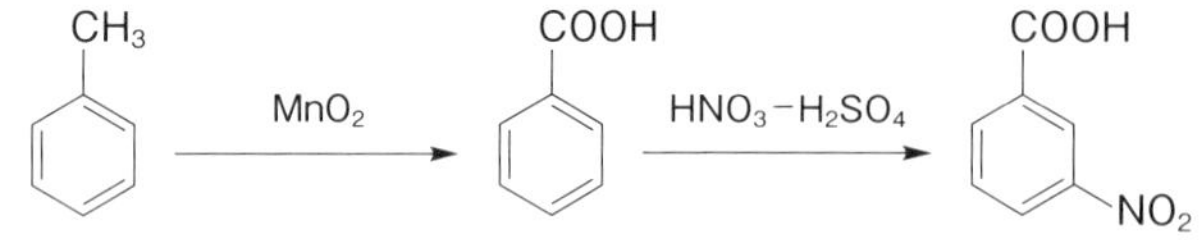

(2) トルエン $\xrightarrow{MnO_2}$ 安息香酸 $\xrightarrow{HNO_3-H_2SO_4}$ m-ニトロ安息香酸

(3) p-ブロモベンゼンジアゾニウムクロリド $\xrightarrow{Cu_2(CN)_2}$ p-ブロモベンゾニトリル $\xrightarrow{H^+}$ p-ブロモ安息香酸

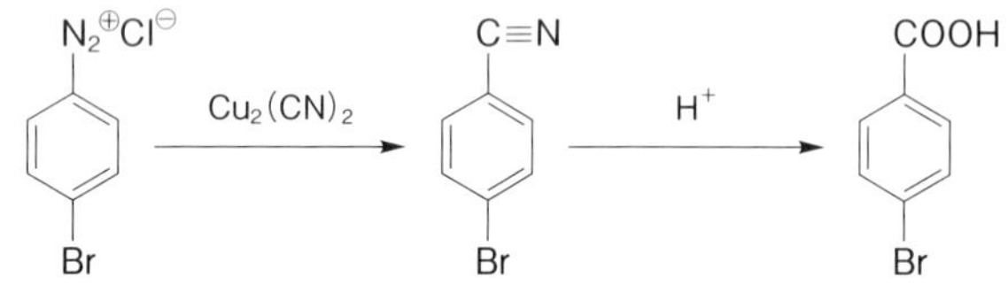

4-18

ベンゼンジアゾニウム塩を一価の銅塩の存在下にハロゲン化水素 (HX) と反応させるとジアゾ基が外れハロゲン化ベンゼンが生成する反応

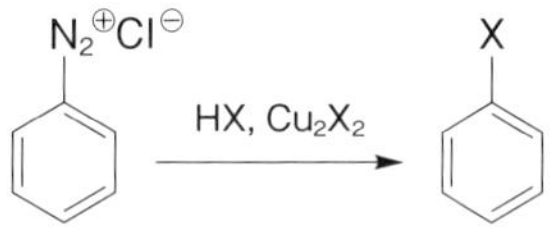

ベンゼンジアゾニウムクロリド $\xrightarrow{HX,\ Cu_2X_2}$ ハロゲン化ベンゼン

4-19 (問 4-4, 4-6 と類題)

Friedel-Crafts のアルキル化

ベンゼン $\xrightarrow{R-Cl,\ AlCl_3}$ アルキルベンゼン

Friedel-Crafts のアシル化

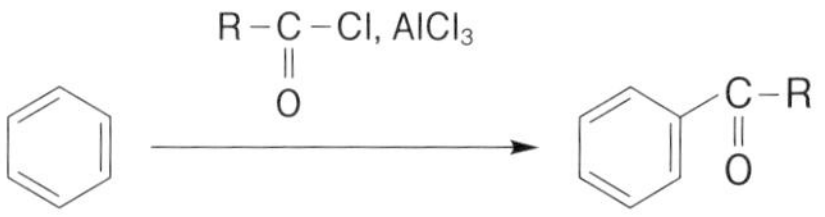

ベンゼン $\xrightarrow{R-CO-Cl,\ AlCl_3}$ アシルベンゼン

4-20

ベンゼン $\xrightarrow{HNO_3-H_2SO_4}$ ニトロベンゼン $\xrightarrow{Br_2-FeBr_3}$ m-ブロモニトロベンゼン

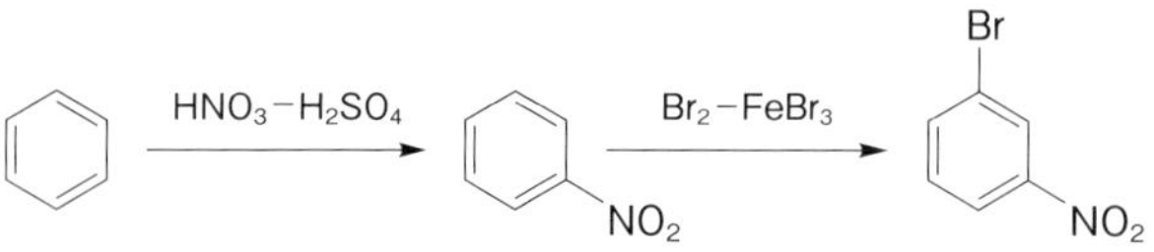

4-21

芳香族求電子置換反応

$$\text{benzene} \xrightarrow{X^{\oplus}} \text{Ph-X}$$

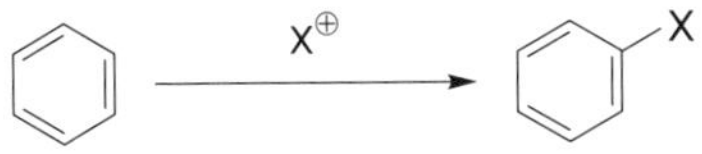

は次の3段階からなる芳香族求電子置換反応である。

(1) 求電子試薬の生成

$$X-Y \longrightarrow X^{\oplus}$$

(2) ベンゼノニウムイオン中間体の生成

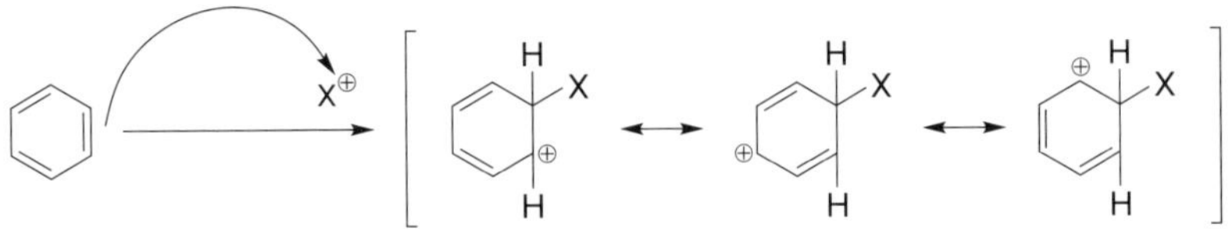

[反応機構の図：ベンゼンがX⁺と反応してベンゼノニウムイオン中間体（3つの共鳴構造）を生成]

(3) 芳香環の再生、触媒の再生

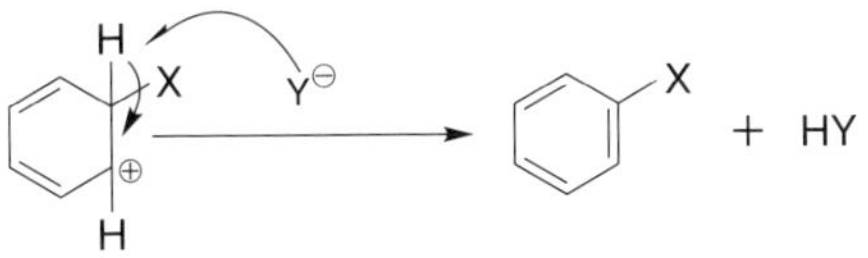

[反応機構の図：中間体からY⁻がHを引き抜き、生成物Ph-X + HYを与える]

付加反応が起こりにくい理由

ベンゼンなどの芳香族化合物には、芳香族性と呼ばれる特殊な安定化効果があり、付加反応ではこの芳香族性が失われてしまう。この安定化効果を維持しようとするために付加反応が起こりにくい。

4-22

ベンゼンのニトロ化

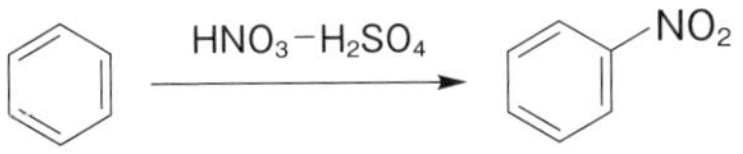

$$\text{benzene} \xrightarrow{HNO_3-H_2SO_4} \text{Ph-NO}_2$$

(1)

$$H-\overset{\oplus}{O}(H)-\overset{\ominus}{N}O_2 + H-O-\underset{O}{\overset{O}{S}}-OH \longrightarrow H-\overset{\oplus}{O}(H)-\overset{\ominus}{N}O_2 + {}^{\ominus}O-\underset{O}{\overset{O}{S}}-OH \longrightarrow \overset{\oplus}{N}O_2 + H_2O$$

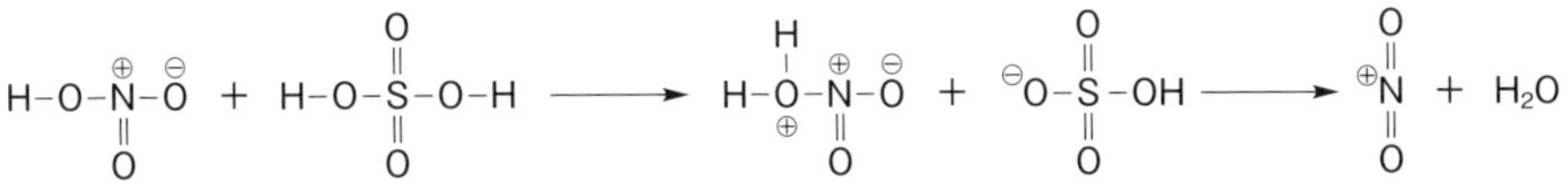

ニトロニウムイオン
（ニトロイルイオンともいう）

(2) [ベンゼンが NO₂⁺ と反応してベンゼノニウムイオン中間体（3つの共鳴構造）を生成する図]

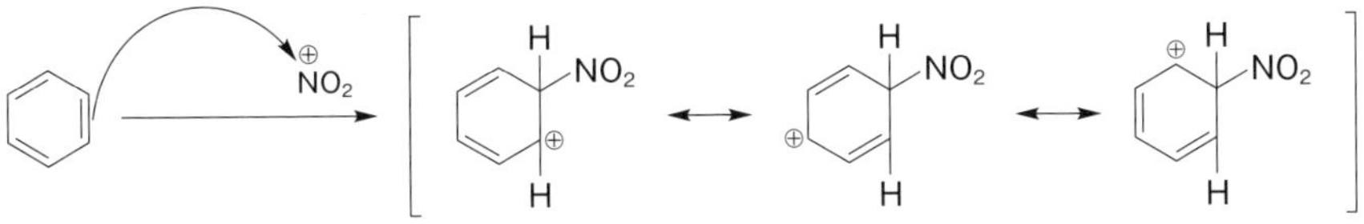

(3) [中間体が HSO₄⁻ と反応してニトロベンゼン + H₂SO₄ を生じる図]

4 芳香族

4-23

(1) CH₃–C₆H₅ —[Cl₂–FeCl₃]→ 2-クロロトルエン + 4-クロロトルエン

(2) CH₃–C₆H₅ —[Cl₂, hν]→ C₆H₅–CH₂Cl

(3) CH₃–C₆H₅ —[CH₃–CO–Cl, AlCl₃]→ 4-メチルアセトフェノン (4-CH₃–C₆H₄–COCH₃)

(4) CH₃–C₆H₅ —[CH₃CH₂–Cl, AlCl₃]→ 2-エチルトルエン + 4-エチルトルエン

4-24

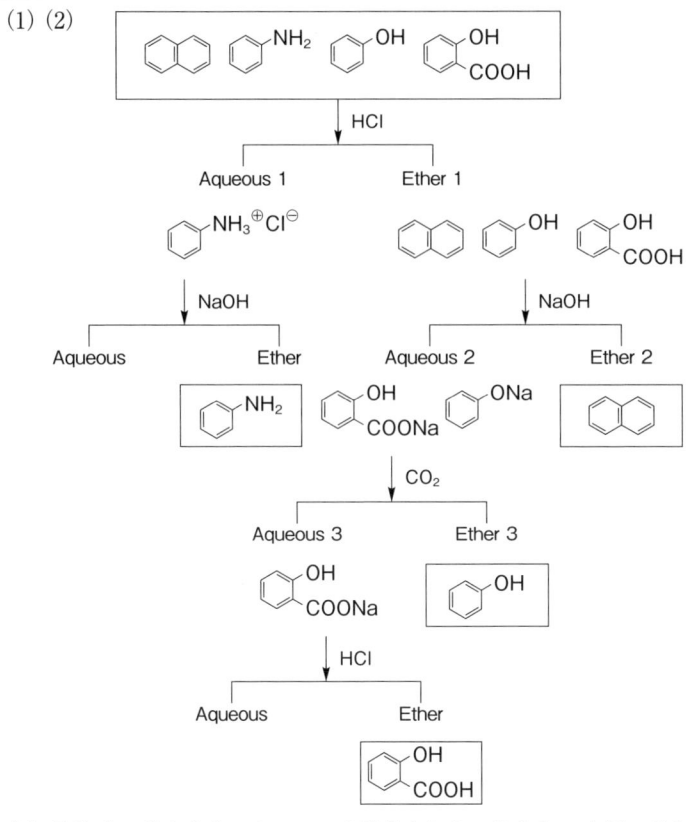

(1)(2) [構造式フローチャート：ナフタレン、アニリン、フェノール、サリチル酸の混合物]

HCl を加える
- Aqueous 1: アニリン塩酸塩 (C₆H₅NH₃⁺Cl⁻)
- Ether 1: ナフタレン、フェノール、サリチル酸

Aqueous 1 に NaOH → Ether 層にアニリン (C₆H₅NH₂)

Ether 1 に NaOH
- Aqueous 2: サリチル酸ナトリウム (OH, COONa) とナトリウムフェノキシド (ONa)
- Ether 2: ナフタレン

Aqueous 2 に CO₂ を通じる
- Aqueous 3: サリチル酸ナトリウム (OH, COONa)
- Ether 3: フェノール (OH)

Aqueous 3 に HCl → Ether 層にサリチル酸 (OH, COOH)

(3) 希塩酸や希水酸化ナトリウム水溶液を加えて塩として水層に移し、反応しないものをエーテル層に分離する。塩は希水酸化ナトリウム水溶液や炭酸により元の化合物に戻して分離する。

(4) 二酸化炭素を通じることによりナトリウムフェノキシドはフェノールとなり遊離するのに対し、サリチル酸のナトリウム塩は反応しないことから、フェノールは炭酸より弱酸でありサリチル酸は炭酸より強酸であることがわかる。

(5) [反応機構図：フェノキシドイオンが CO₂ に求核攻撃し、中間体を経てサリチル酸を生成]

フェノールに水酸化ナトリウムの存在下に二酸化炭素を高圧で作用させるとサリチル酸が生成する Kolbe 反応である。フェノキシドイオンの酸素上のアニオンがフェノールの o-位の電子密度を増大させ、そこから二酸化炭素の炭素への求核攻撃が起こる。二酸化炭素が付加したのちに o-位の水素がプロトンとして外れ、ベンゼン環を再生しサリチル酸が生成する。

4 芳香族

4-25

(a) ベンゼン →(HNO₃–H₂SO₄)→ ニトロベンゼン →(Sn–HCl)→ アニリン

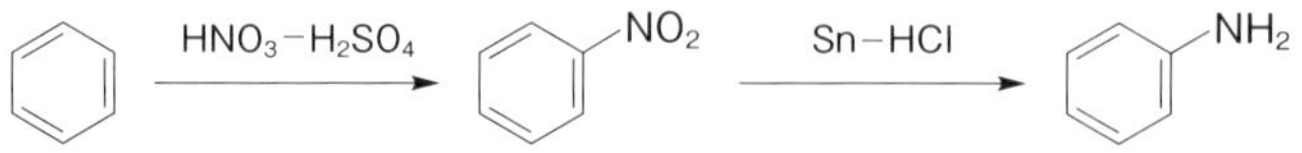

(b) 塩基性とはアミン窒素上の非共有電子対をプロトン等に与える強さである。

エチルアミンの窒素上の非共有電子対は窒素上に局在しているのに対し、アニリンは下記の共鳴構造式で示されるように窒素上の非共有電子対はベンゼン環に流れ、さらに共鳴により非局在化して安定化するため塩基性は小さくなる。

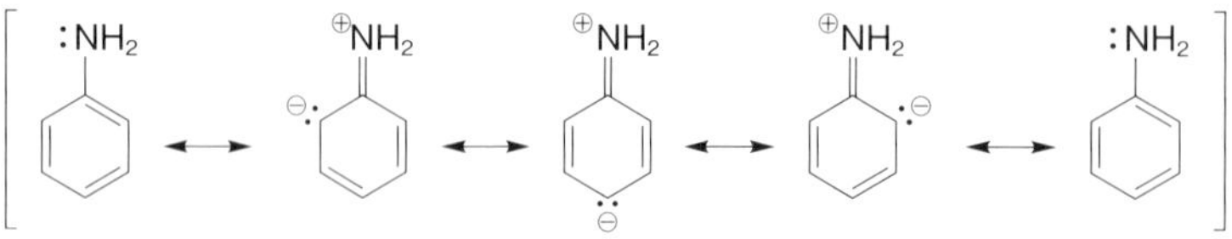

[アニリンの共鳴構造式：:NH₂ ↔ ⁺NH₂(o位に⁻) ↔ ⁺NH₂(p位に⁻) ↔ ⁺NH₂(o位に⁻) ↔ :NH₂]

(c)
p-ニトロアニリン < アニリン < p-メトキシアニリン

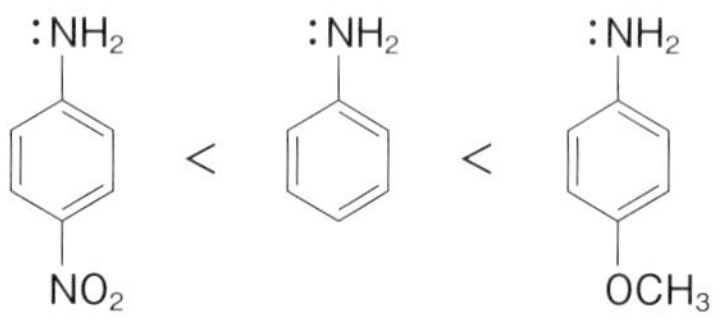

p-ニトロアニリンは窒素上の非共有電子対がベンゼン環に流れ、さらにニトロ基も共役にあずかる構造式を書くことができ、共鳴による非局在化が大きくなり、塩基性は小さくなる。他方、メトキシ基は電子供与性のため、ベンゼン環を伝わりアミノ基の窒素に流れることができ、アニリンよりは塩基性が大きくなる。

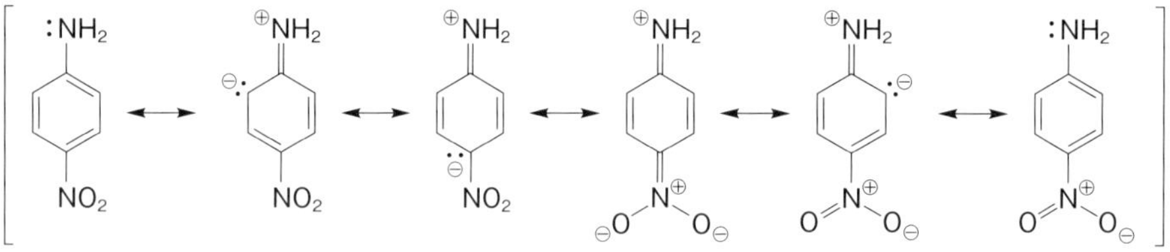

[p-ニトロアニリンの共鳴構造式]

(d) アニリン →(Br₂)→ o-ブロモアニリン, p-ブロモアニリン

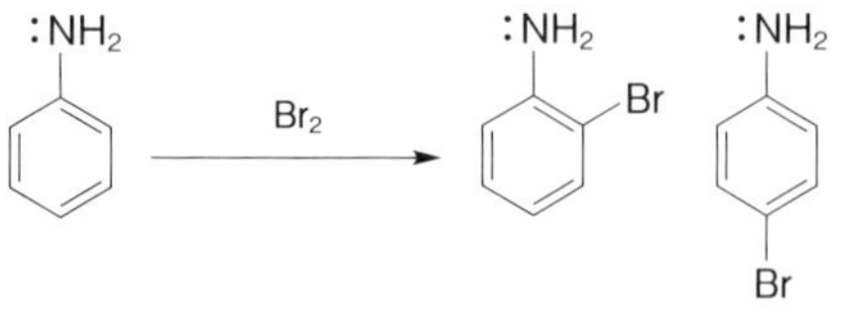

4-26

(a), (b) [reaction schemes showing products (A) acetophenone, (B) chlorobenzene, (C) benzenesulfonic acid; (D) o- and p-nitroanisole; (E) 1,3-dinitrobenzene]

(c) メトキシ基は o,p-配向性のため主生成物はオルト位とパラ位に置換される。一方、ニトロ基は m-配向性のためにメタ位に置換される。

4-27

[Reaction scheme: benzene → (A) benzenesulfonic acid → sodium phenoxide → (B) phenol → (C) salicylic acid → acetylsalicylic acid (with (CH₃CO)₂O) and (D) methyl salicylate (with MeOH, H₂SO₄)]

[Reaction scheme: benzene + H⁺, CH₃-CH=CH₂ → cumene (isopropylbenzene) → cumenehydroperoxide (O₂) → phenol + acetone (H₂SO₄) (E)]

4-28

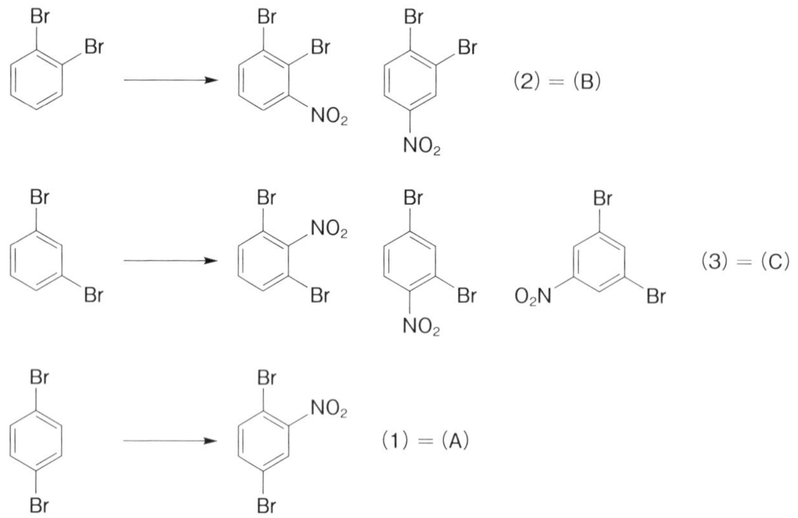

4-29

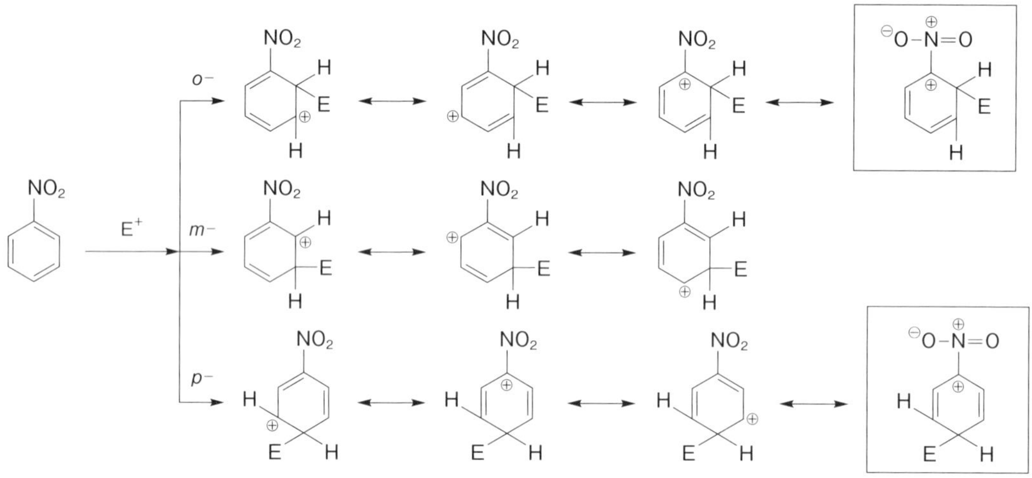

ニトロ基の *o*,*p*-位に求電子試薬（E^+）が付加した場合には、その共鳴構造式中で箱の中に示した式において隣接原子上に正電荷が存在するため不安定となる。一方、*m*-位に付加した場合にはそのような不安定な共鳴構造式はなく、反応するとすれば *m*-位に求電子試薬が置換した生成物となる。

4-30

(1) メチル基は電子供与性。

(2) 炭素と水素では、その電気陰性度の差から炭素上の電子密度が高くなるため、メチル基は電子供与性の誘起効果を示す。

(3) メチル基は *o*,*p*-配向性のため、ニトロ基は *o*,*p*-位に置換する。

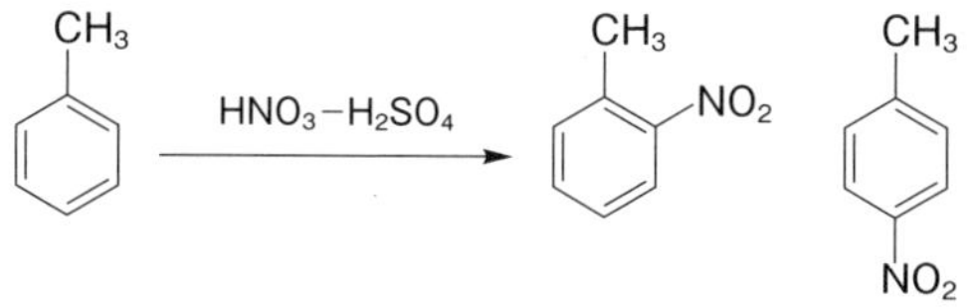
CH3
HNO3−H2SO4
CH3
NO2
CH3
NO2

(4)

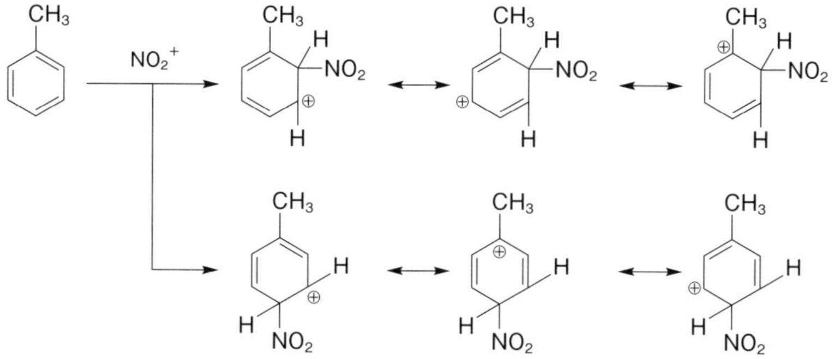
CH3
NO2+
CH3
H
NO2
H
CH3
H
NO2
H
CH3
H
NO2
H
CH3
H
H
NO2
CH3
H
H
NO2
CH3
H
H
NO2

(5) *m*-配向性を示す置換基には ①多重結合を含む官能基と ②正電荷を持つ官能基がある。

① 多重結合を含むもの　$-C(=O)-OR$, $-C(=O)-O-H$, $-C(=O)-OH$, $-C\equiv N$, $-\overset{\oplus}{N}(=O)-O^{\ominus}$

② 正電荷を持つもの　$-\overset{\oplus}{N}H_3$　, $-\overset{\oplus}{N}R_3$

(6) *o,p*-配向性基 ＞ *m*-配向性基

(7) すでに存在する各置換基は次の置換基の導入の難易（反応性）と導入位置（配向性）を支配する。その際、より活性な置換基の配向性に影響されるため。

4-31

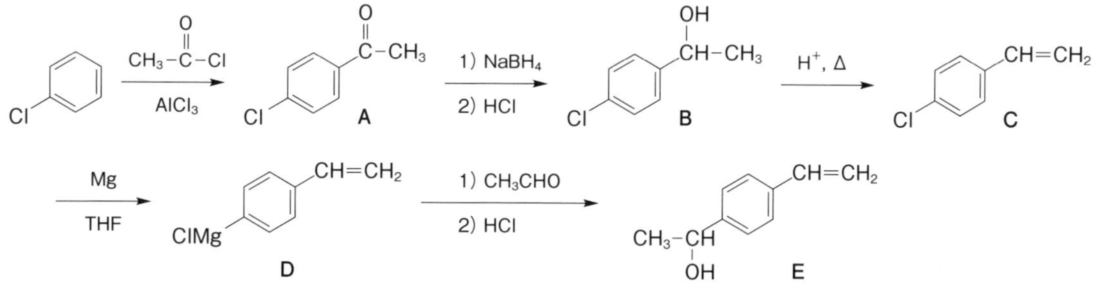
Cl
O
CH3−C−Cl
AlCl3
O
C−CH3
Cl
A
1) NaBH4
2) HCl
OH
CH−CH3
Cl
B
H+, Δ
CH=CH2
Cl
C
Mg
THF
CH=CH2
ClMg
D
1) CH3CHO
2) HCl
CH=CH2
CH3−CH
OH
E

(a) Friedel-Crafts のアシル化

(b) H^-（ヒドリドイオン）の求核付加

(c) 脱離（酸触媒脱水反応）

(d) Grignard 試薬　R-MgX

(e) 低磁場側から 4, 1, 1, 1, 1, 1, 3　　∴ 上式 E の化合物

4 芳香族

4-32

(1) エーテル結合

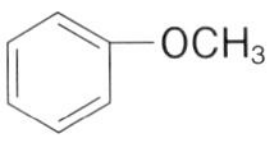

[PhOCH₃の構造式]

(2) 塩化鉄(III)で呈色することからフェノール系化合物は以下の3種類が考えられる。

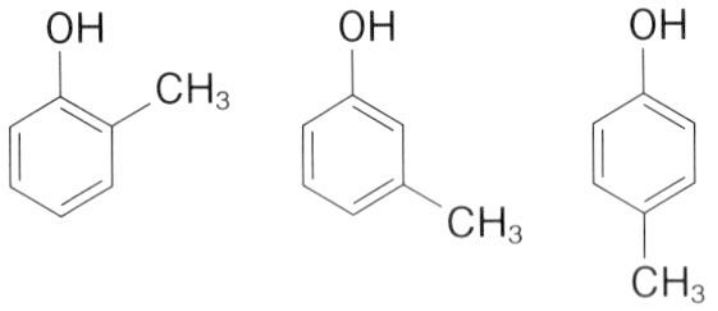

[o-クレゾール、m-クレゾール、p-クレゾールの構造式]

(3) (4)

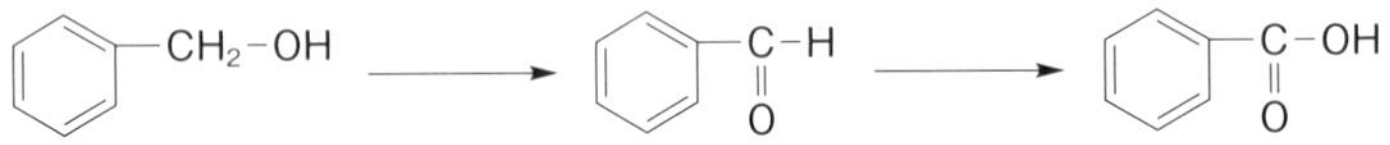

[ベンジルアルコール → ベンズアルデヒド → 安息香酸(benzoic acid)の反応式]

4-33

フェノールの水酸基は o,p-配向性置換基のため、ニトロ基は水酸基のオルト位、またはパラ位に導入される。

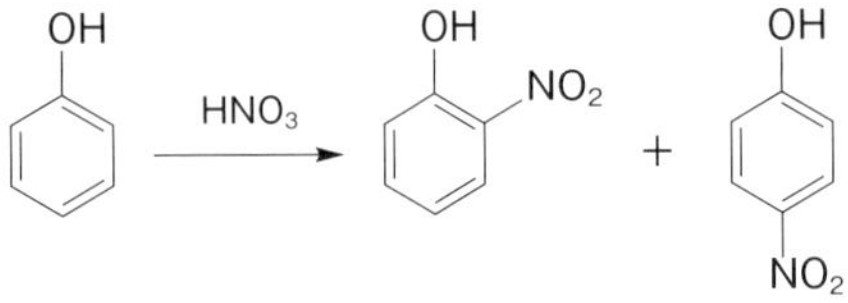

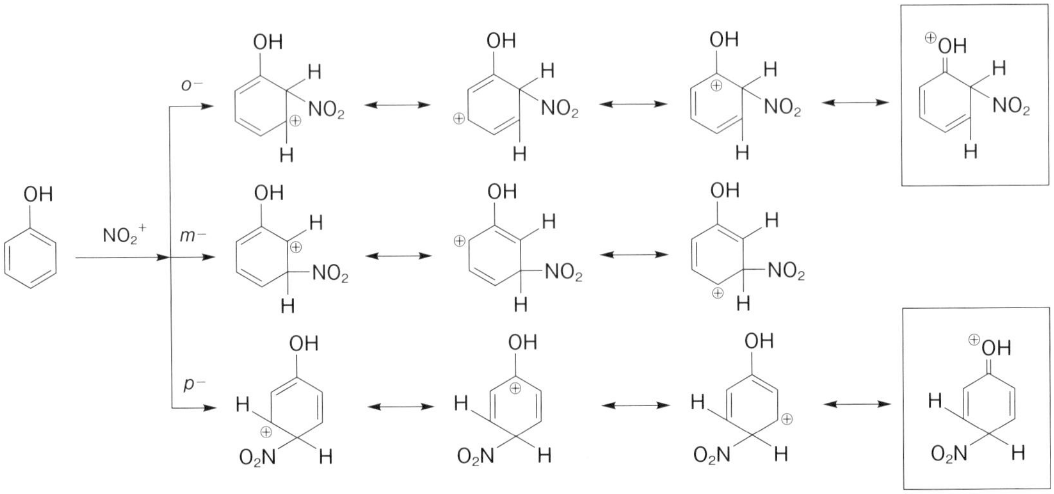

[フェノール + HNO₃ → o-ニトロフェノール + p-ニトロフェノールの反応式]

[ベンゼノニウムイオン中間体のオルト、メタ、パラ体の共鳴構造式]

フェノールにニトロニウムイオン(ニトロイルイオンともいう)が付加したベンゼノニウムイオン中間体の共鳴構造を表すと上のような構造式を書くことができる。その中でオルト体とパラ体は四つの共鳴構造式が書け、箱の中に示した構造式は水酸基の非共有電子対がベンゼン環に移動して酸素上に正電荷を持つ構造であり、電荷の非局在化が増して安定化する。そのため、フェノールへのニトロ化はオルト位とパラ位に優先的に起こる。

4-34 (問 4-10, 4-22 と類題)

芳香族求電子置換反応

benzene + X⊕ → C₆H₅-X

は次の3段階からなる。

(1) 求電子試薬の生成

X–Y ⟶ X⊕

(2) ベンゼノニウムイオン中間体の生成

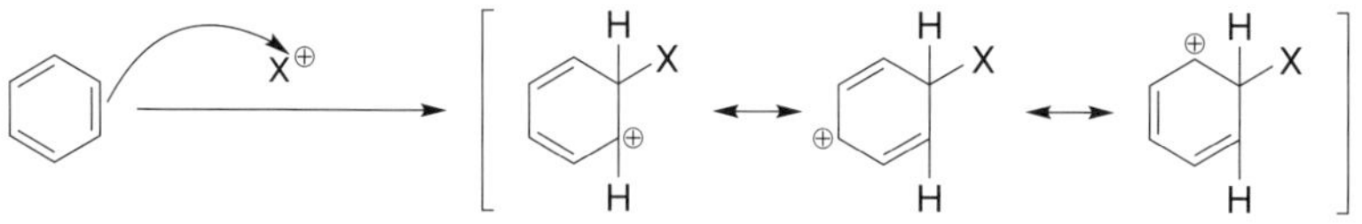

(3) 芳香環の再生、触媒の再生

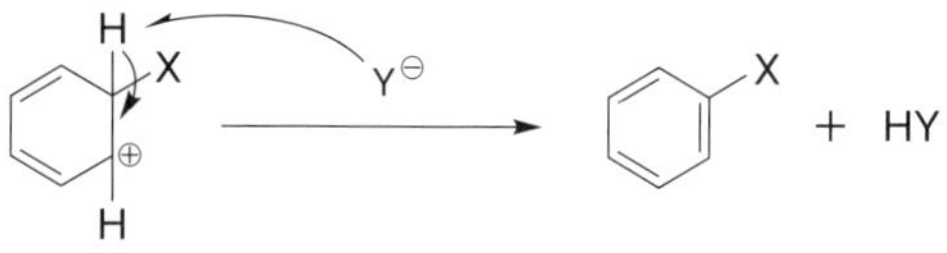

4-35

ニトロ基は m-配向性、Br-基は o,p-配向性のため、下の順番に反応させると、3-ニトロブロモベンゼンが得られる。

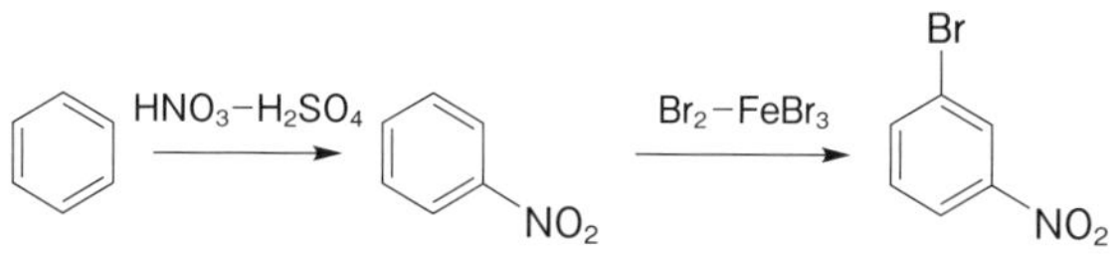

benzene →(HNO₃–H₂SO₄)→ ニトロベンゼン →(Br₂–FeBr₃)→ 3-ニトロブロモベンゼン

4-36

(1) ～ (3)

(a) benzene + CH₃CH₂–Cl →(AlCl₃)→ C₆H₅–CH₂CH₃ (A) C₈H₁₀

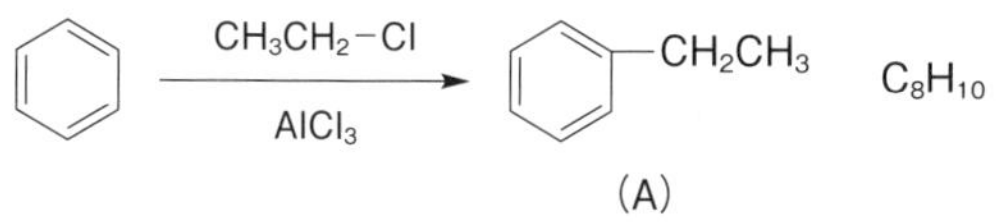

(b) benzene + CH₃CH₂CH₂–Cl →(AlCl₃)→ C₆H₅–CH₂CH₂CH₃ (C : 30 %) + C₆H₅–CH(CH₃)₂ (B : 70 %) C₉H₁₂

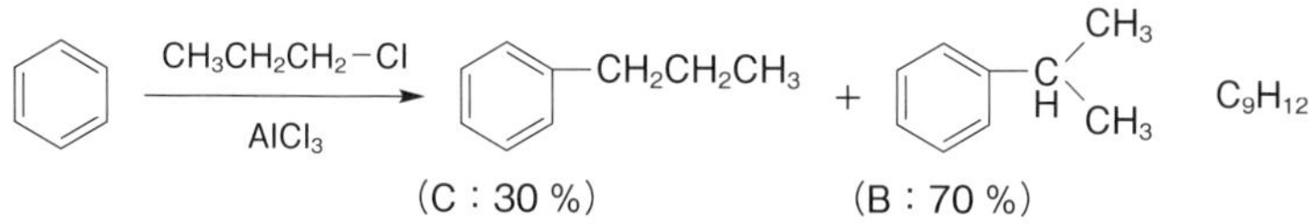

反応途中に生成する第1級カルボカチオンがより安定な第2級カルボカチオンに転位することによりBが生成する。

4 芳香族

(c) $CH_3-CH_2-\overset{\oplus}{CH_2} \longrightarrow CH_3-\overset{\oplus}{CH}-CH_3$

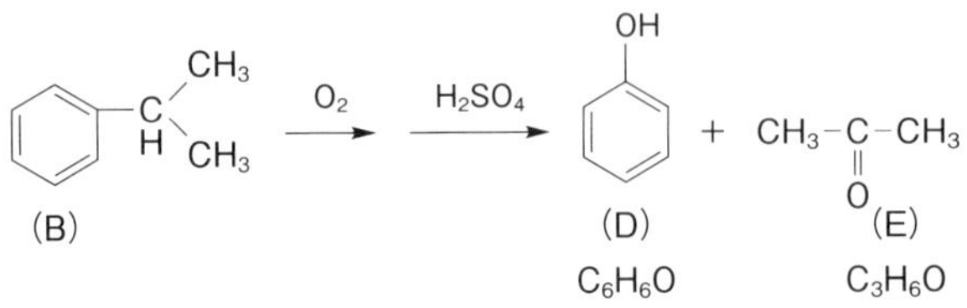

(B) →[O$_2$] →[H$_2$SO$_4$] (D) C$_6$H$_6$O + (E) C$_3$H$_6$O

(d) トルエン →[Br$_2$-FeBr$_3$] (F) p-ブロモトルエン + (G) o-ブロモトルエン

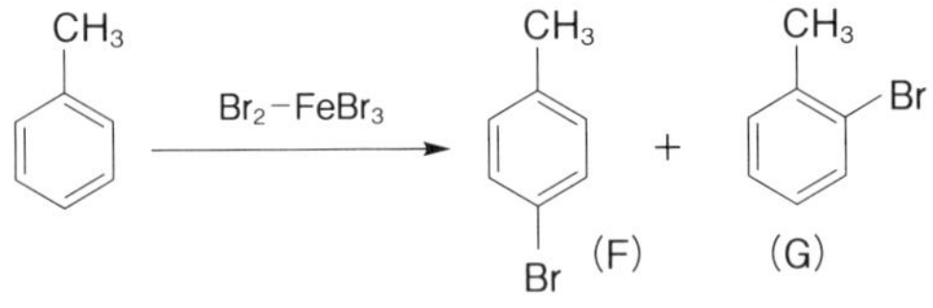

(e) (F) →[Mg] →[CO$_2$] →[H$_3$O$^+$] p-methylbenzoic acid

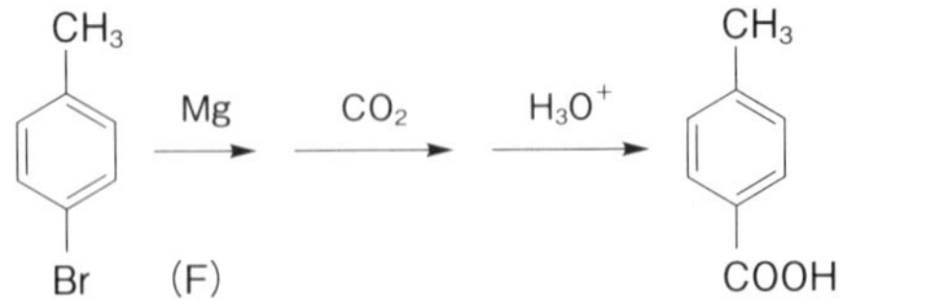

(f) トルエン →[hν, Br$_2$] (H) ベンジルブロミド

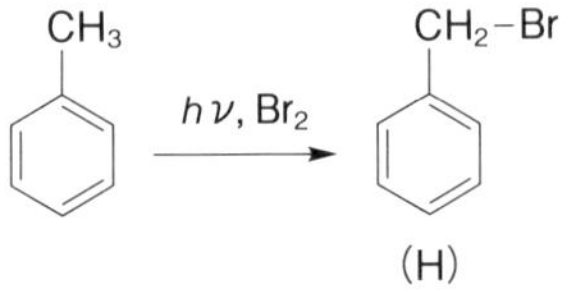

(4) グリニャール反応

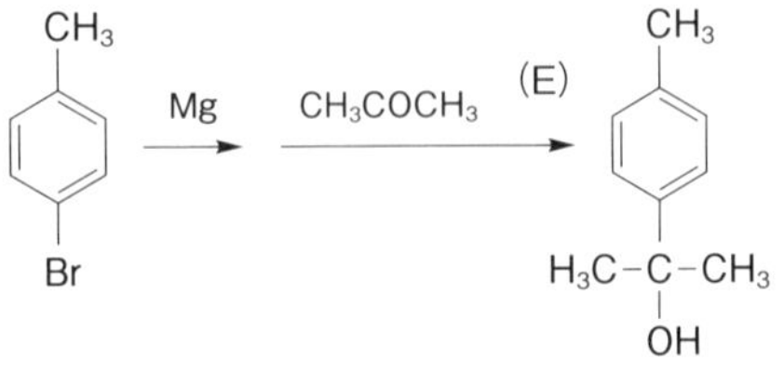

(F) →[Mg] →[CH$_3$COCH$_3$] (E) 2-(p-トリル)-2-プロパノール

(5) (A) エチルベンゼン →[hν, Br$_2$] PhCHBrCH$_3$ + PhCH$_2$CH$_2$Br

PhĊHCH$_3$ > PhCH$_2$CH$_2$·

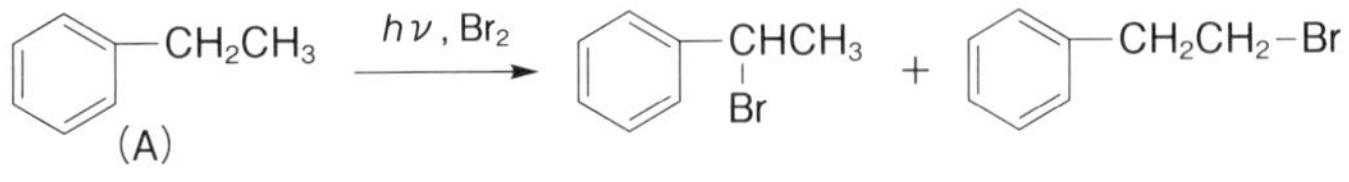

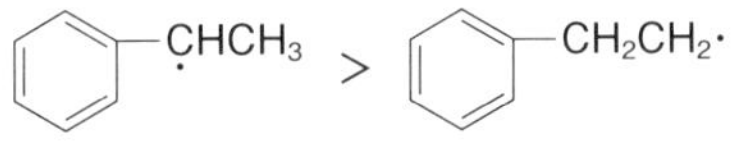

反応途中に生成するラジカル（第2級ラジカル＞第1級ラジカル）の安定性により、左の化合物が主生成物となる。

(6) ハロゲン化合物からニトリル化合物への求核置換反応

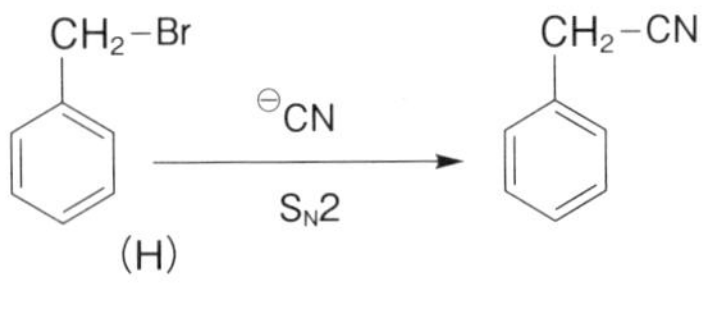

(H) PhCH$_2$Br →[$^{\ominus}$CN, S$_N$2] PhCH$_2$CN

4-37

[Reaction scheme: Nitrobenzene → (Sn, HCl, 還元) → Aniline → (NaNO₂, HCl, ジアゾ化) → [benzenediazonium chloride] → (KI, Sandmeyer反応) → Iodobenzene (2) → (Mg, グリニャール試薬の調製) → PhMgI → (CH₃-CO-OCH₃, グリニャール反応) →]

[CH₃-C(OMgI)(OCH₃)-Ph] → (分解) → CH₃-CO-Ph (acetophenone) → (PhMgI, グリニャール反応) → [CH₃-C(OMgI)(Ph)₂] → (H₃O⁺, 加水分解) → CH₃-C(OH)(Ph)₂ (A)

(1) ニトロベンゼン

4-38

Cl-基は o,p-配向性、SO₃H 基は m-配向性のため、下記の順に反応すると p-クロロベンゼンスルホン酸が得られる。

[Benzene → (Cl₂, FeCl₃) → Chlorobenzene → (SO₃, H₂SO₄) → p-chlorobenzenesulfonic acid]

4-39

(1) アスピリン（アセチルサリチル酸）($C_9H_8O_4$)　分子量：180

9.0 g = 9.0/180 = 0.05 mol　$0.05 \times 6.0 \times 10^{23} = 3 \times 10^{22}$ 分子

(2) $C_9H_8O_4$

$^{12}C_9H_8O_4$, $^{12}C_8{}^{13}CH_8O_4$ $^{12}C_7{}^{13}C_2H_8O_4$ $^{12}C_6{}^{13}C_3H_8O_4$ $^{12}C_5{}^{13}C_4H_8O_4$ $^{12}C_4{}^{13}C_5H_8O_4$ $^{12}C_3{}^{13}C_6H_8O_4$ …… $^{13}C_9H_8O_4$

$^{13}C_9H_8O_4$　$(a+b)^9$ から $b^9 = (0.01)^9 = (10^{-2})^9 = 10^{-18}$

$3.0 \times 10^{22} \times 10^{-18} = 3.0 \times 10^4$ 分子

(3) $C_9H_8O_4$ + 9 O_2 → 9 CO_2 + 4 H_2O

0.05 mol　　　9×0.05 mol　　　4×0.05 mol = 0.2 mol

　　　　　　　= 0.45 mol

4-40

[Reaction scheme: salicylic acid ←(2) CH₃COOH― acetylsalicylic acid ; salicylic acid —(1) MeOH, H₂SO₄→ ethyl salicylate]

acetylsalicylic acid　　salicylic acid　　ethyl salicylate

4-41

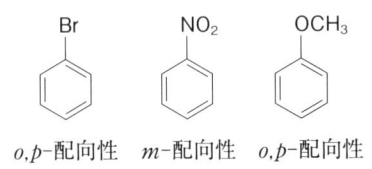

Br — o,p-配向性
NO₂ — m-配向性
OCH₃ — o,p-配向性

5 ハロゲン化アルキル

5-1

R-X + NaOH ⟶ R-OH + NaX

A：S_N2　B：S_N1　C：カルボカチオン　D：転位

S_N2 反応の反応性 CH₃-X ＞ C₂H₅-X ＞ (CH₃)₂CH-X ＞ (CH₃)₃C-X

E：高い　F：立体障害　G：2/3　H：2

5-2

(a) ザイツェフ則「より置換基の多いオレフィンが主生成物となる」により左の生成物が主生成物となる。

(b) 原料は第3級ハロゲン化物であり、プロトン性極性溶媒であるエタノールとの反応では E1 反応と競争的に S_N1 反応が起こりエーテルを生成する。

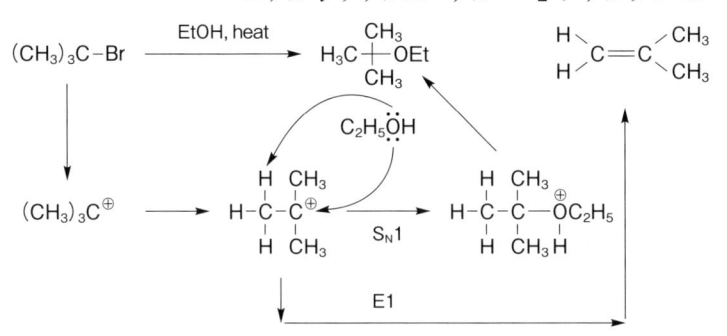

5-3

問 5-1 の〈ヒント〉参照。

5-4

$$(CH_3)_3C-Br \xrightarrow{EtOH, heat} \text{エチル-}t\text{-ブチルエーテル} \quad \text{2-メチルプロペン}$$

第3級ハロゲン化アルキルである t-ブチルブロマイドにエタノールを作用させると、E1脱離生成物である 2-メチルプロペンとともに S$_N$1 反応生成物のエチル-t-ブチルエーテル（主生成物）を生じる。

5-5

問 5-1 の〈ヒント〉参照。

5-6

(R)-2-iodobutane から 95% Acetone–H$_2$O では S$_N$2 反応により (S)-2-butanol を生成。30% Acetone–H$_2$O では S$_N$1 反応により (S) および (R) のラセミ体を生成。

95% アセトン-水溶媒は極性が比較的低く、S$_N$2 反応が進み立体配置が反転した生成物が得られる。一方、30% アセトン-水溶媒のように混合溶媒中の水の比率が高くなると極性が高まり、S$_N$1 反応が進行しラセミ体が得られる。

5 ハロゲン化アルキル

5-7

(1)
$$CH_3\text{-}I \xrightarrow[S_N2]{95\%\ Acetone-H_2O} HO\text{-}CH_3$$

$$(CH_3)_3C\text{-}I \xrightarrow[S_N1]{5\%\ Acetone-H_2O} HO\text{-}C(CH_3)_3 \quad H_3C\text{-}C(CH_3)_2\text{-}OH$$

95% Acetone-H$_2$O では、溶媒の極性が比較的低いため S$_N$2 反応が起こりやすく、反応性は第1級ハロゲン化物の方が大きく CH$_3$-I $\gg$ t-Bu-I となる。一方、5% Acetone-H$_2$O 中で反応を行うと、溶媒の極性が高まり、カルボカチオン中間体を経由する S$_N$1 反応が加速される。その際、より安定な第3級のカルボカチオンを経由する t-Bu-I の方が反応性が高くなる。

(2)

(S)-2-iodobutane $\xrightarrow{95\%\ Acetone-H_2O}$ (R)-2-butanol

$\xrightarrow{5\%\ Acetone-H_2O}$ (S)-2-butanol (R)-2-butanol

比較的極性の低い (95% Acetone-H$_2$O：混合溶媒 A) 溶媒中では、S$_N$2 反応が起こりやすく立体反転を伴って (R)-2-butanol が生成するのに対して、5% Acetone-H$_2$O (混合溶媒 B) 中で反応を行うと、溶媒の極性が高まり、中間体がカルボカチオンの S$_N$1 反応が加速され、ラセミ体が生成する。

5-8

$(CH_3)_3C\text{-}Br + CH_3OH \longrightarrow (CH_3)_3C\text{-}OCH_3 + HBr$

(1) $(CH_3)_3C\text{-}Br \longrightarrow (CH_3)_3C^\oplus$

(2) $(CH_3)_3C^\oplus \xrightarrow{CH_3OH} (CH_3)_3C\text{-}\overset{\oplus}{O}(H)CH_3$

(3) $(CH_3)_3C\text{-}\overset{\oplus}{O}(H)CH_3 \xrightarrow{-H^+} (CH_3)_3C\text{-}OCH_3$

第3級ハロゲン化アルキルは、メタノールのような中性のプロトン性極性溶媒中では S$_N$1 で反応が進行し、中間に生成する平面性カルボカチオンにより、立体保持生成物と反転生成物を 1：1 (ラセミ体として) で生成する。反応速度は求核試薬 (CH$_3$OH) の濃度には無関係である。

6 アルコール・エーテル

6-1

第1級アルコール

$$CH_3-CH_2-OH \xrightarrow{[O]} CH_3-\underset{O}{\overset{\|}{C}}-H \longrightarrow CH_3-\underset{O}{\overset{\|}{C}}-OH$$
ethanol　　　　　　　　acetaldehyde　　　　　　acetic acid

第2級アルコール

$$\underset{H_3C}{\overset{H_3C}{>}}CH-OH \xrightarrow{[O]} \underset{H_3C}{\overset{H_3C}{>}}C=O$$
2-propanol　　　　　　acetone

第3級アルコール

$$H_3C-\underset{CH_3}{\overset{CH_3}{\underset{|}{\overset{|}{C}}}}-OH \xrightarrow{[O]} \nearrow\!\!\!\!/$$
2-methyl-2-propanol

6-2

(1) A：第1級アルコール　　　　B：第2級アルコール　　C：第3級アルコール

$CH_3-CH_2-CH_2-CH_2-OH$　　$CH_3-\underset{CH_3}{\overset{|}{CH}}-CH_2-OH$　　$CH_3-CH_2-\underset{OH}{\overset{|}{CH}}-CH_3$　　$H_3C-\underset{OH}{\overset{CH_3}{\underset{|}{\overset{|}{C}}}}-CH_3$

　　1-butanol　　　　2-methyl-1-propanol　　　2-butanol　　　　2-methyl-2-propanol

(2) 1-butanol と 2-butanol を生じる

$$CH_3-CH_2-CH=CH_2 \xrightarrow{H^+, H_2O} CH_3-CH_2-CH_2-CH_2-OH \quad CH_3-CH_2-\underset{OH}{\overset{|}{CH}}-CH_3$$
　　　　　　　　　　　　　　　　　　　　　　1-butanol　　　　　　　2-butanol

6 アルコール・エーテル

6-3

C₃H₈O

[A] →(K₂Cr₂O₇)

[B] →(K₂Cr₂O₇) [D] →(K₂Cr₂O₇) [E]

[C] →(K₂Cr₂O₇) [F]

[B] [C] →(H₂SO₄) [G]

A：CH₃-CH₂-O-CH₃
ethyl methyl ether

B：CH₃-CH₂-CH₂-OH
1-propanol

C：CH₃-CH-CH₃
　　　｜
　　　OH
2-propanol

D：CH₃-CH₂-C-H
　　　　　‖
　　　　　O
propanal

E：CH₃-CH₂-C-OH
　　　　　‖
　　　　　O
propionic acid

F：CH₃-C-CH₃
　　　‖
　　　O
acetone

G：CH₃-CH=CH₂
propylene

[G] →(Br₂) CH₃-CH-CH₂
　　　　　　　｜　｜
　　　　　　　Br　Br
1,2-dibromopropane

6-4

(1) C₄H₁₀O

Naと反応する：アルコール

CH₃-CH₂-CH₂-CH₂-OH
1-butanol

CH₃-CH-CH₂-OH
　　｜
　　CH₃
2-methyl-1-propanol

CH₃-CH₂-CH-CH₃
　　　　　｜
　　　　　OH
2-butanol

H₃C-C-CH₃
　　｜
　　CH₃ (上), OH (下)
2-methyl-2-propanol

(2) Naと反応しない：エーテル

CH₃-CH₂-CH₂-O-CH₃
methyl propyl ether

CH₃-CH₂-O-CH₂-CH₃
diethyl ether

CH₃-CH-O-CH₃
　　｜
　　CH₃
methyl isopropyl ether

(3) C₆H₆O

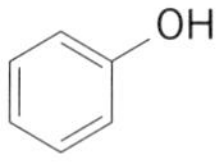

phenol (C₆H₅-OH)

6-5

(1) CH₃-O-C(CH₃)₃　methyl-t-butyl ether　2-methoxy-2-methylpropane

(2) Williamson のエーテル合成

$$R-X + R'-ONa \longrightarrow R-O-R' + NaX$$

1. $CH_3-Cl + CH_3-C(CH_3)_2-O^{\ominus} Na \xrightarrow{S_N2} CH_3-O-C(CH_3)_3 + NaCl$

2. $CH_3-C(CH_3)_2-Cl + CH_3O^{\ominus}Na^{\oplus} \xrightarrow{\text{E2 Elimination}}$ （CH₃O⁻ が β水素を引き抜く） $\longrightarrow$ (CH₃)₂C=CH₂

MTBE を得るには上の二つの反応の組み合わせが考えられる。1 の反応では S_N2 反応により MTBE を生じるが、2 の反応では第 3 級ハロゲン化アルキルのため、嵩高い置換基で込み合っており求核剤が中心炭素を攻撃することが困難となり、その代りに強塩基であるナトリウムメトキシドが β 水素を引き抜き、E2 脱離反応により 2-メチル-1-プロペンが主生成物として生じる。

6-6

(a) CH₃CH₂-Br

$CH_3-CH_2-OH \xrightarrow{HBr\ \Delta} CH_3-CH_2-\overset{+}{O}H_2 \xrightarrow{Br^{\ominus}} CH_3-CH_2-Br + H_2O$

または、

$CH_3-CH_2-OH \xrightarrow{PBr_3} CH_3-CH_2-\overset{+}{O}(H)-PBr_3^{\ominus} \longrightarrow CH_3-CH_2-\overset{+}{O}(H)-PBr_2 \xrightarrow{Br^{\ominus}} CH_3-CH_2-Br + PBr_2OH$

bromoethane

(b) CH₃CH₂-O-CH₂CH₃

$CH_3-CH_2-OH \xrightarrow[140\,℃]{H_2SO_4} CH_3-CH_2-\overset{+}{O}H_2 \xrightarrow[-H_2O]{CH_3-CH_2-\ddot{O}H} CH_3-CH_2-\overset{+}{O}(H)-CH_2-CH_3 \xrightarrow{-H^+} CH_3-CH_2-O-CH_2-CH_3$

diethyl ether

(c) CH₃-C(=O)-O-C(=O)-CH₃

$CH_3-CH_2-OH \xrightarrow{O_2} CH_3-CHO \xrightarrow{O_2} CH_3-C(=O)-OH \xrightarrow[-H_2O]{\Delta} CH_3-C(=O)-O-C(=O)-CH_3$

acetic anhydride

6 アルコール・エーテル

(d) CH$_3$-CH$_2$-CH$_2$-NH$_2$

CH$_3$-CH$_2$-OH $\xrightarrow{\text{PBr}_3}$ CH$_3$-CH$_2$-Br $\xrightarrow{\text{NaCN}}$ CH$_3$-CH$_2$-CN $\xrightarrow{\text{H}_2}$ CH$_3$-CH$_2$-CH$_2$-NH$_2$
　　　　　　　　　　　　　　　　　　　　　　　　　　　　　　　　　　　　propylamine

(e) CH$_3$-CH$_2$-CH-CH$_3$
　　　　　　　|
　　　　　　　OH

CH$_3$-CH$_2$-OH $\xrightarrow{\text{PCC}}$ CH$_3$-CH=O

↓ PBr$_3$

CH$_3$-CH$_2$-Br $\xrightarrow{\text{Mg}}$ CH$_3$-CH$_2$-MgBr → CH$_3$-CH$_2$-CH-CH$_3$ $\xrightarrow{\text{H}_2\text{O}}$ CH$_3$-CH$_2$-CH-CH$_3$
　　　　　　　　　　　　　　　　　　　　　　　　　　　　|　　　　　　　　　　　　　　　|
　　　　　　　　　　　　　　　　　　　　　　　　　　　OMgBr　　　　　　　　　　　　　OH
　　　2-butanol

(f) polyethylene

CH$_3$-CH$_2$-OH $\xrightarrow{\text{H}_2\text{SO}_4, \Delta}$ CH$_2$=CH$_2$ → -(CH$_2$-CH$_2$)$_n$-
　　　　　　　　　　　　　　　　　　　　　　　　　　　polyethylene

6-7

酸触媒の存在下、エタノールを作用させると、上の式のようにエポキシドエーテルの酸素にプロトンが付加してオキソニウムイオンを生じ、これから a、b 二つの方向で結合が開裂する可能性がある。a 開裂では安定な第3級カルボカチオン中間体を経由して S$_N$1 反応で進行する。得られる生成物は 2-ethoxy-2-methyl-1-propanol である。

C$_2$H$_5$O$^-$ のような強い求核剤の場合には、立体障害を避けるようにメチレン炭素を攻撃し、S$_N$2 反応機構で進行し、C-O 結合が b 開裂してアルコキシドイオンができる。このアニオンはエタノールからプロトンを引き抜いてアルコールとなり、エトキシドアニオンが再生する。得られる生成物は 3-ethoxy-2-methyl-2-propanol である。

6-8

(1) 分子式 C$_4$H$_{10}$O を持つアルコールはエナンチオマーも含めて5種ある。

(2) 第1級アルコールの 1-ブタノールや 2-methyl-1-propanol は、Cl$^-$ のような弱い求核剤に対しては室温下では反応が起こらず、ZnCl$_2$ のような脱水剤の存在下加熱が必要である。(R)- および (S)-2-butanol は S$_N$2 反応で、2-methyl-2-propanol は S$_N$1 反応で進行しハロゲン化物を生じる。

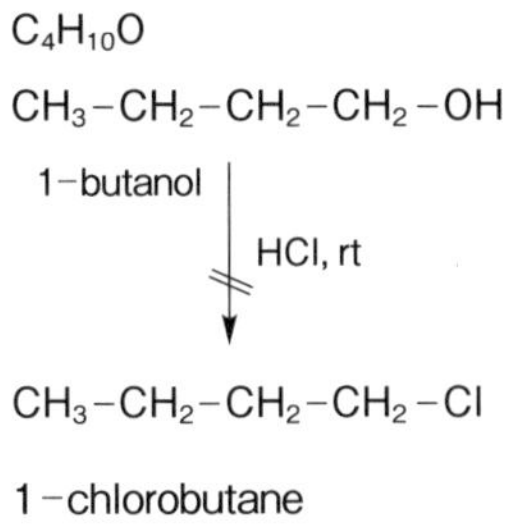

【解 答 編】

C₄H₁₀O
CH₃-CH₂-CH₂-CH₂-OH
1-butanol
↓ HCl, rt (反応せず)
CH₃-CH₂-CH₂-CH₂-Cl
1-chlorobutane

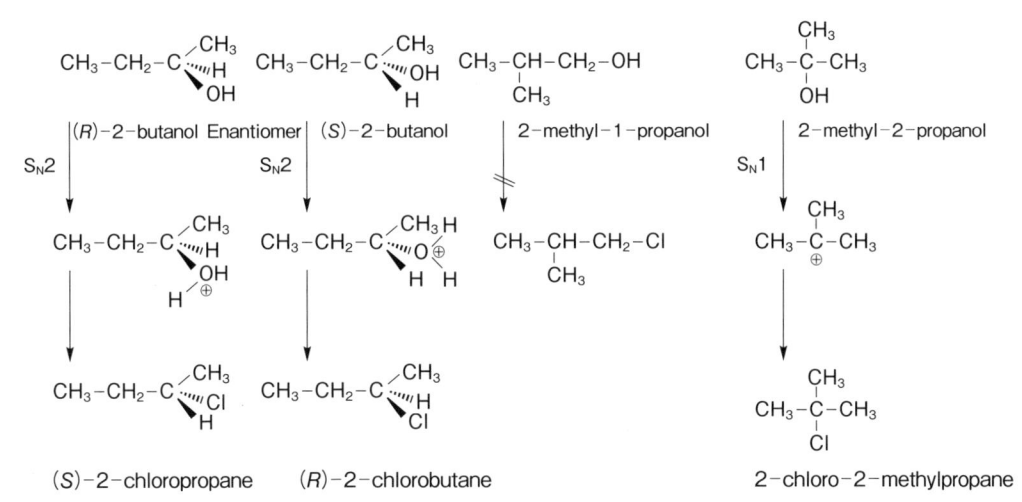

(R)-2-butanol Enantiomer	(S)-2-butanol	2-methyl-1-propanol	2-methyl-2-propanol
S_N2 ↓	S_N2 ↓	(反応せず)	S_N1 ↓

（中間体プロトン化アルコール、カルボカチオン経由）

生成物：
(S)-2-chloropropane   (R)-2-chlorobutane   2-chloro-2-methylpropane

(3) CrO₃-H₂SO₄ とアルコールとの反応では、酸化される化合物があればクロムの色は橙色から緑色に変色する。CrO₃-H₂SO₄ によるアルコールの酸化については、第1級アルコールはアルデヒドを経てカルボン酸に、第2級アルコールはケトンに酸化され、第3級アルコールは酸化されない。

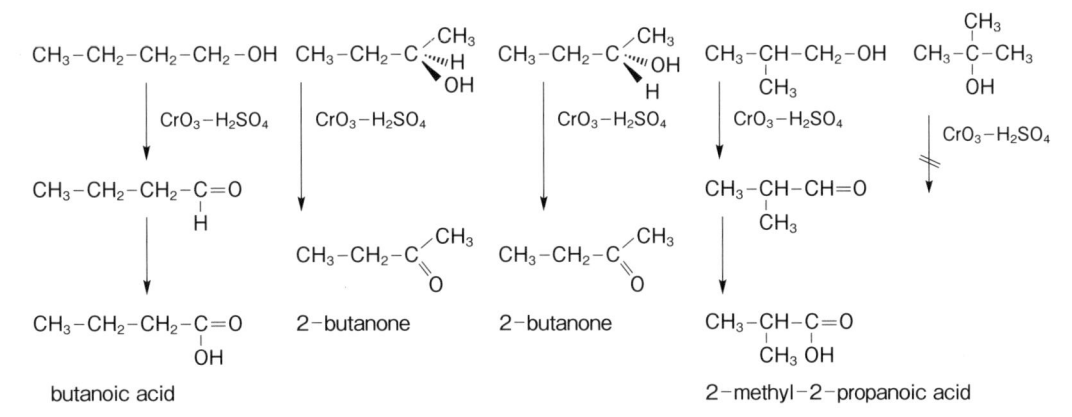

CH₃-CH₂-CH₂-CH₂-OH →(CrO₃-H₂SO₄)→ CH₃-CH₂-CH₂-CHO → CH₃-CH₂-CH₂-COOH (butanoic acid)

CH₃-CH₂-CH(OH)-CH₃ →(CrO₃-H₂SO₄)→ 2-butanone

CH₃-CH₂-CH(OH)-CH₃ →(CrO₃-H₂SO₄)→ 2-butanone

(CH₃)₂CH-CH₂-OH →(CrO₃-H₂SO₄)→ (CH₃)₂CH-CHO → 2-methyl-2-propanoic acid

(CH₃)₃C-OH →(CrO₃-H₂SO₄)→ 反応せず

(4) 問題 (2) の解答図中に記載。
(5) 問題 (2) の解答図中に記載。

6 アルコール・エーテル

(6) $(S)\text{-}C_4H_{10}O \equiv CH_3\text{-}CH_2\text{-}C(CH_3)(OH)(H)$ → [NaH] $CH_3\text{-}CH_2\text{-}C(CH_3)(O^{\ominus})(H)$ → [CH$_3$I, S$_N$2] $CH_3\text{-}CH_2\text{-}C(CH_3)(O\text{-}CH_3)(H)$ (A) (S)-2-methoxybutane

↓ CH$_3$SO$_2$Cl / pyridine

$CH_3\text{-}CH_2\text{-}C(CH_3)(O\text{-}SO_2\text{-}CH_3)(H)$ (B) → [CH$_3$ONa, S$_N$2] [遷移状態: $CH_3O^{\delta\ominus}\cdots C\cdots O\text{-}SO_2\text{-}CH_3^{\delta\ominus}$ with CH$_3$, H$_3$CH$_2$C, H] → $CH_3\text{-}O\text{-}C(CH_3)(CH_2CH_3)(H)$ (Inversion) (C) (R)-2-methoxybutane

6-9

(ア) ヨードホルム反応　(イ) 分子間脱水反応（脱水縮合）　(ウ) 分子内脱水反応
(エ) 水和反応　(オ) エステル化

[A]　　　　[B]　　　　　　　　[C]　　　　[D]　　　　[E]　　　　　[F]
CHI$_3$　CH$_3$CH$_2$-O-CH$_2$CH$_3$　CH$_2$=CH$_2$　CH$_3$CHO　CH$_3$COOH　CH$_3$COOC$_2$H$_5$

(1) CH$_3$-CH$_2$-OH →[I$_2$, NaOH]→ CHI$_3$ (A) (iodoform)

(2) CH$_3$-CH$_2$-OH →[H$_2$SO$_4$, 140℃]→ CH$_3$CH$_2$-O-CH$_2$CH$_3$ (B) (diethyl ether)

CH$_3$-CH$_2$-OH →[H$_2$SO$_4$, 170℃]→ CH$_2$=CH$_2$ (C) (ethylene)

(3) CH$_3$CH$_2$OH →[O]→ CH$_3$-CHO →[O]→ CH$_3$-COOH
　　　　　　　　　　　(D) (acetaldehyde)　　(E) (acetic acid)

CH$_3$-CH$_2$-OH →[CH$_3$COOH (E), H$_2$SO$_4$]→ CH$_3$-CO-O-CH$_2$CH$_3$ (F) (ethyl acetate)

6-10

(ア) 脱水　(イ) ジエチルエーテル　(ウ) エチレン

2 CH$_3$-CH$_2$-OH →[H$_2$SO$_4$]→ CH$_3$CH$_2$-O-CH$_2$CH$_3$ + H$_2$O　140℃
　　　　　　　　　　　　　　　(diethyl ether)

CH$_3$-CH$_2$-OH →[H$_2$SO$_4$]→ CH$_2$=CH$_2$ + H$_2$O　170℃
　　　　　　　　　　　　　(ethylene)

7 カルボニル化合物

7-1
アルドール縮合

α-炭素上に水素を持つ化合物は、塩基により水素がプロトンとして引き抜かれカルボアニオンとなる。これはもう一つのアルデヒドの正に分極した炭素を攻撃しアルドールとなる。(このアルドールは塩基性条件下でも酸性条件下でも水が取れて α,β-不飽和カルボニル化合物を生じる。)

$$CH_3-CHO \xrightarrow{{}^{\ominus}OH:} \left[{}^{\ominus}CH_2-CHO \leftrightarrow CH_2=CH-O^{\ominus} \atop \text{carbanion} \qquad \text{enolate ion} \right] \xrightarrow{CH_3CHO} CH_3-CO-CH_2-CHO \rightarrow CH_3-CH(OH)-CH_2-CHO$$

aldol (3-hydroxybutanal)

塩基性条件: ${}^{\ominus}OH$ により脱水 → 2-butenal (crotonaldehyde) $CH_3-CH=CH-CHO$

酸性条件: $H^{\oplus}$ によるプロトン化 → $-H_2O$ → $-H^{\oplus}$ → $CH_3-CH=CH-CHO$

7-2
Grignard 反応

ハロゲン化アルキルやハロゲン化アリールと金属マグネシウムから得られる Grignard 試薬(有機金属化合物)は、各種カルボニル化合物の炭素に求核付加して作用させた後に加水分解すると相当するアルコールを生じる。

Formaldehyde $H_2C=O \xrightarrow{R-MgX} R-CH_2-O-MgX \xrightarrow{H_2O} R-CH_2-OH$ Primary alcohol

Aldehyde $R_1CH=O \xrightarrow{R-MgX} R-CHR_1-O-MgX \xrightarrow{H_2O} R-CHR_1-OH$ Secondary alcohol

Ketone $R_1R_2C=O \xrightarrow{R-MgX} R-CR_1R_2-O-MgX \xrightarrow{H_2O} R-CR_1R_2-OH$ Tertiary alcohol

7 カルボニル化合物

7-3 (問 7-1 と類題)

$$CH_3-C(=O)-H \xrightarrow{{}^{\ominus}OH} \left[\overset{\ominus}{:}CH_2-\underset{O}{\overset{\|}{C}}-H \leftrightarrow CH_2=\underset{\overset{\|}{:\overset{..}{O}}{}^{\ominus}}{C}-H \right] + H_2O$$

carbanion (1) enolate ion

$$(1) + CH_3-C(=O)-H \longrightarrow CH_3-\underset{\overset{|}{:\overset{..}{O}}{}^{\ominus}}{\overset{H}{\underset{|}{C}}}-CH_2-C(=O)-H \quad (2)$$

$$(2) + H_2O \longrightarrow CH_3-\underset{OH}{\overset{H}{\underset{|}{C}}}-CH_2-C(=O)-H \quad (3)$$

7-4 (問 7-1, 7-3 と類題)

$$CH_3-C(=O)-H \xrightarrow{{}^{\ominus}OH} \left[\overset{\ominus}{:}CH_2-\underset{O}{\overset{\|}{C}}-H \leftrightarrow CH_2=\underset{\overset{\|}{:\overset{..}{O}}{}^{\ominus}}{C}-H \right] \xrightarrow{CH_3-C(=O)-H} CH_3-\underset{\overset{|}{:\overset{..}{O}}{}^{\ominus}}{\overset{H}{\underset{|}{C}}}-CH_2-C(=O)-H \longrightarrow CH_3-\underset{OH}{\overset{H}{\underset{|}{C}}}-CH_2-C(=O)-H$$

carbanion   enolate ion

7-5

$$CH_3CH_2-OH \xrightarrow{Na_2Cr_2O_7} CH_3-C(=O)-H$$

$$Ph-MgBr$$

$$\xrightarrow{H_2O} Ph-\underset{OH}{\overset{H}{\underset{|}{C}}}-CH_3 \xleftarrow{LiAlH_4} Ph-C(=O)-CH_3$$

7-6 (問 7-2 と類題)

(1)
$$\underset{\text{Aldehyde}}{\overset{R_1}{\underset{H}{>}}C=O} \xrightarrow{R-MgX} \underset{H}{\overset{R_1}{\underset{|}{R-C-O-MgX}}} \xrightarrow{H_2O} \underset{\underset{\text{Secondary alcohol}}{H}}{\overset{R_1}{\underset{|}{R-C-O-H}}}$$

(2)
$$\underset{\text{Ketone}}{\overset{R_1}{\underset{R_2}{>}}C=O} \xrightarrow{R-MgX} \underset{R_2}{\overset{R_1}{\underset{|}{R-C-O-MgX}}} \xrightarrow{H_2O} \underset{\underset{\text{Tertiary alcohol}}{R_2}}{\overset{R_1}{\underset{|}{R-C-O-H}}}$$

(3)
$$\underset{\text{Ester}}{\overset{R_1}{\underset{R_2O}{>}}C=O} \xrightarrow{R-MgX} \underset{OR_2}{\overset{R_1}{\underset{|}{R-C-O-MgX}}} \xrightarrow{-R_2-OMgX} \overset{R_1}{\underset{|}{R-C=O}}$$

$$\xrightarrow{R-MgX} \underset{R}{\overset{R_1}{\underset{|}{R-C-O-MgX}}} \xrightarrow{H_2O} \underset{\underset{\text{Tertiary alcohol}}{R}}{\overset{R_1}{\underset{|}{R-C-O-H}}}$$

7-7 (問 7-2, 7-6 と類題)

(1) アルデヒド

$$\underset{\text{Aldehyde}}{\overset{R_1}{\underset{H}{>}}C=O} \xrightarrow{R-MgX} \underset{H}{\overset{R_1}{\underset{|}{R-C-O-MgX}}} \xrightarrow{H_2O} \underset{\underset{\text{Secondary alcohol}}{H}}{\overset{R_1}{\underset{|}{R-C-O-H}}}$$

(2) ケトン

$$\underset{\text{Ketone}}{\overset{R_1}{\underset{R_2}{>}}C=O} \xrightarrow{R-MgX} \underset{R_2}{\overset{R_1}{\underset{|}{R-C-O-MgX}}} \xrightarrow{H_2O} \underset{\underset{\text{Tertiary alcohol}}{R_2}}{\overset{R_1}{\underset{|}{R-C-O-H}}}$$

(3) エポキシド

$$\underset{\text{Epoxide}}{\triangle_O} \xrightarrow{R-MgX} R-CH_2CH_2\ OMgX \xrightarrow{H_2O} \underset{\text{Primary alcohol having two more carbon}}{R-CH_2CH_2-OH}$$

7 カルボニル化合物

(4) 二酸化炭素

$$O=C=O \xrightarrow{R-MgX} R-\underset{\underset{O}{\|}}{C}-OMgX \xrightarrow{H_2O} R-\underset{\underset{O}{\|}}{C}-OH$$

carbon dioxide　　　　　　　　　　　　　　carboxylic acid

(5) 重水

$$D_2O \xrightarrow{R-MgX} R-D + MgX(OD)$$

heavy water

7-8

アセトアルデヒドは α-水素を持つので下記の反応機構でアルドール縮合生成物を生じるが、ベンズアルデヒドは α-水素を持たないのでアルドール縮合生成物を生じない。その代り、ヒドリドイオン転位に基づく酸化還元反応を行い、対応するカルボン酸塩とアルコールを1分子ずつ生じる Cannizzaro 反応が起こる。それらは酸と反応して安息香酸とベンジルアルコールを生じる。

$$CH_3-\underset{\underset{O}{\|}}{C}-H \xrightarrow{^{\ominus}OH} \left[:CH_2-\underset{\underset{O}{\|}}{C}-H \leftrightarrow CH_2=\underset{\underset{O^{\ominus}}{|}}{C}-H \right] \xrightarrow{CH_3-\underset{\underset{O}{\|}}{C}-H} CH_3-\underset{\underset{O^{\ominus}}{|}}{\overset{H}{C}}-CH_2-\underset{\underset{O}{\|}}{C}-H \longrightarrow CH_3-\underset{\underset{OH}{|}}{\overset{H}{C}}-CH_2-\underset{\underset{O}{\|}}{C}-H$$

ベンズアルデヒド + $^{\ominus}OH$ → 中間体 → ベンゾエート + ベンジルオキシド → 安息香酸イオン + ベンジルアルコール (phenylmethanol)

↓ H_3O^+

安息香酸 (benzoic acid)

7-9 (問 7-1, 7-3, 7-4, 7-8 と類題)

$$CH_3-\underset{\underset{O}{\|}}{C}-H \xrightarrow{^{\ominus}OH} \left[:CH_2-\underset{\underset{O}{\|}}{C}-H \leftrightarrow CH_2=\underset{\underset{O^{\ominus}}{|}}{C}-H \right] \xrightarrow{CH_3-\underset{\underset{O}{\|}}{C}-H} CH_3-\underset{\underset{O^{\ominus}}{|}}{\overset{H}{C}}-CH_2-\underset{\underset{O}{\|}}{C}-H \longrightarrow CH_3-\underset{\underset{OH}{|}}{\overset{H}{C}}-CH_2-\underset{\underset{O}{\|}}{C}-H$$

7-10

(1) フェーリング反応をする。

$$CH_3-CH_2-CH_2-\underset{\underset{O}{\|}}{C}-H \quad \text{butanal} \qquad CH_3-\underset{\underset{}{\overset{CH_3}{|}}}{CH}-\underset{\underset{O}{\|}}{C}-H \quad \text{2-methylpropanal}$$

(2) ハロホルム反応をする。

CH₃-C-CH₂-CH₃ 2-butanone
   ‖
   O

CH₃-CH-CH=CH₂ 3-hydroxy-1-butene
   |
   OH

(3) 還元生成物

CH₃-CH₂-CH₂-C-H ⟶ CH₃-CH₂-CH₂-CH₂-OH 1-butanol
           ‖
           O

CH₃-CH-C-H ⟶ CH₃-CH-CH₂ 2-methyl-1-propanol
  | ‖ | |
  CH₃ O   CH₃ OH

CH₃-C-CH₂-CH₃ ⟶ CH₃-CH-CH₂-CH₃ 2-butanol
   ‖ |
   O   OH

CH₃-CH-CH=CH₂ ⟶ CH₃-CH-CH₂-CH₃ 2-butanol
   | |
   OH   OH

7-11

$$\begin{array}{c}O\\ \|\\ C-OEt\\ <\\ C-OEt\\ \|\\ O\end{array} + \begin{array}{c}Br\\ |\\ \\ |\\ Br\end{array} \xrightarrow[C_2H_5OH]{C_2H_5O^⊖} \xrightarrow{H_3O^+, \Delta} \bigcirc-COOH \quad C_6H_{11}COOH$$

反応機構

(mechanism diagram showing stepwise alkylation of diethyl malonate with 1,4-dibromobutane via ethoxide, intramolecular cyclization, hydrolysis with H₃O⁺, and decarboxylation with −CO₂ to give cyclohexanecarboxylic acid)

7-12

(1) 通常、触媒としてはエトキシドアニオン（C₂H₅O⁻）が用いられる。
(2) 塩基の存在下，α,β-不飽和カルボニル化合物（3-ブテン-2-オン）に活性メチレン（マロン酸ジエチル）のカルバニオンが1,4-付加する反応であり、次の反応機構により進行し飽和ケトン化合物を生じる。

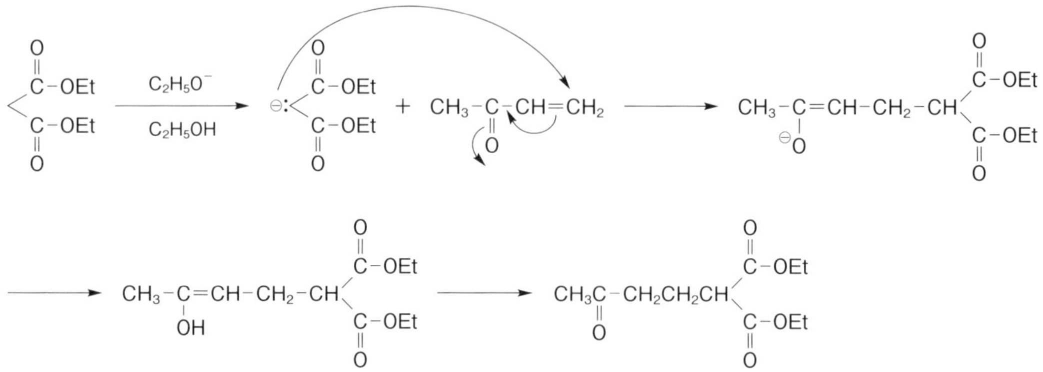

7 カルボニル化合物

[反応機構図: マロン酸ジエチル + C₂H₅O⁻/C₂H₅OH → カルバニオン + CH₃-C(=O)-CH=CH₂ → Michael付加生成物 → エノール形 → ケト形 CH₃C(=O)-CH₂CH₂CH(C(=O)OEt)₂]

7-13

(a) 化合物 (1) は 3-ヒドロキシ-2-ブタナール、(2) は 2-ブテナール (クロンアルデヒド)、(3) は 2-ブテン-1-オール、(4) は 1-ブタノールで、それぞれ下記の式に示されている。

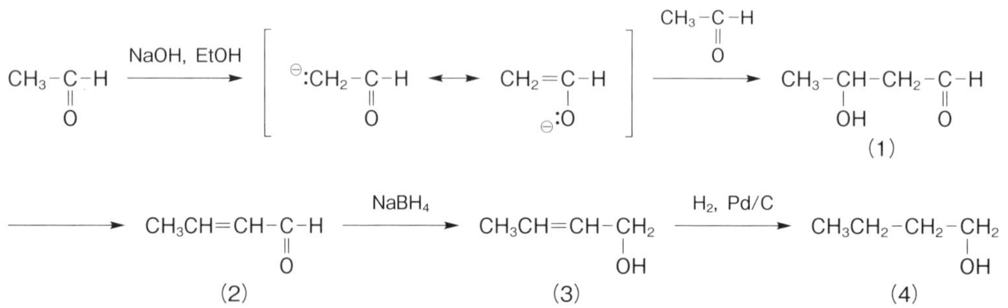

[反応式: CH₃CHO → NaOH, EtOH → [⁻:CH₂-CHO ↔ CH₂=CH-O:⁻] → CH₃CHO → CH₃CH(OH)CH₂CHO (1) → CH₃CH=CH-CHO (2) → NaBH₄ → CH₃CH=CHCH₂OH (3) → H₂, Pd/C → CH₃CH₂CH₂CH₂OH (4)]

(b) 1-ブタノールの構造異性体

CH₃-CH₂-CH₂-CH₂-OH   CH₃-CH₂-CH(OH)-CH₃   CH₃-CH(CH₃)-CH₂-OH   (CH₃)₃C-OH
1-butanol   2-butanol   2-methyl-1-propanol   2-methyl-2-propanol

7-14

塩基の存在下、α,β-不飽和カルボニル化合物 (メチルビニルケトン) に活性メチレン化合物 (マロン酸ジエチル) を作用させると 1,4-付加 (Michael 付加反応) し、その後、酸触媒の存在下加熱によりエステルの加水分解、続いて脱炭酸によりカルボン酸を生じる。

(1)

$$\underset{\substack{\text{CH}_2(\text{CO}_2\text{Et})_2}}{\overset{\text{C}_2\text{H}_5\text{O}^-}{\longrightarrow}} \,\, ^{\ominus}\!\text{CH}(\text{CO}_2\text{Et})_2 \; + \; \text{CH}_3\text{-C(=O)-CH=CH}_2 \longrightarrow \text{CH}_3\text{-C(O}^{\ominus}\text{)=CH-CH}_2\text{-CH(CO}_2\text{Et)}_2$$

$$\longrightarrow \text{CH}_3\text{-C(OH)=CH-CH}_2\text{-CH(CO}_2\text{Et)}_2 \longrightarrow \text{CH}_3\text{-CO-CH}_2\text{-CH}_2\text{-CH(CO}_2\text{Et)}_2$$

(2)

$$\overset{\text{H}^+}{\longrightarrow} \text{CH}_3\text{-CO-CH}_2\text{-CH}_2\text{-CH(CO}_2\text{Et)}_2 \xrightarrow[-\text{CO}_2]{\Delta} \text{CH}_3\text{-CO-CH}_2\text{-CH}_2\text{-CH}_2\text{-CO-OH}$$

7-15　(問 7-2, 7-6, 7-7 と類題)

アルデヒド、ケトンにグリニャール試薬を作用させると、有機金属化合物が生じ、これを水で分解すると、第2級アルコールまたは第3級アルコールが生成する。

$$\underset{\text{Aldehyde}}{\overset{R_1}{\underset{H}{>}}\!\!\text{C}\!=\!\overset{\delta\oplus\;\delta\ominus}{O}} \xrightarrow{\text{R-MgX}} \underset{H}{\overset{R_1}{\underset{|}{R\!-\!\text{C}\!-\!\text{O-MgX}}}} \xrightarrow{\text{H}_2\text{O}} \underset{\underset{\text{Secondary alcohol}}{H}}{\overset{R_1}{\underset{|}{R\!-\!\text{C}\!-\!\text{O-H}}}}$$

$$\underset{\text{Ketone}}{\overset{R_1}{\underset{R_2}{>}}\!\!\text{C}\!=\!\overset{\delta\oplus\;\delta\ominus}{O}} \xrightarrow{\text{R-MgX}} \underset{R_2}{\overset{R_1}{\underset{|}{R\!-\!\text{C}\!-\!\text{O-MgX}}}} \xrightarrow{\text{H}_2\text{O}} \underset{\underset{\text{Tertiary alcohol}}{R_2}}{\overset{R_1}{\underset{|}{R\!-\!\text{C}\!-\!\text{O-H}}}}$$

8 カルボン酸誘導体

7-16

(A) は 3-メチル-3-ヘキサノール、(B) は下段の 5 種類。

$$CH_3-CH_2-\underset{O}{\overset{\|}{C}}-CH_2-CH_2-CH_3 \xrightarrow{CH_3-MgBr} CH_3-CH_2-\underset{OMgBr}{\overset{CH_3}{\underset{|}{C}}}-CH_2-CH_2-CH_3 \xrightarrow[H_2O]{H^+} CH_3-CH_2-\underset{OH}{\overset{CH_3}{\underset{|}{C}}}-CH_2-CH_2-CH_3 \xrightarrow{H^+}$$

3-methyl-3-hexanol (A)

$CH_3-CH_2-\underset{\|}{\overset{CH_2}{C}}-CH_2-CH_2-CH_3$ 2-ethyl-1-pentene

(Z)-3-methyl-2-hexene

(E)-3-methyl-2-hexene

(Z)-3-methyl-3-hexene

(E)-3-methyl-3-hexene

7-17

フェニルマグネシウムブロミドとプロパナールを作用させると 1-フェニル-1-プロパノールを生じる。

$$C_6H_5MgBr + CH_3-CH_2-CHO \longrightarrow CH_3-CH_2-\underset{OH}{\overset{}{\underset{|}{C}H}}-C_6H_5 \quad \text{1-phenyl-1-propanol}$$

8 カルボン酸誘導体

8-1

カルボン酸の酸性度

$$Cl-CH_2-\underset{O}{\overset{\|}{C}}-OH > \text{C}_6\text{H}_5-CH_2-\underset{O}{\overset{\|}{C}}-OH > CH_3-\underset{O}{\overset{\|}{C}}-OH$$

ハロゲン基は電子求引性基

アリール基もハロゲンほどではないが電子求引性基

(sp^2 構造の不飽和結合を持つグループが置換すると、s 性の増大とともに電子求引性が増し、酸性は強くなる。)

$$Cl-CH_2-\underset{O}{\overset{\|}{C}}-OH > \text{C}_6\text{H}_5-CH_2-\underset{O}{\overset{\|}{C}}-OH > CH_3-\underset{O}{\overset{\|}{C}}-OH$$

ちなみに、

$$Cl-CH_2-\underset{O}{\overset{\|}{C}}-OH > \text{C}_6\text{H}_5-CH_2-\underset{O}{\overset{\|}{C}}-OH > CH_3-\underset{O}{\overset{\|}{C}}-OH$$

| pK_a | 2.86 | 4.31 | 4.76 |

8-2

CH$_3$-COOH > CH$_3$CH$_2$-OH > CH$_3$CH$_3$

酢酸はO-H間で分極し結合が弱くなっている。

$$CH_3-\overset{\delta\ominus\;\;\delta\oplus}{C-O-H}$$
$$\;\;\;\;\;\;\parallel$$
$$\;\;\;\;\;\;O$$

さらに
$$\left[CH_3-C-\ddot{O}-H \longleftrightarrow CH_3-C=\overset{\oplus}{O}-H \right]$$
$$\;\;\;\;\;\;\;\;\;\parallel\;|$$
$$\;\;\;\;\;\;\;\;\;O\;O^{\ominus}$$
の共鳴によりO-H結合が弱くなっている。

プロトンが外れたカルボキシラートイオンは共鳴により安定化するため酸性となりやすい。

$$CH_3-C-O-H \longrightarrow \left[CH_3-C-O^{\ominus} \longleftrightarrow CH_3-C=O \right] + H^{\oplus}$$
$$\;\;\;\;\;\;\parallel\;\parallel\;|$$
$$\;\;\;\;\;\;O\;O\;O^{\ominus}$$

エタノールはCH$_3$-CH$_2$-$\overset{\delta\ominus\;\;\delta\oplus}{O-H}$のように分極しO-Hの結合が弱くなっている。

プロトンが外れたアルコキシドイオンには共鳴による安定化効果がないので、アルコキシドイオンになりにくい。すなわち酸性度は弱い。

CH$_3$-CH$_2$-O-H $\longrightarrow$ CH$_3$-CH$_2$-O$^{\ominus}$ + H$^{\oplus}$

エタンはC-H間の分極もなく切れにくい。また、プロトンが外れたエチルアニオンは共鳴による安定化もないので酸性度は非常に小さい。 CH$_3$-CH$_3$ $\longrightarrow$ CH$_3$-CH$_2^{\ominus}$ + H$^{\oplus}$

したがって酸性度の順番は次のようになる。 CH$_3$-COOH > CH$_3$-CH$_2$-O-H > CH$_3$-CH$_3$

(pK_a 4.74 　　　　　　 15.9 　　　　　　 42)

8-3

Fischerのエステル化

CH$_3$-COOH + CH$_3$-OH $\xrightarrow{\text{conc. H}_2\text{SO}_4,\;\Delta}$ CH$_3$-CO-OCH$_3$ + H$_2$O

8-4

(1) 単純なカルボン酸は、ベンゼンのような無極性溶媒中では環状二量体として存在している。すなわち、カルボン酸のカルボニル基、水酸基は電気陰性度（O＞C＞H）の差によりそれぞれ分極しており、カルボニル基と水酸基は、互いにもう一つの分子の水酸基とカルボニル基との間で二つの水素結合により環状二量体を形成して安定化している。

$$R-\underset{\delta\oplus}{C}\overset{\overset{\delta\ominus}{O}-----\overset{\delta\oplus}{H}-\overset{\delta\ominus}{O}}{\underset{\underset{\delta\ominus}{O}-\underset{\delta\oplus}{H}-----\underset{\delta\ominus}{O}}{}}\underset{\delta\oplus}{C}-R$$

カルボン酸は、水溶液中ではカルボキシル基の中のOHは水溶液で一部イオン解離し酸性を示す。

R-C-O-H $\longrightarrow$ R-C-O$^{\ominus}$ + H$^{\oplus}$
$\;\;\;\;\parallel\;\parallel$
$\;\;\;\;O\;O$

8 カルボン酸誘導体

(2) 酸の強度について（問 8-1 と類題）

R-CH$_2$-COOH

R = ハロゲン基、電子求引性基

R = アリール基、ハロゲンほどではないが電子求引性基
　（sp^{2}構造の不飽和結合を持つグループが置換すると、s性の増大とともに電子求引性が増し、酸性は強くなる。）

(3) カルボン酸の合成法

$$R-CH_2-OH \xrightarrow{K_2Cr_2O_7-H_2SO_4} R-\underset{\underset{O}{\|}}{C}-H \xrightarrow{K_2Cr_2O_7-H_2SO_4} R-\underset{\underset{O}{\|}}{C}-O-H$$

第1級アルコールに K$_2$Cr$_2$O$_7$-H$_2$SO$_4$ のような酸化剤を作用させると、アルデヒドを経由してカルボン酸を与える。

(4) ギ酸と酢酸の見分け方

$$H-\underset{\underset{O}{\|}}{C}-O-H \quad\quad CH_3-\underset{\underset{O}{\|}}{C}-OH$$

ギ酸はカルボキシル基を持つと同時にアルデヒド基を持つため、アルデヒド基の検出反応を行うことによりギ酸と酢酸を区別することができる。

アルデヒドの検出反応

・フェーリング溶液の還元（赤褐色の沈殿）

$$R-\underset{\underset{O}{\|}}{C}-H + 2Cu^{2+} + 5OH^{\ominus} \longrightarrow R-\underset{\underset{O}{\|}}{C}-O^{\ominus} + Cu_2O\downarrow + 3H_2O$$

・アンモニア性硝酸銀溶液による銀鏡反応（銀鏡の生成）

$$R-\underset{\underset{O}{\|}}{C}-H + 2[Ag(NH_3)_2](OH) + OH^{\ominus} \longrightarrow R-\underset{\underset{O}{\|}}{C}-O^{\ominus} + 2Ag\downarrow + 4NH_3 + 2H_2O$$

また、ヨードホルム反応により見分けることもできる。

酢酸は CH$_3$-(C=O)-基を持つ化合物であり、NaOH の存在下ハロゲン X$_2$ と反応して特異臭を持つ黄色結晶 CHX$_3$ とカルボン酸のナトリウム塩（ここでは炭酸ナトリウム）を生じる。

8-5

問 8-1 と類題。

8-6

酢酸のメチル基の水素が電子求引性のハロゲンに置き換わると、Cl-C 結合の電子対が Cl の方に引き寄せられ炭素の電子密度が減少する。この電子求引性誘起効果が順次 O-H の H まで伝達される結果、さらに H$^+$ として離れやすくなる。すなわち酸性度が増す。

$$\overset{\delta\ominus}{Cl} \leftarrow \underset{\underset{H}{|}}{\overset{\overset{H}{|}}{\overset{\delta\oplus}{C}}} \leftarrow \underset{\underset{O}{\|}}{C} \leftarrow O \leftarrow H$$

【解答編】

8-7 (問 8-3 〈ヒント〉参照)

$$CH_3\text{-}COOH + CH_3\text{-}CH_2\text{-}OH \xrightleftharpoons[]{conc. H_2SO_4, \Delta} CH_3\text{-}CO\text{-}OCH_2\text{-}CH_3 + H_2O$$

8-8

o-ヒドロキシ安息香酸 (A)、p-ヒドロキシ安息香酸 (B) について

(1) 置換基の酸性度の強さ　OH ＜ COOH

(2) 酸性度

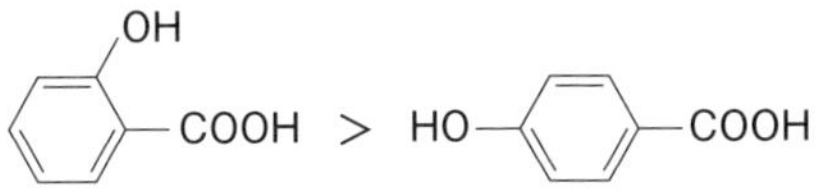

(A) サリチル酸構造 ＞ (B) p-ヒドロキシ安息香酸構造

(3) (A) からプロトンが外れたカルボン酸アニオンは、o-位の分極した水素との間で分子内水素結合を形成して安定化するため酸性度が大きい。

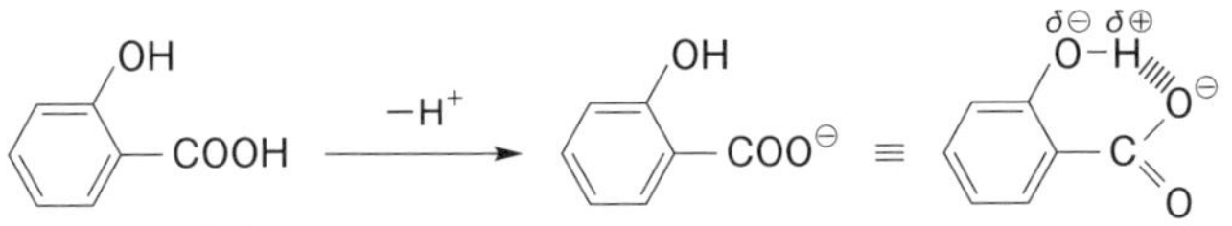

(4) (A) のカルボキシル基の C=O 結合、水酸基の O-H 結合は、その電気陰性度の差により下図のように分極するが、カルボキシル基と水酸基がオルト位にあるため、カルボキシル基の酸素と水酸基の水素との間で分子内水素結合をして安定化している。

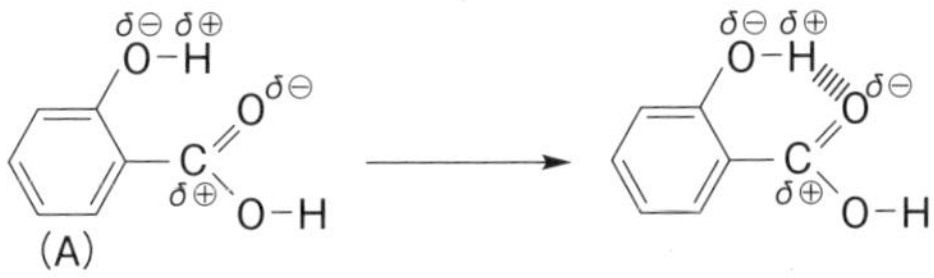

(5) o-ヒドロキシ安息香酸 (サリチル酸)

(6) メタノール、硫酸との反応 (エステル化)：サリチル酸メチル (鎮痛塗布薬)

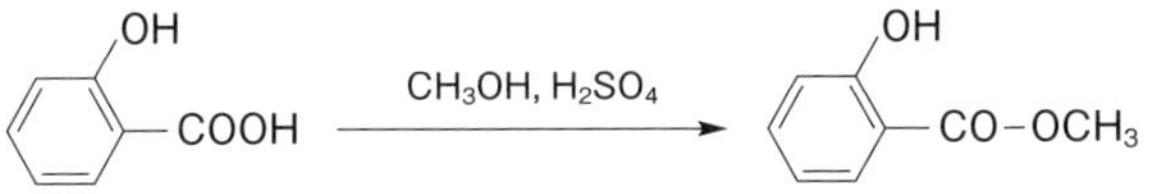

無水酢酸との反応 (アシル化)：アセチルサリチル酸 (解熱剤)

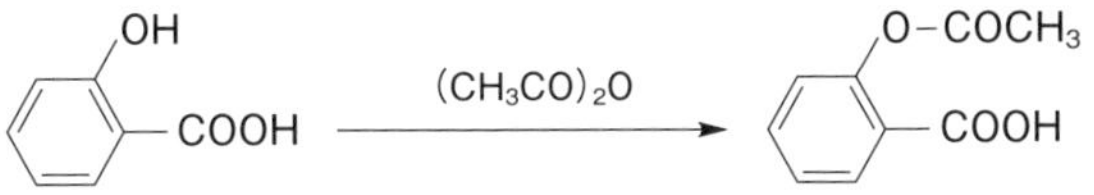

8-9

(1) R-COOH 分子量 60

(2) カルボン酸の示性式：CH$_3$-COOH　　名称：酢酸

(3) 同じ分子式を持つエステル：H-COOCH$_3$　　名称：ギ酸メチル

8 カルボン酸誘導体

8-10

(1) $CH_3-COOH + CH_3CH_2CH_2-OH \underset{}{\overset{\text{conc. } H_2SO_4, \Delta}{\rightleftharpoons}} CH_3-CO-OCH_2CH_2CH_3 + H_2O$

(2) 平衡定数 K_{eq} は次の式となる。

$$K_{eq} = \frac{[CH_3COOCH_2CH_2CH_3][H_2O]}{[CH_3COOH][CH_3CH_2CH_2OH]}$$

(3)

$CH_3-COOH + CH_3CH_2CH_2-OH \underset{}{\overset{\text{conc. } H_2SO_4, \Delta}{\rightleftharpoons}} CH_3-CO-OCH_2CH_2CH_3 + H_2O$

$t=0$	a mol	b mol	0 mol	0 mol
t	$(a-x)$ mol	$(b-x)$ mol	x mol	x mol

$K_{eq} = 4 = x \cdot x/(a-x)(b-x)$ より 2 次方程式 $3x^2 - 20x + 24 = 0$ を解くと $x = \frac{10 + 2\sqrt{7}}{3}$ 、$\frac{10 - 2\sqrt{7}}{3}$ より $\sqrt{7} = 2.6$ をもちいて、また $x < 2$ であることから $x = 1.6$

8-11

カルボン酸エステルの加水分解

・酸性条件下

最初に使用したプロトンは反応途中で脱プロトン化して再生されるので触媒量でよい。

・塩基性条件下

最初に使用した OH^- はエステルの中に取り込まれ使用されてしまうので、化学量論量必要となる。

8-12

(a) $CH_3COOH > CH_3CH_2OH$

カルボン酸からプロトンが外れたカルボキシラートイオンは、共鳴により二つの酸素原子が負電荷を非局在化し安定に存在するため、酸性が強い。

アルコールからプロトンの外れたアルコキシドイオンでは、負電荷は一つの酸素原子上にだけ局在化して不

安定であるため、酸性が非常に弱い。

CH₃CH₂-OH ⟶ CH₃CH₂-O⁻ + H⁺

したがって、カルボン酸の方がアルコールよりも酸性度が大きい。

(b) F-CH₂COOH > Br-CH₂COOH

フッ素と臭素ではその電気陰性度がF＞Brであるため、フッ素置換酢酸の方がC-X結合の電子をより強くハロゲンXの方に引き付ける（ハロゲンの電子求引性誘起効果）。その効果がO-H結合にまで影響を与えることから酸性度が大きい。

$$\overset{\delta-}{F} \leftarrow \overset{H}{\underset{H}{\overset{|}{C}}} \overset{\delta+}{\leftarrow} \overset{}{\underset{O}{\overset{\|}{C}}} \leftarrow O \leftarrow H \qquad \overset{\delta-}{Br} \leftarrow \overset{H}{\underset{H}{\overset{|}{C}}} \overset{\delta+}{\leftarrow} \overset{}{\underset{O}{\overset{\|}{C}}} \leftarrow O \leftarrow H$$

(c) F-CH₂COOH > F-CH₂CH₂COOH

左のカルボン酸の方がFの置換位置がカルボキシル基から近いので、より強くハロゲンの電子求引性誘起効果を示す。

(d) エチレン ＜ アセチレン

CH₃-CH₃ ＜ CH₂=CH₂ ＜ HC≡CH

s軌道はp軌道に比べ原子核の近くに存在するため、s軌道の電子の方が原子核に強く引き付けられている。したがって、s軌道とp軌道が混成してできた混成軌道（sp, sp², sp³）と水素の1s軌道との重なりでできた炭素-水素結合の結合電子は、炭素の混成軌道中のs軌道の割合が大きいほど炭素原子の近くにひきつけられている。sp混成軌道におけるs軌道の寄与は50％で、sp²（33％）やsp³（25％）よりも大きく、アセチレンのC-H結合の結合電子は炭素によりひきつけられている。このことから、アセチレンはHをプロトン（H⁺）として放出しやすい。すなわち、より酸性度が大きい。

8-13

酸性の強さ　(a) ＞ (c) ＞ (b)

カルボン酸からプロトンが外れたカルボキシラートイオンは、共鳴により二つの酸素原子が負電荷を非局在化しているため安定に存在するので、酸性が強い。

$$CH_3CH_2-\underset{O}{\overset{\|}{C}}-O-H \longrightarrow \left[CH_3CH_2-\underset{O}{\overset{\|}{C}}-O^{-} \longleftrightarrow CH_3CH_2-\underset{O^-}{\overset{\|}{C}}=O \right] + H^{+}$$

シクロヘキサノールからプロトンの外れたアルコキシドイオンでは、負電荷は一つの酸素原子上にだけ局在化して不安定である。酸性が非常に弱い。

フェノールからプロトンが外れたフェノキシドイオンは、共鳴により安定化できるのでアルコールよりも酸性が強い。しかし、共鳴極限構造式のうち真ん中の三つの構造式は芳香族性を破壊するために寄与は小さく、フェノキシドイオンにおける負電荷の非局在化の程度はカルボキシラートイオンの場合ほど大きくない。したがって、酸性はカルボン酸より弱い。

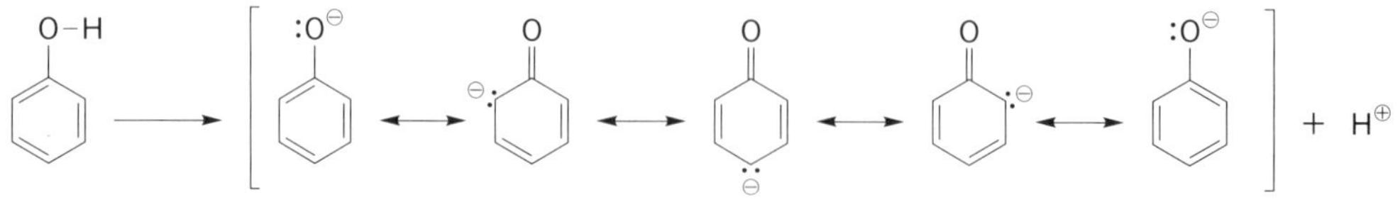

9 アミン

[フェノールの共鳴構造式] + H⁺

8-14
(1) $CH_3CH_2OH < CH_3COOH$
(2) $CH_3CH_2COOH < CH_3CH(Cl)COOH$
(3) $ClCH_2CH_2COOH < CH_3CH(Cl)COOH$
(4) フェノール > シクロヘキサノール
（理由についてはヒント参照）

9 アミン

9-1
塩基性の順序

$(CH_3)_2NH > CH_3CH_2NH_2 >$ アニリン($C_6H_5NH_2$)

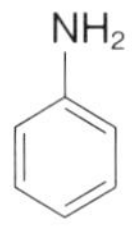

アミンの塩基性とは窒素上の非共有電子対をプロトンなどに与える性質であり、この窒素にメチル基やエチル基（アルキル基）などの電子供与性基が結合すると窒素上の電子密度を高める。ジメチルアミンには二つのアルキル基が結合しているためより塩基性が強い。

R → N(H)(:)—

一方、アニリンは窒素上の非共有電子対が共鳴によりベンゼン環に非局在化し安定化する。したがって、窒素上の非共有電子対の電子供与能が低下し塩基性が減少する。

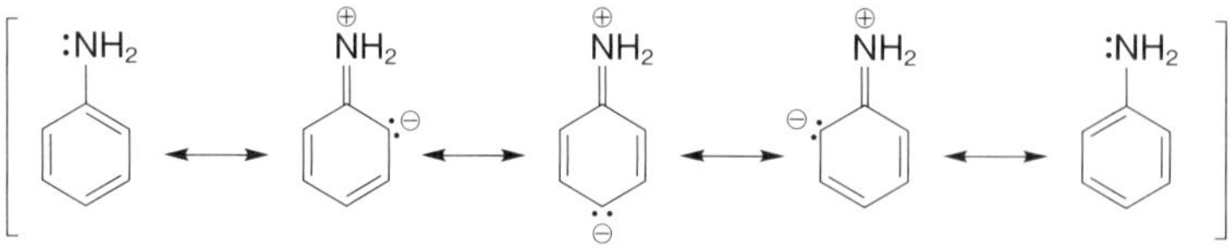

[アニリンの共鳴構造式]

以上の結果、上の塩基性の順番となる。

9-2

窒素原子は sp³ 混成軌道をとっており、そのためアンモニア (NH₃) は三角錐状で、非共有電子対も含めるとほぼ正四面体型構造をとっている。

$$\text{H--N(H)(H)} \rightleftharpoons \text{R}_1\text{--N(R}_2\text{)(R}_3\text{)} \rightleftharpoons [\text{平面状遷移状態}] \rightleftharpoons \text{反転した構造}$$

(アミンの正四面体構造は室温下で正三角形型の平面状遷移状態を経由して反転を起こし、非常に速い相互変換を行っている。したがって、第3級アミンの場合でも鏡像異性体に分割し、それぞれを単離することはできない。)

9-3

酸アミドは

$$\left[H_3C-\underset{O}{\overset{}{C}}-\ddot{N}H_2 \longleftrightarrow H_3C-\underset{:\overset{\ominus}{O}}{\overset{}{C}}=\overset{\oplus}{N}H_2 \right]$$

の共鳴により、窒素上の電子密度が低下し、窒素上の非共有電子対の供与能が減少し、塩基性が非常に弱くなる。メチルアミンはメチル基の電子供与性のため、窒素上の電子密度が高くなる。そのため、メチルアミンは塩基性が大きい。アニリンは窒素上の非共有電子対がベンゼンに流れ、共鳴によって非局在化するため安定に存在する。これにより窒素上の電子密度は低くなり塩基性は小さくなる。したがって、塩基性の順番は次のようになる。

$$CH_3\ddot{N}H_2 \;>\; C_6H_5\text{-}\ddot{N}H_2 \;>\; H_3C-\underset{O}{\overset{}{C}}-\ddot{N}H_2$$

(pK_b 3.36　　　9.37　　　　14.5)

10 糖類（炭水化物）

10-1

(1)

sucrose → D-glucose + D-fructose

（構造式図）

10 糖類（炭水化物）

(2) アノマー炭素（ヘミアセタール炭素）が二つ互いにグリコシド結合しているので、両方の単糖単位にはヘミアセタール基は残っていないので、開環形との平衡は存在しない。また遊離のアルデヒド基を持たないからFehling 試薬や Tollens 試薬を還元しない。しかし、分解で得られたグルコースはヘミアセタール構造を持っており、これにより下に示すようにアルデヒド型を経て相互変換が起こる。この中間段階でのアルデヒド基により還元性を示す。

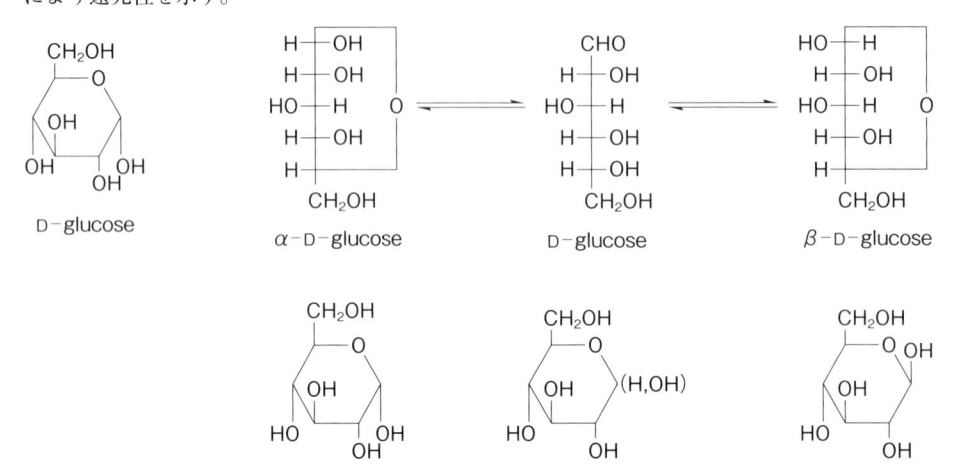

一方、D-fructose も開環型のケトース（ケトン基を持つ単糖）構造を有し、これがケト・エノール互変異性を繰り返しアルデヒド基に変換される。これにより還元性を示す。

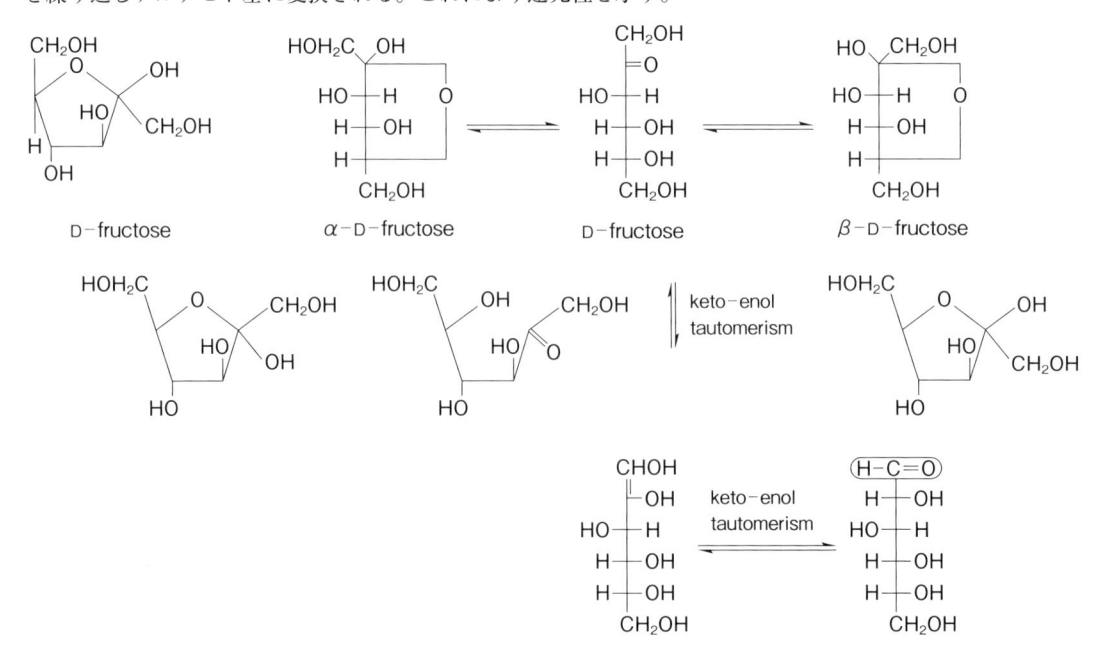

10-2
① 水酸　② アルデヒド　③ ケトン　④ アルドース　⑤ ケトース　⑥ エーテル　⑦ エーテル
⑧ 還元性　⑨ アノマー　⑩ フラン　⑪ フラノース　⑫ ピラン　⑬ ピラノース　⑭ 酵素

【解答編】

10-3

(a) (1) アルデヒド　　(2) 二酸化炭素　　(3) グルコース　　(4) フルクトース
(b) 炭素数が6個であるにもかかわらず、親水性の水酸基を5個も持っているため。
(c) 5.1 g のエタノール生成（計算過程はヒント参照）
(d) でんぷんとセルロースはいずれもグルコースの縮重合体である。でんぷんは α-D-グルコースを構成単位としており、グルコース間の結合は、アミロースでは α-1,4-グリコシド結合、アミロペクチンでは α-1,6-グリコシド結合からできている。一方、セルロースは、β-D-グルコースを構成単位とし、β-1,4-グリコシド結合からなっている。酵素アミラーゼはでんぷんをマルトースにまで加水分解するが、セルロースを分解することはできない。酵素は基質特異性というものがあり、触媒する反応の種類と基質を限定するため。

starch

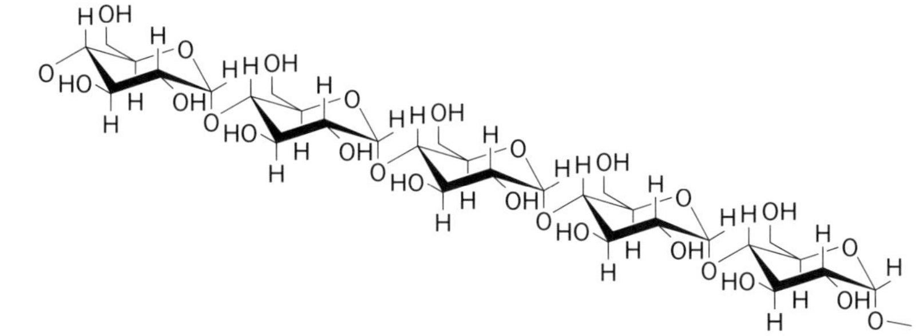

cellulose

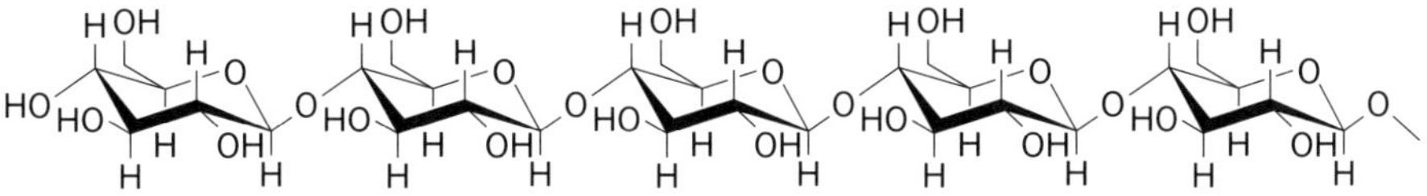

10-4

(1) （問 10-3 (d) と類題）
(2) でんぷんは植物の光合成により作られ、種子や根、茎などにでんぷん粒として蓄えられる。
セルロースは植物の細胞壁の主成分をなす多糖類で、セルロースは繊維として衣料や製紙に多量に使われている。

10-5

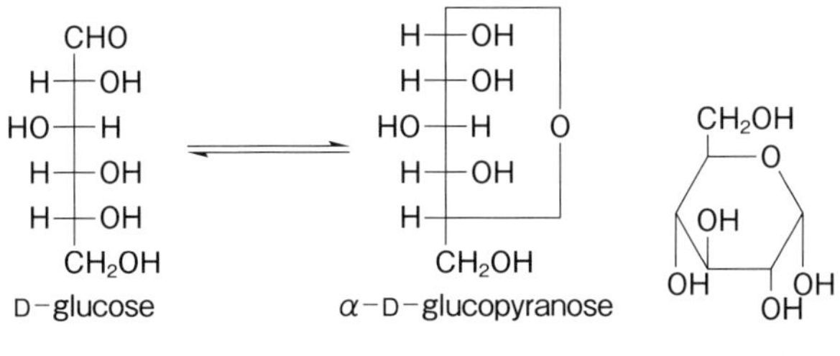

D-glucose　　α-D-glucopyranose　　（α-D-グルコピラノース）

10-6

(1) β-D-グルコピラノース

$$\text{D-glucose (Fischer)} \rightleftharpoons \text{β-D-glucopyranose} \equiv \text{(Haworth)}$$

β-D-ガラクトピラノース

$$\text{D-galactose (Fischer)} \rightleftharpoons \text{β-D-galactopyranose} \equiv \text{(Haworth)}$$

(2) α-D-グルコース　33.3 %　　β-D-グルコース　66.7 %

α形のヘミアセタール構造から環がいったん直鎖状のアルデヒドに開環し、これが再環化するときにαとβ形の二つの状態を生じる。このとき、旋光度が時間の経過とともに変化し平衡に達すれば一定値の旋光度を示す現象を変旋光という。

11 アミノ酸・タンパク質

11-1

(1) (ア) 炭素　　(イ) カルボキシル　　(ウ) ペプチド

(2) 酵素反応の特徴

酵素は生体内で作られる触媒作用のある物質で、その触媒作用は特定の基質(基質特異性)に限られる。酵素はその本体がタンパク質であるため、熱・強酸・強塩基・重金属イオンに不安定(変性により構造変化が起こり、触媒作用を失う)であり、最適条件として温度(至適温度：通常 35〜55 ℃)、pH(至適 pH：通常 pH 5〜8)があり、これらにより活性が影響を受ける。

(3) DNA からタンパク質を作る過程

細胞内でタンパク質は次のような手順で作られる。DNA 分子の中でタンパク質合成のための情報を持ったところが活性化され、そこに RNA 合成酵素 (RNA ポリメラーゼ) がつく。この酵素によって DNA のらせんがほどけて 2 本の一本鎖 DNA となる。この DNA を鋳型にして、相補的な塩基配列を持つ mRNA が作られる。すなわち、遺伝情報が DNA から転写され mRNA に伝達される。この mRNA は核膜の孔から細胞質に出てゆき、その末端にリボソームがつく。mRNA の塩基配列上に伝達された遺伝暗号が解読されて、アミノ酸が tRNA によって運搬されてくる。リボソーム内では、アミノ酸と結合した tRNA が mRNA と反

暗号-暗号の関係で結びつき、翻訳が行われ、次々とタンパク質が合成される。このように、DNA の遺伝情報が mRNA に転写され、さらに翻訳されてタンパク質が合成される。この一連の遺伝情報の流れをセントラルドグマという。

(4) 遺伝情報の仕組み

DNA 分子の遺伝情報は、細胞分裂の際に DNA 分子自身が鋳型となって自己とまったく同一の DNA を合成して娘細胞に渡される。この過程を DNA の複製と呼び、一つの世代から次の世代へと遺伝情報の完全で確実な伝達が保証される。他方、DNA 分子では同一娘細胞内で特定のタンパク質合成にあたって、そのアミノ酸配列決定の情報を同じくしてそれ自身鋳型となって mRNA に伝える。こうして情報の完全な転写が行われる。核内で合成された mRNA は細胞質内に送り出され、小胞体上ではリボソームと結合してタンパク質合成の場を作る。一方、合成素材である約 20 種のアミノ酸はそれぞれ対応する別種の RNA である tRNA に結合して活性型となり、リボソームの特定の位置に運ばれて mRNA の情報に従って順序正しくポリペプチド鎖に合成されていく。つまり、この過程は遺伝情報の暗号の解読に相当し翻訳と呼ばれる。

11-2

(1) α-アミノ酸

```
    H
    |
R - C - COOH
    |
    NH₂
```

(2) D-体

(3) アミノ酸の α-位の炭素原子がいずれも異なる 4 個の原子または原子団を持つ、すなわち不斉炭素を持つ場合である。

(4) 中心炭素周りの置換基がすべて異なる(不斉炭素を持つ)ことにより、互いに鏡像関係となる。

```
      COOH              COOH
       |                 |
  H₂N–C–H           H–C–NH₂
       |                 |
       R                 R
  L-amino acid      D-amino acid
```

(5) 互いに鏡像関係により、光学対掌体・鏡像異性体・エナンチオマーと呼ばれている。

(6) 優先順位の低い置換基(ここでは水素)を奥に配置し、手前の置換基の優先順位により左回りすなわち S 配置。

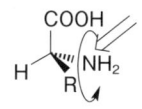

```
       COOH
        |
    H–C–NH₂
        |
        R
```

優先順位:NH₂ > COOH > R

(7) L-体と D-体の通常の物理的性質(融点、溶解度など)、化学的性質は同じであるが、比旋光度の絶対値は同じで符号が(+)(−)とまったく逆になる。

(8) L-体と D-体の 1:1 混合物をラセミ体と呼ぶ。

(9) 片方の光学異性体を得る方法(光学分割)には、

① 結晶化法

② クロマトグラフィーを用いる方法

③ 酵素法

④ 包接化合物法

11 アミノ酸・タンパク質

などがある。例えば、ラセミのアミノ酸のアミノ基をアセチル化し、アセチルアミノ酸とした後に酵素アシラーゼを作用させると、一方のアセチル体のみが加水分解される。反応溶液中には生成したアミノ酸が得られるので、イオン交換樹脂カラムで分離することができる。

11-3

(a) カルボキシル基　(b) アミノ基　(c) 約20　(d) 水　(e) ペプチド結合

11-4

(1)

$$\text{HOOC-CH}_2\text{-NH}_2 + \text{HOOC-CH(CH}_3\text{)-NH}_2 \longrightarrow \left(\!\!\begin{array}{c}\text{C-CH}_2\text{NH-C-CH(CH}_3\text{)-NH} \\ \parallel \quad\quad\quad \parallel \\ \text{O} \quad\quad\quad \text{O}\end{array}\!\!\right)_n + (2n-1)\text{H}_2\text{O}$$

glycine　alanine

(2) グリシンはアキラル、アラニンはキラル。

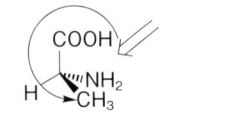

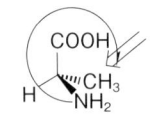

アラニン

左回り配置の S 体　　　右回り配置の R 体

(3) タンパク質の立体構造保持に関与している相互作用

① 共有結合による保持力

S-S 結合：システイン残基側鎖のチオール基 (-S-H) の酸化によって生じるジスルフィド結合

② 非共有結合による保持力

（イ）疎水性結合

（ロ）水素結合

← 水素結合受容体　⇠ 水素結合供与体

（ハ）イオン結合

【解答編】

(4) タンパク質の変性をもたらす要因
  ① 加熱、強い撹拌、超音波などの物理的要因
  ② 有機溶媒、酸、塩基などの化学的要因
  変性によるタンパク質の構造変化として、加熱などにより一次構造は変化しないが二次構造（α-ヘリックス、β-シート構造）が破壊され、ひいては三次構造が変化してランダム構造になる。

(5) ナイロン-6 は、C=O, NH 以外は疎水性のメチレン基（CH$_2$基）であるため吸水性に乏しい。一方、絹は、グリシン、アラニン、セリン、チロシンなどの種々のアミノ酸から構成されており、親水性の OH 基や NH$_2$ 基を側鎖に持つため吸水性がある。ナイロンと絹では親水性のアミド結合の割合が異なり、単位長さに対するアミド結合の数が多い絹の方が親水性が高い。

$$\mathrm{-(NH-(CH_2)_5-C(=O)-)_n}\quad \text{ナイロン-6}$$

11-5

タンパク質の一次～四次構造
  一次構造：ペプチド鎖がとるアミノ酸の配列順序。
  二次構造：ペプチド鎖がとる局部的空間構造で、α-ヘリックスとβ-シート構造がある。
  三次構造：ペプチド鎖が折りたたまれた三次構造。
  四次構造：三次構造を持つ分子（サブユニット）がさらに数個会合して一つの会合体を作り、その結果機能を発現するこの会合体におけるサブユニットの空間的配列。

11-6

酸性アミノ酸とは、分子内の COOH 基の数 ＞ NH$_2$ 基の数 に相当するもの。

aspartic acid
HOOC-CH$_2$-CH(NH$_2$)-COOH

glutamic acid
HOOC-CH$_2$-CH$_2$-CH(NH$_2$)-COOH

11-7

(a) (1) Ala (alanine) (2) Glu (glutamic acid) (3) Lys (lysine)

CH$_3$-CH(NH$_3^+$)-COO$^-$

HOOC-CH$_2$-CH$_2$-CH(NH$_3^+$)-COO$^-$

NH$_2$-CH$_2$-CH$_2$-CH$_2$-CH$_2$-CH(NH$_3^+$)-COO$^-$

(b) C$_6$H$_5$-CH$_2$-CHO $\xrightarrow[\text{H}_2\text{O}]{\text{NH}_4\text{Cl/KCN}}$ C$_6$H$_5$-CH$_2$-CH(NH$_2$)-C≡N $\xrightarrow{\text{Hydrolysis}}$ C$_6$H$_5$-CH$_2$-CH(NH$_2$)-COOH

Strecker synthesis

11-8

(1) タンパク質を構成するアミノ酸は約 21 種類（書物により異なる）。

11 アミノ酸・タンパク質

(2) Gly (glycine)　　　　Ala (alanine)　　　　Asp (aspartic acid)　　　　Glu (glutamic acid)
　　NH₂-CH₂-COOH　　CH₃-CH-COOH　　HOOC-CH₂-CH-COOH　　HOOC-CH₂-CH₂-CH-COOH
　　　　　　　　　　　　　　　　|　　　　　　　　　　　　　|　　　　　　　　　　　　　　　　|
　　　　　　　　　　　　　　　　NH₂　　　　　　　　　　　　NH₂　　　　　　　　　　　　　　　NH₂

　　Lys (lysine)
　　NH₂-(CH₂)₄-CH-COOH
　　　　　　　　　|
　　　　　　　　　NH₂

(3) 非タンパク質性アミノ酸 = 異常アミノ酸とも呼ばれる。β-アミノ酸、D-フェニルアラニンなどがある。

(4) タンパク質が生体内で機能を持つためには、アミノ酸がそれぞれに特有の tRNA によって活性化されてリボソームに運ばれる必要がある。これはアミノ酸がまず ATP と反応して活性化アミノアシルアデニル酸となり、次いでこのアミノアシル基が tRNA に移され B′ 末端アデノシンの 3′-OH 基にエステル結合してアミノアシル tRNA となる。これがリボソームと結合するのである。

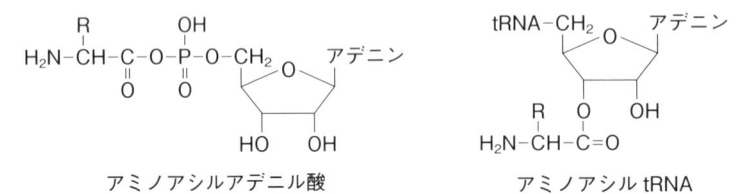

　　　アミノアシルアデニル酸　　　　　　　　　アミノアシル tRNA

(5) mRNA（メッセンジャー RNA、伝令 RNA）、tRNA（トランスファー RNA、転移 RNA）、rRNA（リボソーム RNA）

11-9 （問 11-8 と類題）

(1) 21 種類（教科書により異なる記述がある）

(2) グリシン、アラニン

(3) 　　Ala (alanine)
　　CH₃-CH-COO⁻
　　　　　|
　　　　　NH₃⁺

(4) pH の違いによる分子種の違い

　　CH₃-CH-COOH　⇌　CH₃-CH-COO⁻　⇌　CH₂-CH-COO⁻
　　　　|　　　　　　　　　　|　　　　　　　　　　|
　　　　NH₃⁺　　　　　　　　NH₃⁺　　　　　　　　NH₂

　　pH 4.0　　　　　　pH 6.0 (isoelectric point)　　　　pH 11.0

(5) 中性水溶液中でのジペプチド

　　　　　CH₃　　　　CH₃
　　　　　|　　　　　|
　　NH₃⁺-CH-CO-NH-CH-COO⁻

(6) 生体内でタンパク質が果たしている役割

①生体の形成：細胞原形質の重要な成分で、筋肉、血液、血管などの体の大部分を構成している。

②ホルモン：生物学的プロセスを制御する化学的伝令として作用する。
　　インシュリン（血糖値制御）[膵臓]、成長ホルモン（動物成長促進）[脳下垂体]

③酵素：生体内で作られ、生体内で起こる反応の触媒として作用する。
　　トリプシン（タンパク質加水分解）

④運搬（輸送）タンパク質として小さな分子を生体のある部分から他の部分に運搬する：ヘモグロビン、ミ

オグロビン（筋肉中の酸素貯蔵、伝達）、β-リポタンパク質

⑤ 貯蔵タンパク質：食物中の貴重なタンパク源として作用する、カゼイン（牛乳）

(7) 酵素の特徴

酵素は化学触媒と比較して反応速度が大きい。さらに次のような特徴がある。

① 特異性

　反応特異性：触媒する反応の種類を厳しく限定する。

　基質特異性：触媒する基質を厳しく限定する。

② 至適 pH：酵素タンパク質は両性電解質で溶液の pH によってアミノ酸残基の解離の状態が著しく変化する。これにより、酵素は狭い pH 範囲内で活性であり、最大の活性を与える pH を至適 pH という。

③ 至適温度：酵素反応も温度上昇によって反応速度は増大する。しかし、酵素はタンパク質であるため、ある温度以上になると熱変性を起こして急速に活性を失う。ある温度範囲で最大の反応速度を与える温度を至適温度という。

11-10

(1) タンパク質の一般式

$$\underset{R_1}{NH_2CHCO} \overset{\text{ペプチド結合}}{\longrightarrow} \underset{R_2}{NHCHCO} - \underset{R_3}{NHCHCO} \cdots \underset{R_{n-1}}{NHCHCOOH}$$

（タンパク質（$n > 70$）とペプチド（$70 > n \geq 2$））このアミド結合をとくにペプチド結合という。

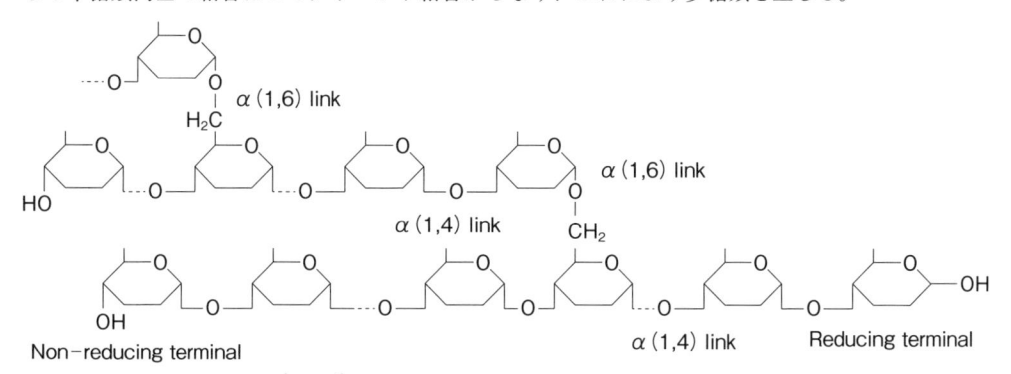

(2) 多糖類の代表的なものとしてでんぷんがあり、でんぷんはさらにアミロースとアミロペクチンと呼ばれる二つの成分により構成されている。アミロースは 200〜1000 個の D-グルコピラノース（単糖類のブドウ糖分子）が $\alpha(1,4)$ 結合した鎖状グルカンであり、6 個のグルコース残基で 1 回転するらせん構造をしている。一方、アミロペクチンは短いアミロース鎖（グルコース残基数平均 12 個）に、別の鎖が $\alpha(1,6)$ 結合で枝分かれした巨大分子である。単糖類はヘミアセタールとして存在しているので、もう一分子のアルコールと脱水反応してアセタールを与える。このときできるエーテル型の（-C-O-C-）結合をグリコシド結合という。これらの単糖類同士の結合はこのグリコシド結合からなり、これにより多糖類を生じる。

11 アミノ酸・タンパク質

(3) 単糖類はアルドース（アルデヒド基を持つ）だけでなくケトース（ケト基を持つ）も還元性を示す。

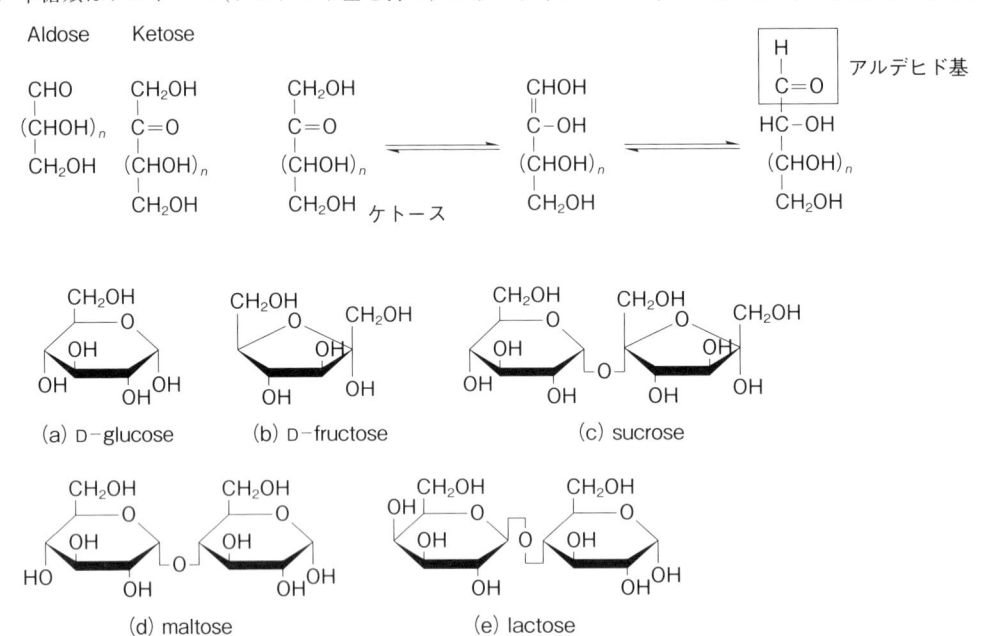

Aldose　Ketose

CHO　　CH₂OH　　　CH₂OH　　　　CHOH　　　　H
|　　　　|　　　　　|　　　　　　　|　　　　　　C=O　アルデヒド基
(CHOH)ₙ　C=O　　　C=O　⇌　C-OH　⇌　HC-OH
|　　　　|　　　　　|　　　　　　　|　　　　　　|
CH₂OH　(CHOH)ₙ　(CHOH)ₙ　　(CHOH)ₙ　　(CHOH)ₙ
　　　　|　　　　　|　　　　　　　|　　　　　　|
　　　　CH₂OH　　CH₂OH　　　　CH₂OH　　　CH₂OH
　　　　　　　　　　ケトース

(a) D-glucose　　(b) D-fructose　　(c) sucrose

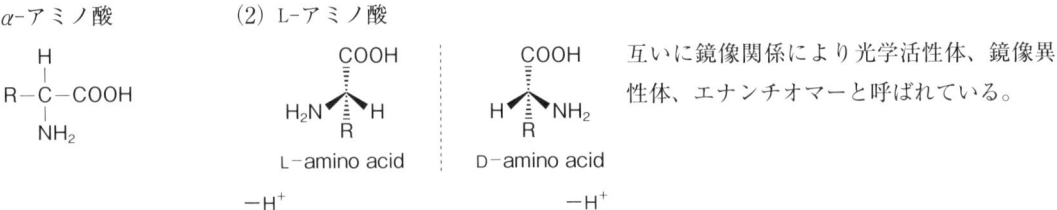

(d) maltose　　(e) lactose

還元性あり：(a) ブドウ糖 (D-glucose)、(b) 果糖 (D-fructose)、(d) 麦芽糖 (maltose)、(e) 乳糖 (lactose)
還元性なし：(c) ショ糖 (sucrose)

11-11

(1) α-アミノ酸　　(2) L-アミノ酸

```
    H                COOH           COOH
    |                 |              |
R - C - COOH      H₂N-*-H        H-*-NH₂
    |                 R              R
    NH₂           L-amino acid  D-amino acid
```

互いに鏡像関係により光学活性体、鏡像異性体、エナンチオマーと呼ばれている。

(3) R-CH(NH₃⁺)-COOH ⇌(−H⁺, Kₐ₁) R-CH(NH₃⁺)-COO⁻ ⇌(−H⁺, Kₐ₂) R-CH(NH₂)-COO⁻
　　　強酸性　　　　　　　　　　　中性　　　　　　　　　　　強アルカリ性

$K_{a1} = [H^+][\text{R-CH(NH}_3^+)\text{-COO}^-]/[\text{R-CH(NH}_3^+)\text{-COOH}]$

$K_{a2} = [H^+][\text{R-CH(NH}_2)\text{-COO}^-]/[\text{R-CH(NH}_3^+)\text{-COO}^-]$

(4) 水溶液中での化学種：両性イオン（または双性イオン）

R-CH(NH₃⁺)-COO⁻

(5) 等電点 PI (Isoelectric point) とは分子中の正と負の電荷が等しいときの pH の値

等電点では

[R-CH(NH₃⁺)-COOH] = [R-CH(NH₂)-COO⁻] であり、

$K_{a1} \cdot K_{a2} = [H^+]^2$ ∴ $[H^+] = \sqrt{K_{a1} \cdot K_{a2}}$

$\text{IP} = \text{pH} = \dfrac{1}{2}(pK_{a1} + pK_{a2})$

【解 答 編】

11-12

(1) タンパク質の三次構造 (問 11-5 と類題)

α-ヘリックス構造や β-シート構造が束になってさらに折りたたまれて形成される空間構造をいう。これらは、全体として球状の立体構造をとることから球状タンパク質となる。

(2) その構造の保持力 (問 11-4 (3) と類題)

ポリペプチド鎖を一定の三次元構造に保つために、側鎖間でいろいろな相互作用 (共有結合, 非共有結合) が働いている。

(3) ドメイン構造：多くのタンパク質の形にはタンパク質がある程度の大きさを持つ塊に分割できることが知られている。この塊のことをドメインと呼ぶ。一つのドメインはアミノ酸残基150個程度でできているのが一般的である。

---

12 生 化 学

12-1

(a) 呼吸　(b) 発酵　(c) ピルビン酸　(d) TCA　(e) 電子伝達　(f) 乳酸　(g) NAD
(h) ATP

12-2

ATP：adenosine triphosphate　アデノシン三リン酸
NAD：nicotinamide adenine dinucleotide　ニコチンアミドアデニンジヌクレオチド

12-3

(1) 解糖系：(英語ではGlycolysis) 生体内に存在する生化学反応経路の名称であり、グルコースをピルビン酸などの有機酸に分解し、グルコースに含まれる高い結合エネルギーを生物が使いやすい形に変換していくための代謝過程である。この経路の特徴は、酸素を使わずにATPを生成することができることであり、無酸素運動時には解糖系のみでATPを生成し筋肉に供給している。

(2) クエン酸回路：この名前は大学ではTCA回路と呼ばれる場合が多い。摂取した糖質のみならず、脂質も、タンパク質も、炭素を含むものはすべてこのTCA回路で酸化されて二酸化炭素となり、生成したATPや電子伝達系で用いられるNADHなどが生じ、効率の良いエネルギー生産を可能にしている。またアミノ酸などの生合成に関わる物質を生産するという役割もある。

(3) 酸化的リン酸化：電子伝達系に共役して起こる一連のリン酸化 (ATPの生合成) 反応をいう。細胞内 (ミトコンドリア) で起こる呼吸に関連した現象で、高エネルギー化合物のATPを産生する回路の一つである。好気性生物における、エネルギーを産生するための代謝の頂点といわれ、糖質、脂質、アミノ酸などの代謝がこの反応に収束する。

12-4

(1) 基質Sが生成物Pに酵素的に変化するには、まず酵素Eと基質Sが結合して、酵素-基質複合体ESを生じる。

12 生化学

次にこれが反応生成物 P と遊離酵素 E に解離し、E は再び反応を繰り返す。

$$E + S \underset{k_2}{\overset{k_1}{\rightleftharpoons}} ES \xrightarrow{k_3} P + E$$

$$v_1 = k_1([E] - [ES])([S] - [ES])$$

$$v_2 = k_2([ES] + k_3[ES])$$

定常状態では ES の生成速度と消失速度が等しくなるので

$$k_1([E] - [ES])([S] - [ES]) = k_2([ES] + k_3[ES])$$

この式を変形して

Michaelis 定数 K_m

$$\frac{([E] - [ES])[S]}{[ES]} = \frac{k_2 + k_3}{k_1} = K_m$$

$$[ES] = \frac{[E][S]}{K_m + [S]}$$

酵素に対して基質の濃度を増加させると、酵素反応速度すなわち生成物の生成速度 V も増大する。

基質が酵素に比べて大過剰に存在するときは、すべての酵素が ES を形成し（[E] = [ES]）、酵素反応速度は最大値 V_{max} を示すことになる。

$$V_{max} = k_3[E]$$

一般の反応速度は

$$V = k_3[ES]$$

$$\frac{V}{V_{max}} = \frac{[ES]}{[S]}$$

以上より、Michaelis-Menten の式

$$\boxed{V = \frac{V_{max}[S]}{K_m + [S]} \quad K_m = [S]\left(\frac{V_{max}}{V} - 1\right)}$$

K_m は一定条件下では各酵素に固有のもので、その値は酵素や基質濃度に無関係であり、反応速度が極大値を示す基質濃度の 1/2 量で表される。K_m は酵素の基質に対する有効性を示す尺度となるもので、K_m の小さい酵素ほど基質の濃度が低くてもよく作用する。一方、V_{max} は酵素量とその酵素の作用回転数（1 モルの酵素が 1 分間に変化させうる基質のモル数）に比例する定数で、その酵素の基質に対する触媒能力を示す。

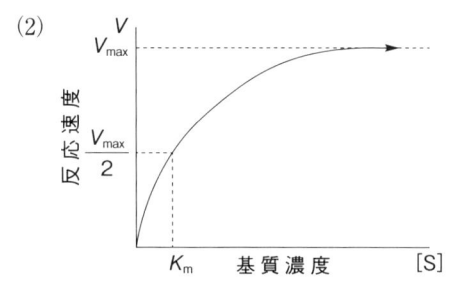

(2)

グラフ：縦軸 反応速度 V（V_{max}、$\dfrac{V_{max}}{2}$ を示す）、横軸 基質濃度 [S]（K_m を示す）、ミカエリス・メンテン型の飽和曲線。

(3) (1)の式を変形し（Lineweaver-Burkの式）、図示すると

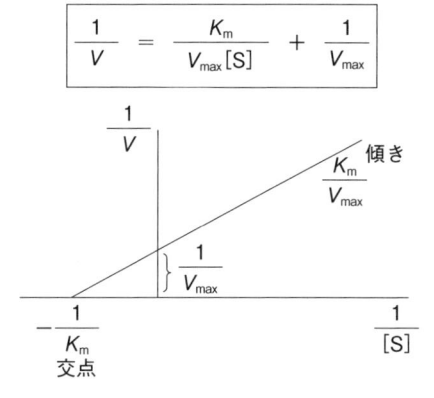

$$\frac{1}{V} = \frac{K_m}{V_{max}[S]} + \frac{1}{V_{max}}$$

$1/[S]$ 軸との交点は $-1/K_m$ となり、K_m が求められる。

(4) アロステリック酵素

酵素はタンパク質でできているが、硬い固定した形をしているのではなく、構造を変えることができる。例えば活性中心以外の場所に、効果物質（酵素反応の基質や生成物などで、アロステリック因子と呼ぶ）が付着すると、酵素全体の形が変化して活性中心の形が変わり、ある場合には基質との結合が抑えられて反応が進みにくくなり、またある場合には基質とより結合しやすくなる。この変化は可逆的で、効果物質が離れると元の構造に戻ることができる。このような変化を受ける酵素をアロステリック酵素という。

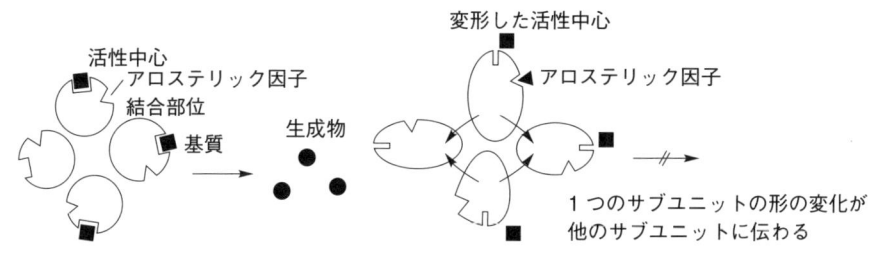

(5) 酵素はタンパク質でできており、最大の酵素活性を与える温度（至適温度）というものがある。しかし酵素がタンパク質であることから、ある温度以上になると熱変性を起こして急速に活性を失う。結果的に、見かけのうえで最大の反応速度を与える温度が生じる。

13 立体化学

13-1

例えば、(1) アルカリ加水分解によるジカルボン酸化合物

(2) カルボキシル基のエステル化によるジエステル化合物

13 立体化学

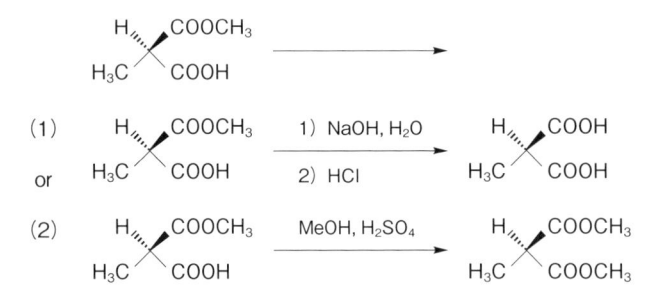

(1) 、(2) の反応スキーム図

13-2

(1) A: (CH₃ > H), 優先順位(−CH=CH− > CH₃), −CH=CH− > H
   両方の二重結合が E 配置

B: (C₃H₇ > CH₃), (COOH > CH₂OH)
   Z 配置

C: OH基のついた炭素が R、CH₃のついた不斉炭素が R

D: 両方の不斉炭素が R

構造式中の小さい数字は優先順位を示す。

置換基の優先順位の回り方が右なら R、左なら S。

(2)
(a) メソ体：不斉炭素を含む化合物であるが、分子内に対称面を持ち、対応する鏡像異性体がないもの

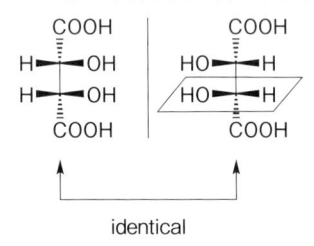

酒石酸のメソ体の例（2つの表示が identical）

identical

182

(b) ジアステレオマー：互いに鏡像関係にない立体異性体（⟷ 関係）

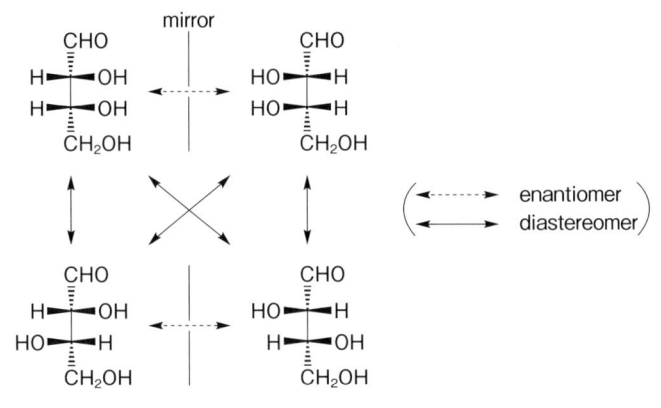

$$\begin{array}{c} \text{CHO} \\ \text{H}-\!\!\!-\text{OH} \\ \text{H}-\!\!\!-\text{OH} \\ \text{CH}_2\text{OH} \end{array} \quad \begin{array}{c} \text{CHO} \\ \text{HO}-\!\!\!-\text{H} \\ \text{HO}-\!\!\!-\text{H} \\ \text{CH}_2\text{OH} \end{array}$$

mirror

$$\begin{array}{c} \text{CHO} \\ \text{H}-\!\!\!-\text{OH} \\ \text{HO}-\!\!\!-\text{H} \\ \text{CH}_2\text{OH} \end{array} \quad \begin{array}{c} \text{CHO} \\ \text{HO}-\!\!\!-\text{H} \\ \text{H}-\!\!\!-\text{OH} \\ \text{CH}_2\text{OH} \end{array}$$

(⇠⇢ enantiomer / ⟷ diastereomer)

2,3,4-trihydroxybutanal

(c) Lindlar 触媒：炭酸カルシウムに塩化パラジウムを担持させた後、水中に懸濁させた状態で水素を吸収させて還元し、沈殿を酢酸鉛水溶液で処理したもので、パラジウムの活性を酢酸鉛で制御し部分水素化の選択性を向上させたもの。C≡C 三重結合に通常のパラジウムやニッケル触媒の存在下に水素を作用させると、アルケンを経由してアルカンにまで還元されるが、Lindlar 触媒を用いるとアルケンの段階で反応が停止し、cis-付加体（Z-異性体）が生成する。

$$\text{R}-\text{C}\equiv\text{C}-\text{R}' \xrightarrow{\text{H}_2/\text{Pd}} \text{R}-\overset{\text{H}}{\underset{\text{H}}{\text{C}}}=\overset{\text{H}}{\underset{\text{H}}{\text{C}}}-\text{R}' \longrightarrow \text{R}-\overset{\text{H}\ \text{H}}{\underset{\text{H}\ \text{H}}{\text{C}-\text{C}}}-\text{R}'$$

alkyne → alkene → alkane

Lindlar cat. ↓

$$\text{R}-\overset{\text{H}}{\text{C}}=\overset{\text{R}'}{\underset{\text{H}}{\text{C}}}$$

(d) 互変異性：ある化合物とその構造異性体とが比較的容易に移り変わることができるとき、その現象を互変異性という。この場合、二つの異性体は原子または原子団の位置がはっきり違うもので、アセチルアセトンやアセト酢酸エチルなどの活性メチレン化合物においてみられ、次のようにケト形とエノール形の二種類の異性体が存在する。

$$-\underset{\text{O}}{\overset{\|}{\text{C}}}-\underset{\text{H}}{\text{C}}-\ \rightleftharpoons\ -\underset{\text{O}-\text{H}}{\text{C}}=\text{C}-$$

keto-enol tautomerism

(e) Williamson のエーテル合成：アルコキシドとハロゲン化アルキルによる求核置換反応によるエーテル合成法で、非対称エーテルの合成に最適。

$$\text{R}-\text{X}\ +\ \text{R}'-\text{ONa}\ \longrightarrow\ \text{R}-\text{O}-\text{R}'\ +\ \text{NaX}$$

(f) Wittig 反応：カルボニル基へのリンイリドの求核付加によるアルケンの合成。

$$\underset{\text{R}'}{\overset{\text{R}}{>}}\!\text{C}=\text{O}\ +\ \text{R}''\!-\!\underset{\text{H}}{\overset{\ominus}{\text{C}}}\!-\!\overset{\oplus}{\text{P}}(\text{C}_6\text{H}_5)_3\ \longrightarrow\ \underset{\text{R}'}{\overset{\text{R}}{>}}\!\text{C}=\text{C}\!\underset{\text{H}}{\overset{\text{R}''}{<}}\ +\ (\text{C}_6\text{H}_5)_3\text{P}=\text{O}$$

(3) 1-methylcyclohexene への HCl 付加においては、より安定な第 3 級カルボカチオンを経由して反応が進行

13 立体化学

することから、上側の生成物が主生成物になる。

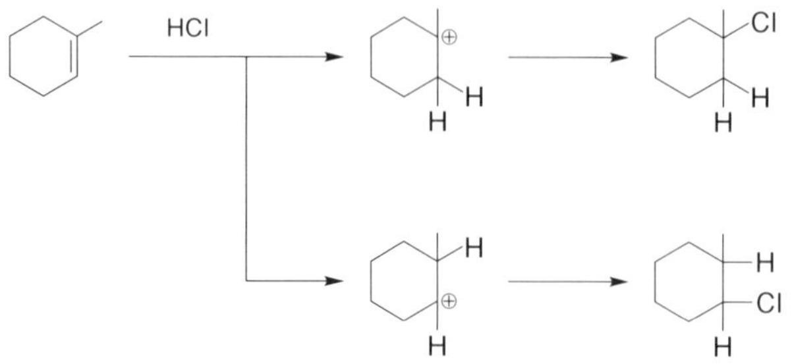

13-3

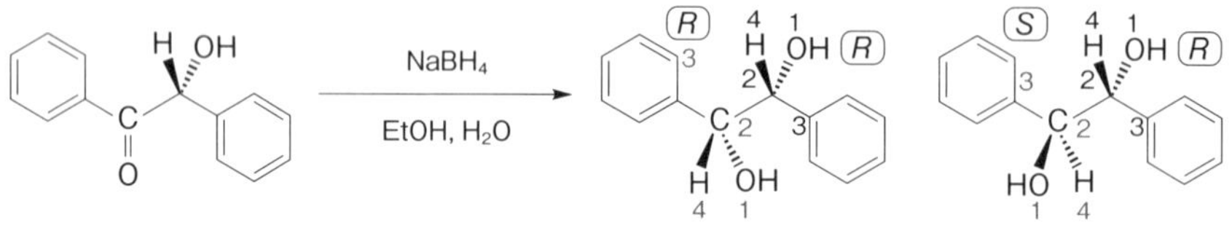

(1) R-体

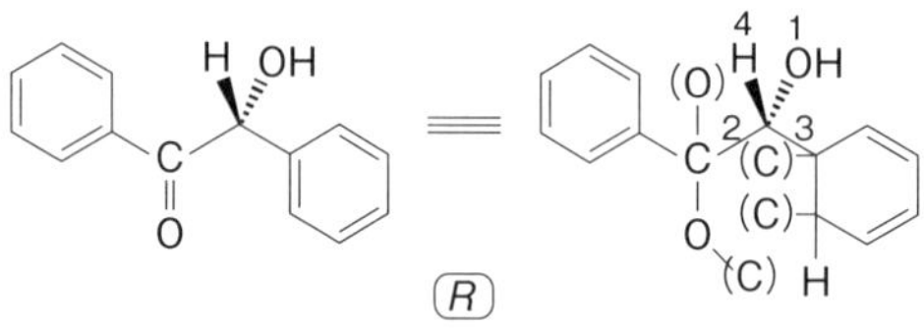

(R)-2-hydroxy-1,2-diphenylethanone

(2) Bは旋光性を示したことから光学活性化合物

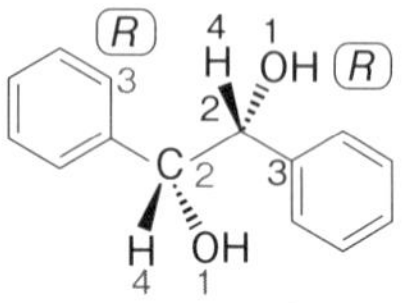

(3) (B)：(1R, 2R)-1,2-diphenylethane-1,2-diol

(4)

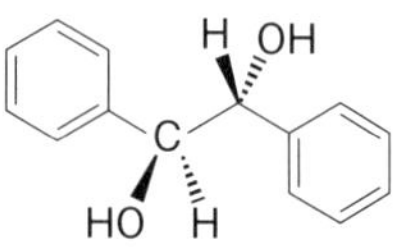

(1R, 2S)-1,2-diphenylethane-1,2-diol

(5) 比旋光度がゼロとなるような化合物をメソ体と呼び光学不活性となる。

13-4

CH₃-CH=CH-CH(Br)-CH₃ 4-bromo-2-pentene（下の4つ）

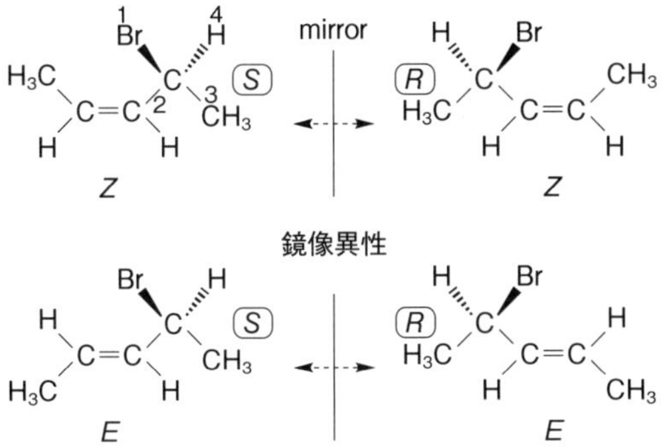

$$\begin{array}{c}
\text{H}_3\text{C} \\ \\ \text{H}
\end{array} \!\!\!\! \text{C=C} \!\!\!\! \begin{array}{c} \overset{1}{\text{Br}} \\ \overset{2}{\text{C}} \!\!\!-\!\!\! \overset{3}{\text{C}} \!\!\!-\!\!\! \overset{4}{\text{H}} \\ \text{CH}_3 \end{array} \boxed{S} \quad \overset{\text{mirror}}{\longleftrightarrow} \quad \begin{array}{c} \text{H} \quad \text{Br} \\ \text{C} \\ \text{H}_3\text{C} \end{array} \!\! \text{C=C} \!\! \begin{array}{c} \text{CH}_3 \\ \\ \text{H} \end{array} \boxed{R}$$

Z ／ Z

鏡像異性

E ／ E

13-5

(1) A：CHO B：CH₂OH C：OH

HO-CH₂-CH(OH)-CHO

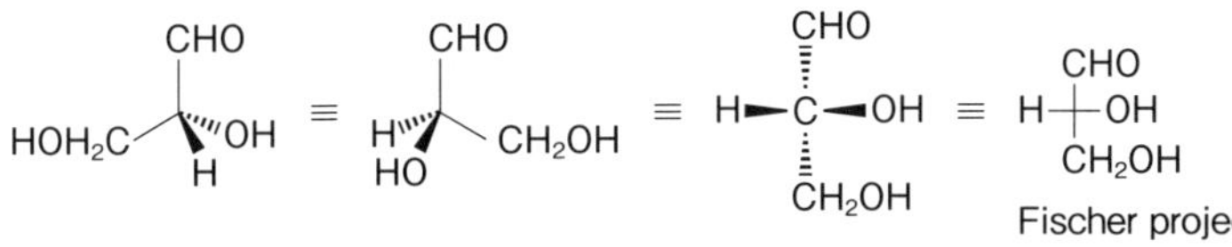

[Fischer projection 図]

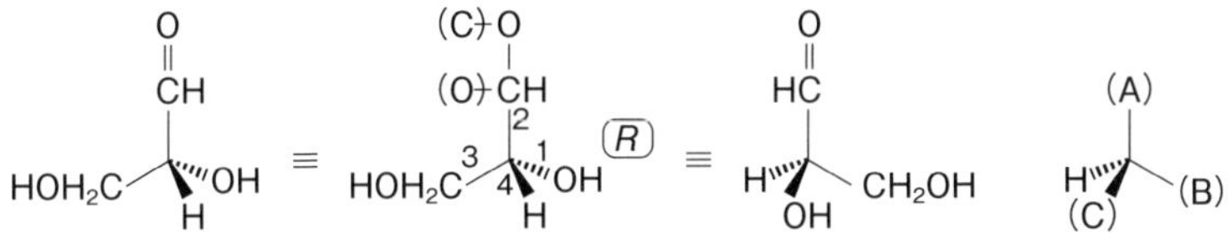

(2) D：H   E：OH

(3) 酸化度の高い CHO 基を上に置き、最下位に来る不斉炭素に結合しているヒドロキシ基が右にあるものは D 体、左にあるものは L 体と呼ぶことから、この化合物は D 体である。

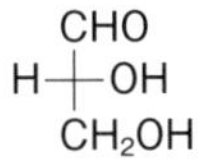

```
    CHO
H---+---OH
   CH₂OH
```

13 立体化学

13-6

(1R, 2S)-1-bromo-2-chlorocyclopropane   (1S, 2R)-1-bromo-2-chlorocyclopropane

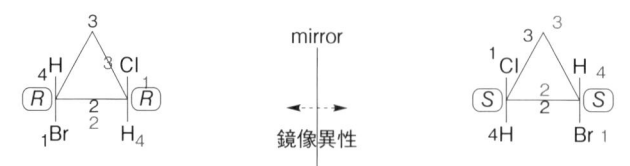

(1R, 2R)-1-bromo-2-chlorocyclopropane   (1S, 2S)-1-bromo-2-chlorocyclopropane

13-7

(1) アラニン

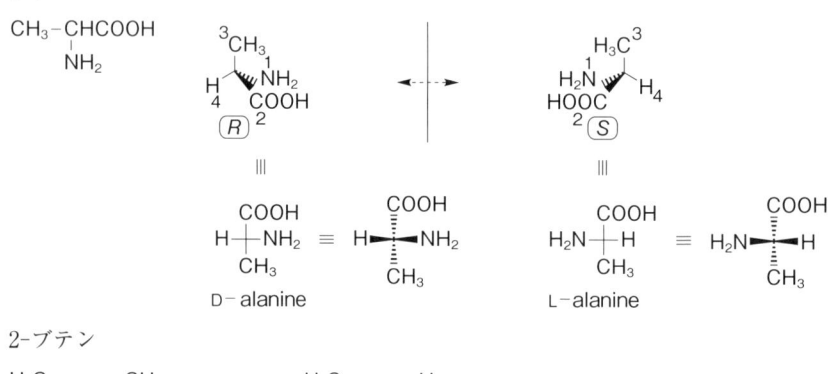

CH₃-CHCOOH
    |
    NH₂

D-alanine   L-alanine

(2) 2-ブテン

cis-2-butene   trans-2-butene

13-8

幾何異性体：二重結合に結合している置換基の相互関係による相違

CH₃-CH=CH-CH₂-CH₃   2-pentene

cis (Z)   trans (E)

光学異性体：中心炭素の周りの四つの原子または置換基がすべて異なる場合、実像と鏡像は重ね合わすことができないため、このような関係にある異性体を鏡像異性体という。これらは、物理的性質や化学的性質は同じでも、旋光性（旋光角は同じでも符号が異なる）が異なることから光学異性体と呼ばれる。光学異性体の不斉炭素原子に結合する三次元的な配置（立体配置）の違いを R, S-表示で表すと下のようになる。

```
CH₃-CH-CH₂-CH₃
    |
    OH
```

```
      CH₃                       H₃C
       |                         |
   H⟋ C ⟍CH₂CH₃     CH₃CH₂⟋ C ⟍H
       |                         |
       OH                       HO
       S          mirror         R
```

13-9 (問 2-3 と類題)
シクロヘキサンの立体配座について。

13-10 (問 1-11 , 1-22 , 1-23 と類題)
混成軌道 sp², sp³ について。

13-11

R₁R₂CHBr   mirror

```
       R₁              R₁
        |               |
   H⟋ C ⟍R₂    R₂⟋ C ⟍H
        |               |
       Br              Br
```

13-12

(1) A $\xrightarrow{\text{Hydrolysis}}$ EtOH + CH₂=CH
                                              |
                                             COOH

A : CH₂=CH
        |
       COOEt

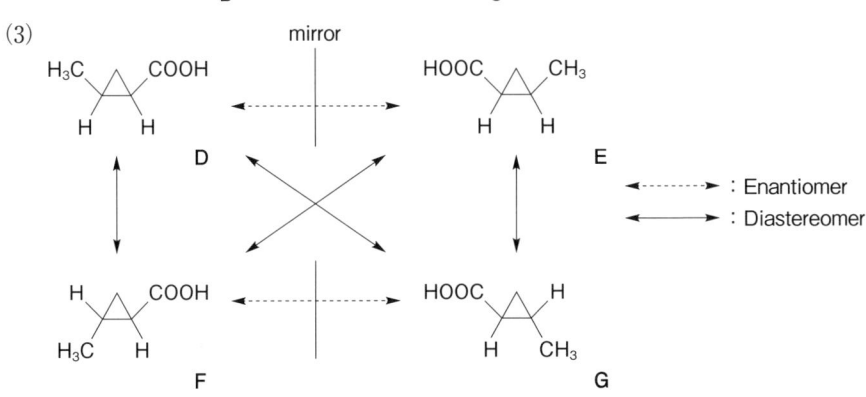

(2)
```
       H                        H
       |                        |
  H₃C-C-C-C-CH₃    ⇌    H₃C-C=C-C-CH₃
      ‖ | ‖                   | ‖
      O H O                  O-H O
        B                       C
```

(3)

```
   H₃C   COOH              mirror         HOOC   CH₃
     ⟍ ⟋                    |                ⟍ ⟋
      △                     |                 △
     ⟋ ⟍                    |                ⟋ ⟍
    H   H                   |               H   H
        D                                       E
```

⇕   ⇕

```
   H    COOH                                HOOC    H
    ⟍ ⟋                                        ⟍ ⟋
     △                                          △
    ⟋ ⟍                                        ⟋ ⟍
  H₃C   H                                     H   CH₃
        F                                         G
```

⇠ ⇢ : Enantiomer
⟵⟶ : Diastereomer

13 立体化学

13-13

(a) 2-ブテン（CH₃CH=CHCH₃）

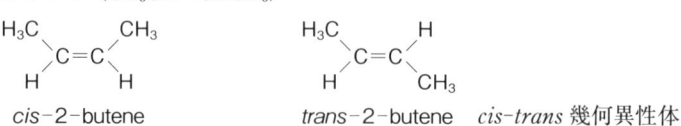

    cis-2-butene   trans-2-butene   cis-trans 幾何異性体

(b) CH₃CH(OH)Br アセトアルデヒドブロモヒドリン（1-ブロモエタノール）

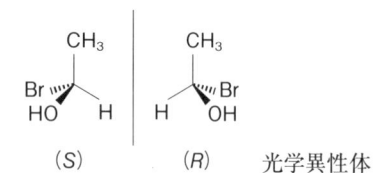

    (S)   (R)   光学異性体

(c) CH(CH₃)₂CH₂CH₃   2-メチルブタン

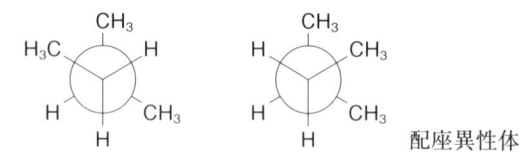

                      配座異性体

13-14

(1) 4-ethyl-3-methylheptane   (2) (Z)-2-chloro-2-butene   (3) (R)-lactic acid

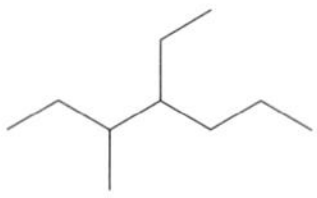

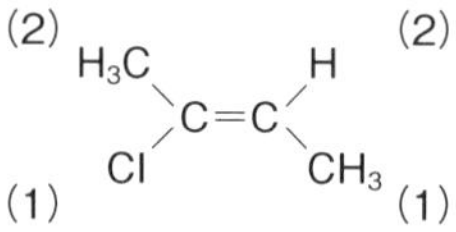

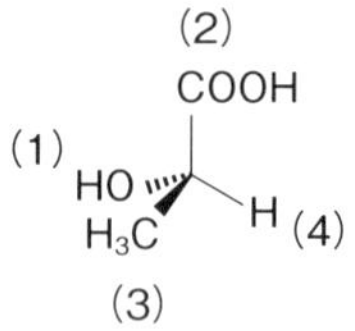

（　）内の数字は優先順位を示す

13-15

(1) p軌道   d軌道

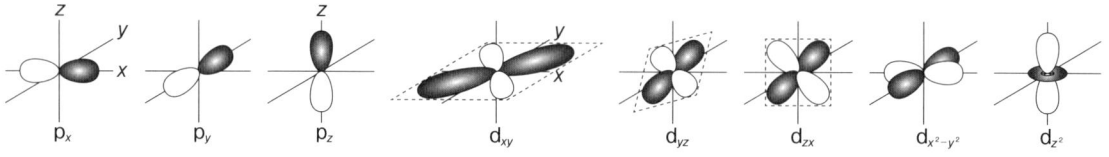

    p$_x$ p$_y$ p$_z$ d$_{xy}$ d$_{yz}$ d$_{zx}$ d$_{x^2-y^2}$ d$_{z^2}$

（影は（＋）、白は（−）とする）

(2)   p$_x$–p$_x$ p$_y$–p$_y$ p$_z$–p$_z$

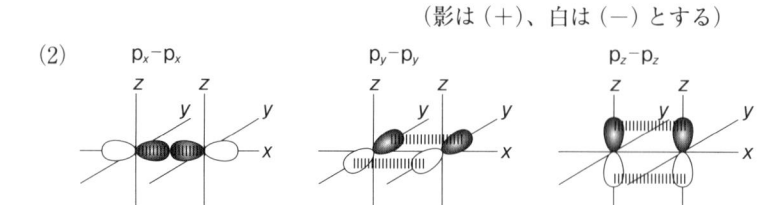

【解 答 編】

(3)

ethylene: H₂C=CH₂ (sp², sp²)

ammonia: NH₃ (sp³)

trifluoroborane: BF₃ (sp²)

beryllium chloride: Cl—Be—Cl

phosphorus(V) chloride: PCl₅

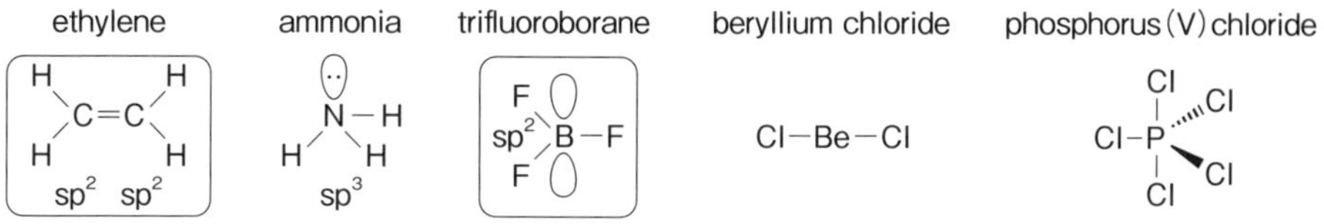

（エチレンの炭素の混成軌道と同じものは (b) の三フッ化ホウ素）

13-16

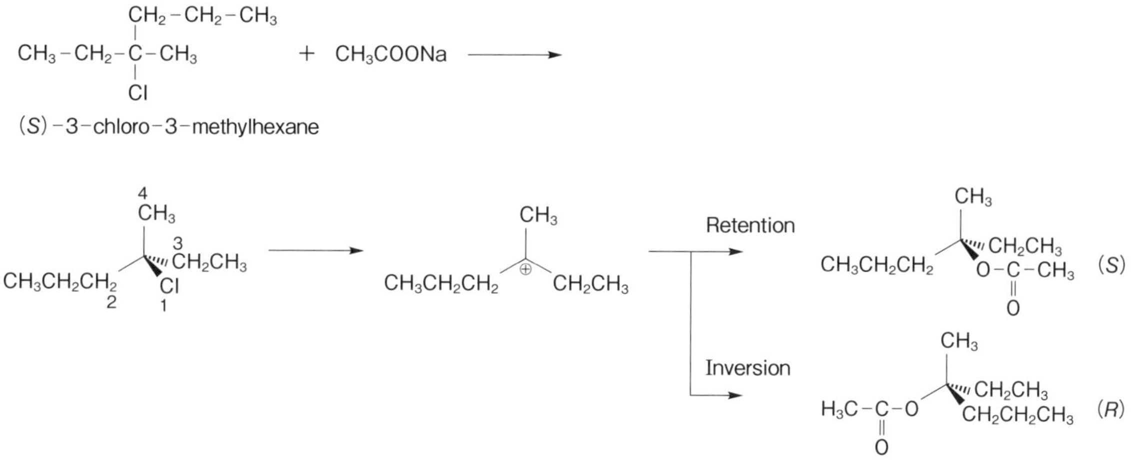

$$CH_3-CH_2-\underset{\underset{Cl}{|}}{\overset{\overset{CH_2-CH_2-CH_3}{|}}{C}}-CH_3 + CH_3COONa \longrightarrow$$

(S)-3-chloro-3-methylhexane

[反応機構図: カルボカチオン中間体を経由し、Retention で (S) 体、Inversion で (R) 体の酢酸エステルが生成]

原料は第3級ハロゲン化アルキルであるため、酢酸ナトリウムとの反応においては平面状カルボカチオンを経由する S_N1 反応で進むため、ラセミ体が得られる。

14 高分子

14-1

天然高分子：セルロース、でんぷん、タンパク質

人工高分子：ポリ塩化ビニル、ポリスチレン、ナイロン、ポリエステル

14 高分子

14-2

ナイロン-6,6：縮重合

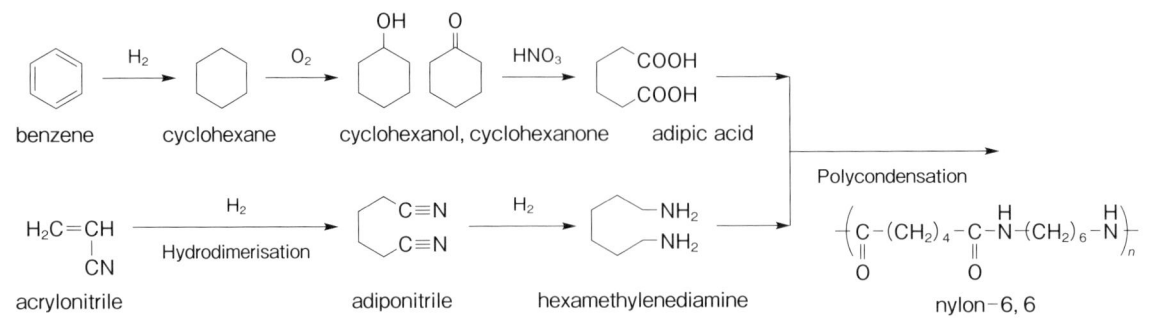

benzene →(H₂)→ cyclohexane →(O₂)→ cyclohexanol, cyclohexanone →(HNO₃)→ adipic acid

H₂C=CH(CN) acrylonitrile →(H₂, Hydrodimerisation)→ adiponitrile (NC-(CH₂)₄-CN) →(H₂)→ hexamethylenediamine (H₂N-(CH₂)₆-NH₂)

Polycondensation → nylon-6,6: −[C(=O)−(CH₂)₄−C(=O)−NH−(CH₂)₆−NH]−ₙ

ナイロン-6,6 の原料であるアジピン酸とヘキサメチレンジアミンの製造法には種々あり、ここではそのうちの代表例を示す。アジポニトリルの製造には、ここに示したプロピレンのアンモ酸化によるアクリロニトリル経由の反応の他に、ブタジエンの塩素化を経由するヒドロシアノ化、ブタジエンへの直接ヒドロシアノ化などが行われている。詳しくは、工業有機化学などの専門書を参照のこと。

ナイロン-6：開環重合

cyclohexane →(NOCl, HCl, hν, Photonitrosation)→ cyclohexanoneoxime →(H₂SO₄, Beckmann rearrangement)→ ε-caprolactam →(Ring-opening Polymerisation)→ nylon-6: −[C(=O)−(CH₂)₅−NH]−ₙ

ナイロン-6 の原料である ε-カプロラクタムの製造法は種々行われているが、ここではそのうちの代表例として、日本（東レ）で開発されたシクロヘキサンの光ニトロソ化法-ベックマン転位による製法を示す。この他、シクロヘキサノンにヒドロキシルアミンを作用させてオキシム化を経由する方法、シクロヘキサノンを過酢酸で酸化して ε-カプロラクトンを経由する方法などが行われている。詳しくは専門書を参照のこと。

14-3

(1) −[CH₂−CH(C₆H₅)]−ₙ
(2) −[CH₂−CH(Cl)]−ₙ
(3) −[CH₂−CH(CH₃)]−ₙ
(4) −[CH₂−CH(O−COCH₃)]−ₙ
(5) −[CH₂−C(CH₃)(COOCH₃)]−ₙ

14-4

分子量測定法と平均分子量

分子量測定法	測定法によって得られる平均分子量の特徴
・末端基定量法、氷点降下法	数平均分子量 M_n
・沸点上昇法、浸透圧法	数平均分子量 M_n
・光散乱法	重量平均分子量 M_w
・粘度法	粘度平均分子量 M_v または重量平均分子量 M_w
・超遠心法	Z-平均分子量 M_z または重量平均分子量 M_w

14-5

(a) ① 付加、② 縮合、⑤ Ziegler-Natta、⑥ アイソタクチック、⑦ 結晶、⑧ ガラス転移、⑨ 加硫、⑩ ゴム

(b) ③ ポリプロピレン

$$n\ H_2C=CH(CH_3) \longrightarrow -(CH_2-CH(CH_3))_n-$$

④ ポリエチレンテレフタレート（テレフタル酸 ＋ エチレングリコール）

$$n\ HOOC-C_6H_4-COOH + n\ HO-CH_2CH_2-OH \longrightarrow -(CO-C_6H_4-CO-OCH_2CH_2-O)_n- + (2n-1)H_2O$$

14-6

アジピン酸 ＋ ヘキサメチレンジアミン → ナイロン-6,6

$$n\ HOOC-(CH_2)_4-COOH + n\ H_2N-(CH_2)_6-NH_2 \longrightarrow -(CO-(CH_2)_4-CO-NH-(CH_2)_6-NH)_n- + (2n-1)H_2O$$

14-7

ポリスチレン（スチレン、付加重合）

$$n\ H_2C=CH(C_6H_5) \longrightarrow -(CH_2-CH(C_6H_5))_n-$$

ナイロン-6（ε-カプロラクタム、開環重合）

$$n\ \text{(ε-caprolactam)} \longrightarrow -(CO-(CH_2)_5-NH)_n-$$

14-8 （問 14-2 と類題につき参照）

benzene $\xrightarrow{H_2}$ cyclohexane $\xrightarrow{O_2}$ cyclohexanol, cyclohexanone $\xrightarrow{HNO_3}$ adipic acid (HOOC-...-COOH)

butadiene $\xrightarrow{HCN}$ (NC-CH_2-CH=CH-CH_2-CN) $\xrightarrow{H_2}$ adiponitrile $\xrightarrow{H_2}$ hexamethylenediamine

→ Polycondensation → $-(CO-(CH_2)_4-CO-NH-(CH_2)_6-NH)_n-$ nylon-6,6

14 高分子

14-9

合成繊維（三大合成繊維）

・ポリエステル

$$n\ \text{HOOC-C}_6\text{H}_4\text{-COOH} + n\ \text{HO-CH}_2\text{CH}_2\text{OH} \longrightarrow \left[\text{OC-C}_6\text{H}_4\text{-CO-OCH}_2\text{CH}_2\text{-O}\right]_n + (2n-1)\text{H}_2\text{O}$$

・ポリアミド（ナイロン）

$$n\ \text{HOOC-(CH}_2)_4\text{-COOH} + n\ \text{H}_2\text{N-(CH}_2)_6\text{-NH}_2 \longrightarrow \left[\text{OC-(CH}_2)_4\text{-CO-NH-(CH}_2)_6\text{-NH}\right]_n + (2n-1)\text{H}_2\text{O}$$

・ポリアクリロニトリル

$$n\ \text{H}_2\text{C=CH(CN)} \longrightarrow \left[\text{CH}_2\text{-CH(CN)}\right]_n$$

合成ゴム

・ポリイソプレンゴム（天然ゴム）

$$n\ \text{isoprene} \longrightarrow \text{polyisoprene}$$

・ポリブタジエンゴム

$$n\ \text{butadiene} \longrightarrow \text{polybutadiene}$$

14-10

(1) ポリ塩化ビニル（付加重合）

$$n\ \text{H}_2\text{C=CHCl} \longrightarrow \left[\text{CH}_2\text{-CHCl}\right]_n$$

vinyl chloride → poly(vinyl chloride)

(2) ナイロン-6,6（縮重合）

$$n\ \text{H}_2\text{N-(CH}_2)_6\text{-NH}_2 + n\ \text{HOOC-(CH}_2)_4\text{-COOH} \longrightarrow \left[\text{OC-(CH}_2)_4\text{-CO-NH-(CH}_2)_6\text{-NH}\right]_n + (2n-1)\text{H}_2\text{O}$$

hexamethylene diamine adipic acid

(3) ポリイソプレン（付加重合）

$$n\ \text{isoprene} \longrightarrow \text{polyisoprene}$$

(4) ポリ酢酸ビニル、ポリビニルアルコール（付加重合、加水分解）

$n\,H_2C=CH\text{-}OCOCH_3 \longrightarrow +CH_2\text{-}CH(OCOCH_3)+_n \longrightarrow +CH_2\text{-}CH(OH)+_n + n\,CH_3COOH$

vinyl acetate　　　poly(vinyl acetate)　　　poly(vinyl alcohol)

(5) ポリエチレンテレフタレート（縮重合）

$n\,HOOC\text{-}C_6H_4\text{-}COOH + HO\text{-}CH_2CH_2OH \longrightarrow +OC\text{-}C_6H_4\text{-}CO\text{-}OCH_2CH_2\text{-}O+_n + (2n-1)H_2O$

terephthalic acid　　ethylene glycol　　poly(ethylene terephthalate)

14-11

(1) (ア) 共有、(イ) 付加、(ウ) 開環、(エ) ポリビニルアルコール、(オ) アセタール（おもにホルマール）、(カ) ヘキサメチレンジアミン、(キ) 重縮合、(ク) アミド、(ケ) テレフタル酸、(コ) エステル

(2) 逐次反応：官能基の分子間反応によって重合が段階的に進行する反応であり、ポリマーの重合度は時間とともに増大する。

連鎖反応：活性中心があって、そこで一度反応が始まると一気に反応が最終段階まで進む反応で、ほとんど瞬時に高重合度のポリマーが生成する。

(3)

$n\,H_2C=CH\text{-}OCOCH_3 \longrightarrow +CH_2\text{-}CH(OCOCH_3)+_n \longrightarrow +CH_2\text{-}CH(OH)+_n \xrightarrow{HCHO} +CH_2\text{-}CH\text{-}CH_2\text{-}CH+_n$ の環状アセタール構造（poly(vinyl formal)）

vinyl acetate　poly(vinyl acetate)　poly(vinyl alcohol)　poly(vinyl formal)

(4)

フェノール $\xrightarrow{H_2}$ シクロヘキサノール $\xrightarrow{H_2SO_4}$ シクロヘキセン $\xrightarrow{KMnO_4}$ アジピン酸（COOH, COOH）

(5) ナイロン-6,6

$+C(CH_2)_4\text{-}C\text{-}N(CH_2)_6\text{-}N+_n$
　O　　　O　H　　　H

ポリエチレンテレフタレート

$+OC\text{-}C_6H_4\text{-}CO\text{-}OCH_2CH_2\text{-}O+_n$

14-12

(1) (a) イソプレン

$CH_2=C(CH_3)\text{-}CH=CH_2$
　1　　2　　3　　4

(b) 共役二重結合

(c) 付加重合

14 高分子

(d) ① *cis*-1,4 結合

$$\left(-CH_2-\underset{CH_3}{\underset{|}{C}}=CH-CH_2-CH_2-\underset{CH_3}{\underset{|}{C}}=CH-CH_2-\right)_n$$

② *trans*-1,4 結合

$$\left(-\underset{CH_3}{\underset{|}{C}}\underset{CH_2}{\underset{||}{C}}=CH-CH_2-CH_2-\underset{CH_3}{\underset{|}{C}}\underset{CH_2}{\underset{||}{C}}=CH-\right)_n$$

③ 1,2-結合

$$\left(-CH_2-\underset{CH=CH_2}{\underset{|}{\underset{|}{C}(CH_3)}}-CH_2-\underset{CH=CH_2}{\underset{|}{\underset{|}{C}(CH_3)}}-\right)_n$$

④ 3,4-結合

$$\left(-CH-CH_2-CH-CH_2-\underset{H_3C\,\,CH_2}{\underset{||}{C}}\,\,\underset{H_3C\,\,CH_2}{\underset{||}{C}}\right)_n$$

(2) (a) ポリエチレンテレフタレート

n HOOC—C$_6$H$_4$—COOH + n HO-CH$_2$CH$_2$-OH ⟶ $\left(-\underset{O}{\underset{||}{C}}-C_6H_4-\underset{O}{\underset{||}{C}}-OCH_2CH_2-O-\right)_n$ + $(2n-1)$H$_2$O

terephthalic acid   ethylene glycol   poly(ethylene terephthalate)

(b) 縮重合（重縮合、縮合重合ともいう）

(c) $\left(-\underset{O}{\underset{||}{C}}-C_6H_4-\underset{O}{\underset{||}{C}}-OCH_2CH_2-O-\right)_n$ $192 \times n = 2.0 \times 10^4$ $n = 104.1$　だから　$n = 100$

(3) (a) 熱可塑性とは：加熱すると軟化して可塑性を示し、冷却すると固化するもので、線状高分子からなり、加熱、冷却により軟化、硬化が可逆的に起こること。

(b) 熱可塑性 ⇔ 熱硬化性とは：はじめ低分子量の液状物であるが、加熱により網状構造となり三次元化して不溶不融の樹脂になること。

14-13

(1) (a)

n H$_2$N-(CH$_2$)$_6$-NH$_2$ + n HOOC-(CH$_2$)$_4$-COOH ⟶ $\left(-\underset{O}{\underset{||}{C}}-(CH_2)_4-\underset{O}{\underset{||}{C}}-\overset{H}{\underset{|}{N}}-(CH_2)_6-\overset{H}{\underset{|}{N}}-\right)_n$ + $(2n-1)$H$_2$O

hexamethylene diamine   adipic acid

(b) 縮重合

(c) n [カプロラクタム] $\xrightarrow{H_2O}$ HO$\left(-\underset{O}{\underset{||}{C}}-(CH_2)_5-NH-\right)_n$H

Ring-opening Polymerisation   nylon-6

(d) 酸塩化物はカルボン酸よりも反応性が高いため、低温下でも反応する。

n H$_2$N-(CH$_2$)$_6$-NH$_2$ + n Cl-OC-(CH$_2$)$_4$-CO-Cl ⟶ $\left(-\underset{O}{\underset{||}{C}}-(CH_2)_4-\underset{O}{\underset{||}{C}}-\overset{H}{\underset{|}{N}}-(CH_2)_6-\overset{H}{\underset{|}{N}}-\right)_n$ + $(2n-1)$HCl

hexamethylene diamine   adipoyl dichlorid

【解 答 編】

(2) (a) 数平均分子量：試料内のすべての高分子鎖の分子量を足し合わせて全分子数で割って求めた値

$$\overline{M}_n = \frac{\Sigma N_i M_i}{\Sigma N_i}$$

重量平均分子量：高分子量化合物の分子量を加味した平均分子量

$$\overline{M}_w = \frac{\Sigma N_i M_i^2}{\Sigma N_i M_i}$$

ここで、M_i：ある分子量、N_i：個数（ただし、i は1から無限大の数）

(b) 分子量の不均一性尺度 M_w/M_n

多分散性高分子　　$M_w/M_n > 1$
単分散性高分子　　　　　$= 1$

14-14

(1) (ア) 開始剤、(イ) 付加重合、(ウ) 連鎖、(エ) 重合時間によらずほぼ一定となる、(オ) 重合時間とともに増加する

$$n \; H_2C=CH-C_6H_5 \longrightarrow -(CH_2-CH(C_6H_5))_n-$$

styrene (b) → polystyrene (a)

$$n \; HOOC-(CH_2)_4-COOH + n \; H_2N-(CH_2)_6-NH_2 \rightleftharpoons -(C(=O)-(CH_2)_4-C(=O)-NH-(CH_2)_6-NH)_n- + (2n-1)H_2O$$

adipic acid (d) ＋ hexamethylenediamine (e) → nylon-6,6 (c)

(2) (a)　　　A-A　＋　B-B　→　A-A-B-B-
$t=0$　$N_A = N_0$　$N_B = N_0$　　　0
t　　　N　　　N　　反応度 p

反応度 $p = (N_0 - N)/N_0$ だから $N_0/N = 1/(1-p)$

(b) 数平均重合度 $DP = \dfrac{N_0}{N}$ に (1) より $\dfrac{N_0}{N} = \dfrac{1}{1-p}$ を代入すると

$DP = \dfrac{1}{1-p}$ となる。

$DP = 1/(1-p)$ の式に $p = 0.99$ を代入すると $DP = 100$ となる。

(c) 問 (1) によれば、この反応は可逆反応であるため、反応で生じる水を積極的に取り除いていけば平衡は右に偏る。

14-15

(1) 付加反応

$$n \; H_2C=CH_2 \longrightarrow -(CH_2-CH_2)_n-\quad \text{ポリエチレン}\quad \text{フイルム、成形品}$$

（電気絶縁性、耐水性、防湿性）

14 高分子

縮合反応

$n\ \text{HOOC}-\text{C}_6\text{H}_4-\text{COOH} + n\ \text{HO}-\text{CH}_2\text{CH}_2-\text{OH} \longrightarrow +(\text{CO}-\text{C}_6\text{H}_4-\text{CO}-\text{OCH}_2\text{CH}_2-\text{O})_n + (2n-1)\text{H}_2\text{O}$

terephthalic acid　　　　ethylene glycol　　　　　　　　poly(ethylene terephthalate)

　　　　　　　　　　　　　　　　　　　　　　　　　ポリエチレンテレフタレート　ポリエステル繊維、樹脂（PET）
　　　　　　　　　　　　　　　　　　　　　　　　　　　　　　　　　　　　　　（耐熱性、耐皺性）

(2) phenol + formaldehyde (H−CHO) + phenol → … → phenol resin

化粧板等

(3) ガラス転移温度：高分子では、高分子の種類によって温度は異なるが、ガラス転移と呼ばれる一種の相転移現象が観察される。その温度より下では高分子はガラス状態、上ではゴム状態であるといわれる。この温度を境に、熱膨張係数や電気伝導度、粘度などの温度係数その他の物理量が急激に変化する。

(4) 生体高分子

・タンパク質　　　　　　　・核酸　　　　　　　　　　・グリコーゲン
（ポリペプチド結合）　　　（リン酸エステル結合）　　（α-1,4-グリコシド結合）
細胞のみならず酵素を構成　生命現象のうち遺伝に関わ　動物におけるD-グルコースの貯蔵。
している。　　　　　　　　る。

14-16

(1) ・熱可塑性樹脂：一次元高分子は適当な溶媒に溶け、また大部分のものは加熱によって溶融し、冷却すると元の固体高分子に戻る性質（熱可塑性）を有する樹脂

(a), (b), (d), (e), (f), (g)

・熱硬化性樹脂：加熱により三次元高分子に変化（硬化）し、溶解、溶融しない樹脂

(c), (h)

(2) ポリエチレンテレフタレート

n HOOC−C₆H₄−COOH + n HO−CH₂CH₂−OH ⟶ −[CO−C₆H₄−CO−OCH₂CH₂−O]ₙ− + $(2n-1)$H₂O

terephthalic acid　　ethylene glycol　　　poly(ethylene terephthalate)

(3) ポリイソプレン　加硫 (Vulcanization)

$$H_2C=C(CH_3)-CH=CH_2 \xrightarrow{\text{Vulcanization}}$$

⟶
−H₂C−C(CH₃)=CH−CH−
　　　　　　　　|
　　　　　　　 Sx
　　　　　　　 |
−H₂C−C(CH₃)=CH−CH−

⟶ （Sx は -S-、-S-S- 結合を含む）

−H₂C−C(CH₃)=CH−CH−
　　　　　　　　　|
　　　　　　　　 Sx
−H₂C−C(CH₃)=CH−CH−CH₂−C(CH₃)=CH−CH−
　　　　　　　　　　　　　　　　　　　　|
　　　　　　　　　　　　　　　　　　　 Sx
　　　　　　　　　　　　　　　 −H₂C−C(CH₃)=CH−CH−

硫黄の含量が少ないときには架橋の数が少なくなるため軟ゴムができるが、硫黄量が多くなると架橋の数が多くなり硬くなる。

14-17

(1) スチレンに過塩素酸からのプロトンが付加したカルボカチオンはベンジルカチオンでもあり容易に生成する。この正電荷はベンゼン環にも非局在化することにより、さらに安定化する。

CH₂=CH−C₆H₅ $\xrightarrow{HClO_4}$ [共鳴構造式：ベンジルカチオンのベンゼン環上への非局在化を示す5つの共鳴式]

(2) 過剰量のスチレンがこのカチオンに付加し重合を行う。

H₃C−⁺CH(C₆H₅) + CH₂=CH(C₆H₅) ⟶ H₃C−CH(C₆H₅)−CH₂−⁺CH(C₆H₅)

⟶ H₃C−CH(C₆H₅)−(CH₂CH(C₆H₅))ₙ₋₂−CH₂−CH(C₆H₅)−OMe

(3) スチレンの代りに p-位に水酸基やニトロ基を持つスチレン誘導体と過塩素酸との反応においては、水酸基を持つ共鳴構造式では水酸基も共役にあずかることができ、より安定化する。一方、ニトロ基を持つ共鳴構造式では、p-位の正電荷が隣接したニトロ基の正電荷との電気的な反発により不安定化する。これらにより、水酸基を持つスチレン誘導体は過塩素酸とより速く反応することが予想される。

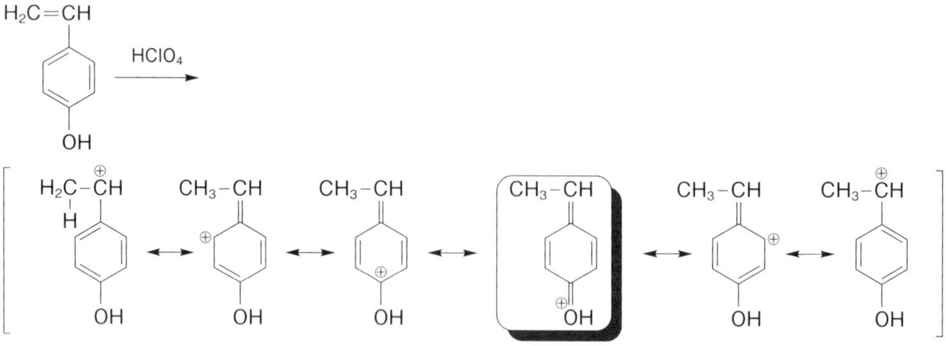

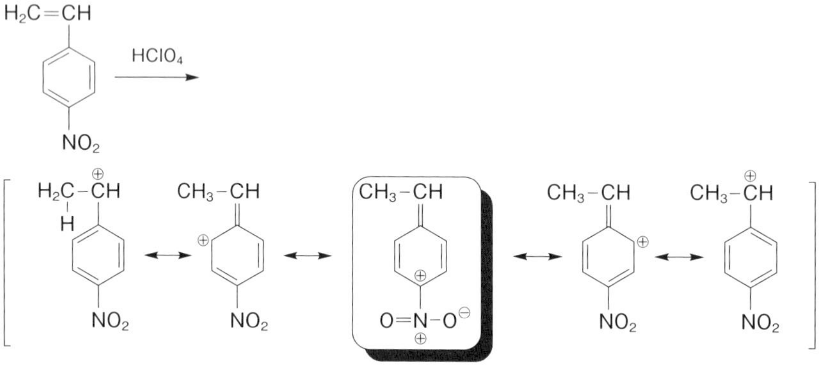

14 高分子

[Structural formulas showing resonance structures of protonated 4-vinylphenol with HClO₄, and 4-nitrostyrene with HClO₄]

14-18

数平均分子量

$$\overline{M_n} = \frac{\Sigma N_i M_i}{\Sigma N_i} = \frac{1 \times (1.0 \times 10^3) + 2 \times (2.0 \times 10^3) + 1 \times (3.0 \times 10^3)}{1 + 2 + 1} = \frac{8.0 \times 10^3}{4} = 2.0 \times 10^3$$

14-19

数平均分子量

$$\overline{M_n} = \frac{\Sigma N_i M_i}{\Sigma N_i} = \frac{1 \times (1.0 \times 10^3) + 2 \times (4.0 \times 10^3) + 3 \times (8.0 \times 10^3)}{1 + 2 + 3} = \frac{33.0 \times 10^3}{6} = 5.5 \times 10^3$$

14-20

(1) A：ポリプロピレン　付加重合　（Ziegler–Natta 触媒）

(A) 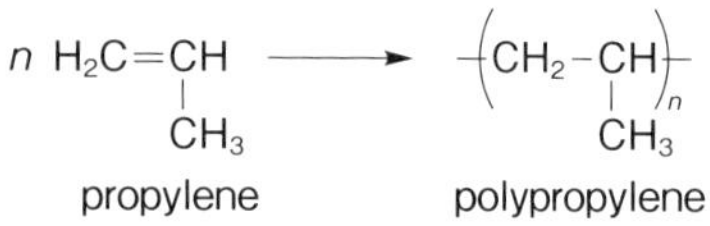 n H₂C=CH(CH₃) ⟶ –(CH₂–CH(CH₃))ₙ–
　　propylene　　　　　polypropylene

B：ポリイソプレン　付加重合　（AIBN）

(B) 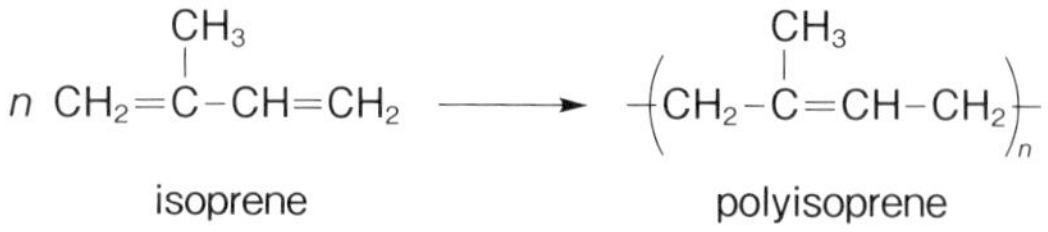 n CH₂=C(CH₃)–CH=CH₂ ⟶ –(CH₂–C(CH₃)=CH–CH₂)ₙ–
　　isoprene　　　　　polyisoprene

C：ポリビニルアルコール　付加重合　（AIBN）

(C) $n\ H_2C=CH\ |\ OCOCH_3$ ⟶ $-(CH_2-CH)_n-\ |\ OCOCH_3$ ⟶ $-(CH_2-CH)_n-\ |\ OH$ ⟶ $-(CH_2-CH-CH_2-CH)_n-\ |\quad\quad\quad|\ O\quad\quad\quad O\ \ \ \backslash\ /\ \ \ \ CH_2$

vinyl acetate　　poly(vinyl acetate)　poly(vinyl alcohol)　　poly(vinyl formal)

D：ポリメタクリル酸メチル　付加重合　（AIBN）

(D) $n\ H_2C=C(CH_3)(COOCH_3)$ ⟶ $-(CH_2-C(CH_3)(COOCH_3))_n-$

methyl methacrylate　　poly(methyl methacrylate)

E：6,6-ナイロン　縮合重合　（触媒不要）

(E) n HOOC-(CH$_2$)$_4$-COOH + n H$_2$N-(CH$_2$)$_6$-NH$_2$ ⇌ $-(C-(CH_2)_4-C-N-(CH_2)_6-N)_n-$ + $(2n-1)H_2O$

adipic acid　　hexamethylenediamine　　　　nylon-6,6

(2) (a) 立体規則性：ビニル系モノマーが重合してポリマーを生成するとき、主鎖の一つ置きに炭素が不斉炭素になる。主鎖に結合したX基がすべて同じ側にある高分子をアイソタクチックポリマー、交互に連結している高分子をシンジオタクチックポリマー、まったく規則性なく連結している高分子をアタクチックポリマーと呼ぶ。

n CH$_2$=CH-X ⟶ Isotactic / Syndiotactic / Atactic

(b) 縮合重合で、重合において水のような小さい分子を脱離しながら進む。

n HOOC-C$_6$H$_4$-COOH + n HO-CH$_2$CH$_2$OH ⟶ $-(C-C_6H_4-C-OCH_2CH_2-O)_n-$ + $(2n-1)H_2O$

terephthalic acid　　ethylene glycol　　　　poly(ethylene terephthalate)

14-21

(1)、(2)

(a) n H$_2$C=CH-CH$_3$ ⟶ $-(CH_2-CH(CH_3))_n-$

propylene　　polypropylene　（ウ）チーグラー・ナッタ触媒

(b) n H$_2$C=C(CH$_3$)(COOCH$_3$) ⟶ $-(CH_2-C(CH_3)(COOCH_3))_n-$

methyl methacrylate　　poly(methyl methacrylate)　（オ）有機ガラス原料

14 高分子

(c) phenol + formaldehyde → → phenol resin　(ア) 熱硬化性樹脂

(d) $n\,H_2N\text{-}(CH_2)_6\text{-}NH_2 + n\,HOOC\text{-}(CH_2)_4\text{-}COOH \longrightarrow \left[\!\!\begin{array}{c}\text{C}-(CH_2)_4-\text{C}-\text{N}-(CH_2)_6-\text{N}\\\|\quad\quad\quad\|\quad\,|\quad\quad\quad\,|\\\text{O}\quad\quad\text{O}\quad\text{H}\quad\quad\quad\text{H}\end{array}\!\!\right]_n + (2n-1)H_2O$

hexamethylene diamine　adipic acid　　nylon-6,6　(エ) 衣料品原材料

(e) $CH_2=CH-CH=CH_2 + H_2C=CH(\text{-Ph}) \longrightarrow \{(CH_2-CH=CH-CH_2)_m(CH_2-CH(\text{Ph}))_n\}$

butadiene　styrene　　styrene-butadiene rubber　(イ) 合成ゴム原料

14-22

(a) polypropylene —(CH₂–CH(CH₃))ₙ—
(b) poly(vinyl alcohol) —(CH₂–CH(OH))ₙ—
(c) polystyrene —(CH₂–CH(C₆H₅))ₙ—
(d) polybutadiene —(CH₂–CH=CH–CH₂)ₙ—
(e) polyethylene —(H₂C–CH₂)ₙ—
(f) poly(vinyl chloride) —(CH₂–CH(Cl))ₙ—
(g) poly(methyl methacrylate) —(CH₂–C(CH₃)(COOCH₃))ₙ—
(h) poly(ethylene terephthalate) —(CO–C₆H₄–CO–OCH₂CH₂–O)ₙ—
(i) polyacrylonitrile —(CH₂–CH(CN))ₙ—
(j) nylon-6,6 —(CO–(CH₂)₄–CO–NH–(CH₂)₆–NH)ₙ—

14-23

(1) 塩化カルシウム管：空気中の湿気が入らないようにするため（塩化チオニルや生成したアジピン酸クロリドが水と反応しやすいため）。
(2) 酸塩化物の方がカルボン酸よりもヘキサメチレンジアミンとの反応性が高いため。
(3) NaOH：反応に際して生成する HCl を中和するため。

(4) Cl-(C=O)(CH₂)₄-(C=O)-Cl　　分子量：183　　3.6 g = 0.02 mol
　　NH₂-(CH₂)₆-NH₂　　　　　　分子量：116　　2.2 g = 0.02 mol
　　NaOH　　　　　　　　　　　　式量　：40　　1.6 g = 0.04 mol

(5) CCl₄ の比重が大きいため、ヘキサメチレンジアミンの水溶液を通り越して下層に流れる。したがって、界面での重合がうまく行われないのでポリマーも取り出しが困難となる。

(6) n H₂N-(CH₂)₆-NH₂ + n Cl-OC-(CH₂)₄-CO-Cl ⟶ ─[C-(CH₂)₄-C-N-(CH₂)₆-N]─$_n$ + (2n−1)HCl
　　hexamethylene diamine　　　adipoyl dichloride

(7) CCl₄ の代りになる有機溶媒の条件
　　① 比重が水よりも大きな溶媒
　　② 水と混和しない溶媒
　　③ 試薬と反応しない溶媒

14-24

(1) (A) H₂C=CH-COOCH₃　methyl acrylate
　　(B) H₂C=CH-OCOCH₃　vinyl acetate

(2) (A) H₂C=CH-COOCH₃ + NaOH ⟶ H₂C=CH-COONa + CH₃OH
　　　methyl acrylate　　　　　　　sodium acrylate　　methanol (E)

　　(B) H₂C=CH-OCOCH₃ + NaOH ⟶ [H₂C=CH-OH] ⟶ CH₃-C(=O)-H + CH₃COONa
　　　vinyl acetate　　　　　　　　vinyl alcohol　　acetaldehyde (F)
　　　　　　　　　　　　　　　　　　unstable

(3) アクリル酸メチルが重合したラジカル末端においては共鳴構造式をとることができ、ラジカルが安定化するため反応性が高いと予想される。一方、酢酸ビニルの重合中間体におけるラジカルは特に安定化することはない。

H₂C=CH-COOCH₃ ⟶ [─H₂C-ĊH-C(=O)-OCH₃ ↔ H₂C-CH-C(-OCH₃)=Ȯ]　　H₂C=CH-OCOCH₃ ⟶ ─H₂C-ĊH-OCOCH₃

(4) ─[H₂C-CH-CH₂-CH]─$_n$　　NaOH　　─[H₂C-CH-CH₂-CH]─$_n$
　　　　│　　│　　　　　　　　⟶　　　　│　　│
　　　　C-OCH₃ OCOCH₃　　　　　　　　　C-ONa OH
　　　　‖　　　　　　　　　　　　　　　‖
　　　　O　　　　　　　　　　　　　　　O

201

14 高分子

14-25

(1) 高密度ポリエチレン

$$CH_2=CH_2 \xrightarrow[\text{Low Pressure}]{TiCl_4-Al(Et)_3} -(CH_2-CH_2)_n-$$

(2) ポリビニルアルコール

$n\ H_2C=CH(OCOCH_3) \longrightarrow -(CH_2-CH)_n-\ (OCOCH_3) \longrightarrow -(CH_2-CH)_n-\ (OH)$

vinyl acetate　　　　poly(vinyl acetate)　　　　poly(vinyl alcohol)

(3) ナイロン-6,6

$n\ \text{(COOH, COOH)} + n\ \text{(NH}_2\text{, NH}_2\text{)} \rightleftharpoons -(C(=O)-(CH_2)_4-C(=O)-NH-(CH_2)_6-NH)_n- + (2n-1)H_2O$

adipic acid　　hexamethylenediamine　　　　nylon-6,6

14-26

[1] (1) (a) 付加重合、(d) 連鎖重合、(g) 合成樹脂、(i) 熱可塑性樹脂

$H_2C=CH(C_6H_5) \longrightarrow -(CH_2-CH(C_6H_5))_n-$

styrene　　　polystyrene

(2) (a) 付加重合、(d) 連鎖重合、(f) 合成繊維、(i) 熱可塑性樹脂

$H_2C=CH(C\equiv N) \longrightarrow -(CH_2-CH(C\equiv N))_n-$

acrylonitrile　　polyacrylonitrile

(3) (a) 付加重合、(d) 連鎖重合、(g) 合成樹脂、(i) 熱可塑性樹脂

$CH_2=CH_2 \longrightarrow -(CH_2-CH_2)_n-$

ethylene　　polyethylene

(4) (b) 縮合重合、(c) 逐次重合、(f) 合成繊維、(g) 合成樹脂、(i) 熱可塑性樹脂

$n\ HOOC-C_6H_4-COOH + n\ HO-CH_2CH_2OH \longrightarrow -(C(=O)-C_6H_4-C(=O)-OCH_2CH_2-O)_n- + (2n-1)H_2O$

terephthalic acid　　ethylene glycol　　　poly(ethylene terephthalate)

(5) (b) 縮合重合、(c) 逐次重合、(f) 合成繊維、(g) 合成樹脂、(i) 熱可塑性樹脂

$n\ \text{(COOH, COOH)} + n\ \text{(NH}_2\text{, NH}_2\text{)} \rightleftharpoons -(C(=O)-(CH_2)_4-C(=O)-NH-(CH_2)_6-NH)_n- + (2n-1)H_2O$

adipic acid　　hexamethylenediamine　　　nylon-6,6

(6) (a) 付加重合、(d) 連鎖重合、(e) 天然高分子、(h) 合成ゴム

isoprene → polyisoprene

[2] ビニロン

vinyl acetate → poly(vinyl acetate) → poly(vinyl alcohol) → poly(vinyl formal)

[3] 数平均分子量

$$\overline{M_n} = \frac{\sum N_i M_i}{\sum N_i} = \frac{(1 \times 100 + 2 \times 200 + 1 \times 300) \times 100}{1+2+1} = \frac{800 \times 100}{4} = 2 \times 10^4$$

重量平均分子量

$$\overline{M_w} = \frac{\sum N_i M_i^2}{\sum N_i M_i} = \frac{1 \times (100 \times 100)^2 + 2 \times (200 \times 100)^2 + 1 \times (300 \times 100)^2}{(1 \times 100 + 2 \times 200 + 1 \times 300) \times 100} = \frac{18 \times 10^8}{800 \times 100} = 2.25 \times 10^4$$

14-27

(1) (a) ポリ塩化ビニル：付加重合

vinyl chloride → poly(vinyl chloride)

ポリエチレンテレフタレート：縮合重合（縮重合）

terephthalic acid + ethylene glycol → poly(ethylene terephthalate) + $(2n-1)H_2O$

(b) ポリスチレン：付加重合

styrene → polystyrene

ポリビニルアルコール：付加重合、ケン化

vinyl acetate → poly(vinyl acetate) → poly(vinyl alcohol)

(2) ① ナイロン-6,6、② カロザース、③ 配位アニオン、④ Ziegler-Natta、⑤ 導電性、⑥ 連鎖開始、⑦ 連鎖成長、⑧ 連鎖成長、⑨ 連鎖停止、⑩ リビング

(3) (a) アイソタクチックポリプロピレン

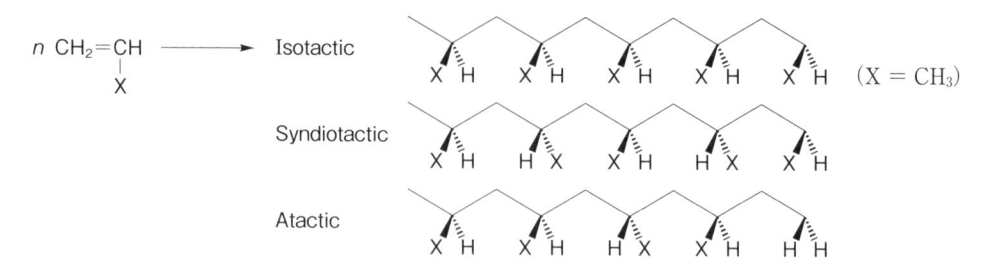

n CH$_2$=CH–X ⟶ Isotactic (X = CH$_3$)

Syndiotactic

Atactic

(b) ポリブタジエン

n CH$_2$=CH–CH=CH$_2$ ⟶ cis-1,4-結合 / trans-1,4-結合

1,2-結合 / 3,4-結合

(c) 頭–頭-ポリスチレン

Head-to-Head

Head-to-Tail

15 工業化学

15-1

(a) ① Hg   ③ Pd (PdCl$_2$-CuCl$_2$)
(b) ④ エチレン CH$_2$=CH$_2$ ⑥ エチレンジクロリド (1,2-ジクロロエタン) Cl-CH$_2$-CH$_2$-Cl
(c) ② アセチレンの水和

H–C≡C–H $\xrightarrow[\text{HgSO}_4,\ \text{H}_2\text{SO}_4]{\text{H}_2\text{O}}$ [vinyl alcohol] unstable ⟶ CH$_3$–CHO acetaldehyde

【解答編】

⑤ アセチレンへの付加

$$H-C\equiv C-H \xrightarrow[\text{HgCl}_2,\text{HCl}]{\text{HCl}} \begin{array}{c} H \\ C=C \\ H \quad Cl \end{array}$$
vinyl chloride

15-2

(1) 硫黄の影響
 ① 不快臭（悪臭の発生）
 ② 触媒被毒
 ③ 装置の腐食
 ④ 大気汚染

(2) チオフェン $\xrightarrow{H_2}$ テトラヒドロチオフェン $\xrightarrow{H_2}$ シクロブタン + H_2S

(3) 硫黄の利用法
 ① 自動車タイヤの加硫
 ② 硫黄化合物の原料

(4) 石油 1 t（1000 kg）中の硫黄の含有量　1.6 % = 16 kg
　　チオフェン（C_4H_4S）：　S = 84 : 32 = X kg : 16 kg
　　　　X = 42 kg
　　チオフェン（1 mol = 84 g）：H_2 4 mol = 42 kg : Y mol
　　　　Y = 2000 mol の水素 = 44800 l = <u>44.8 m³</u>
　　　　　　（1 mol = 22.4 l）

15-3

平均分子量の小さい順番　LPG ＜ ナフサ ＜ 灯油 ＜ 軽油 ＜ 重油 ＜ アスファルト

15-4

(1) ナイロン-6,6

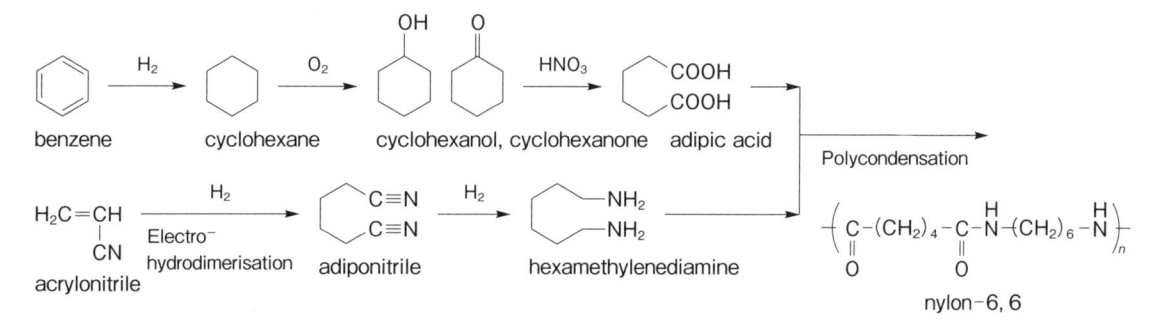

benzene $\xrightarrow{H_2}$ cyclohexane $\xrightarrow{O_2}$ cyclohexanol, cyclohexanone $\xrightarrow{HNO_3}$ adipic acid (COOH, COOH)

acrylonitrile ($H_2C=CH-CN$) $\xrightarrow[\text{Electro-hydrodimerisation}]{H_2}$ adiponitrile ($C\equiv N$, $C\equiv N$) $\xrightarrow{H_2}$ hexamethylenediamine (NH_2, NH_2)

→ Polycondensation → $+[C-(CH_2)_4-C-N-(CH_2)_6-N]_n$ (nylon-6,6)
　　　　　　　　　　　　 ‖　　　　‖　 H　　　　　H
　　　　　　　　　　　　 O　　　　O

(2) ヘキスト-ワッカー法によるアセトアルデヒド

$$CH_2=CH_2 \xrightarrow{O_2,\ PdCl_2-CuCl_2} CH_3-\underset{\underset{O}{\|}}{C}-H$$

15 工業化学

(3) プロピレンからのアクリロニトリルの合成（Sohio 法によるアンモ酸化）

$$CH_3-CH=CH_2 \xrightarrow[\text{Ammoxidation}]{NH_3, O_2} CH_2=CH-C\equiv N$$

15-5

(1) C_4 留分：ナフサの熱分解において生成する炭素数が四つのものを含む留分。ブタジエン、各種ブテン、各種ブタンなどを含む。

(2)

$CH_2=CH-CH=CH_2$	$H_2C=CH-CH_2CH_3$	$CH_2=C(CH_3)-CH_3$
butadiene	1-butene	2-methylpropene

15-6

クメン法によるフェノールとアセトンの合成

$$\text{ベンゼン} \xrightarrow{H^+, CH_3-CH=CH_2} \text{cumene (isopropylbenzene)} \xrightarrow{O_2} \text{cumenehydroperoxide} \xrightarrow{H_2SO_4} \text{phenol} + CH_3-CO-CH_3 \text{ (acetone)}$$

クメン法とは、酸触媒存在下でベンゼンにプロピレンを作用させることにより得られるイソプロピルベンゼン（クメン）の酸化、転位反応によりフェノールとアセトンを得る合成法である。

15-7

塩化ビニルの合成法

① EDC 法（塩素付加、気相脱塩化水素）

$$CH_2=CH_2 \xrightarrow[FeCl_3]{Cl_2} Cl-CH_2-CH_2-Cl \xrightarrow{\Delta} CH_2=CHCl + HCl$$

② オキシ塩素化法（$CuCl_2$ 触媒の存在下、塩化水素の酸化とエチレンの塩素化を同時に行う）

$$CH_2=CH_2 + 2HCl + \frac{1}{2}O_2 \xrightarrow{CuCl_2} Cl-CH_2-CH_2-Cl + H_2O \longrightarrow CH_2=CHCl + HCl$$

15-8

エチレンの工業的利用法

① ポリエチレン：成形品

$$CH_2=CH_2 \longrightarrow -(CH_2-CH_2)_n-$$

② 塩化ビニル（ポリ塩化ビニル）：水道管、シート

$$CH_2=CH_2 \longrightarrow CH_2=CHCl \longrightarrow -(CH_2-CHCl)_n-$$

③ エチレンオキシド（エチレングリコール）：ポリエステル樹脂（PET）、ポリエステル繊維原料

$$CH_2=CH_2 \longrightarrow \underset{O}{CH_2-CH_2} \longrightarrow \underset{OH\;\;OH}{CH_2-CH_2}$$

15-9

(1) 炭素のガス化

① 炭素に水蒸気、空気（または酸素）を反応させ、水素と一酸化炭素の水性ガスを取り出す方法

$$C + H_2O \longrightarrow CO + H_2$$

② 炭素に直接水素を作用させメタンガスを取り出す方法

$$C + 2H_2 \longrightarrow CH_4$$

(2) 合成繊維の名称と構造

① ナイロン-6,6

$$+\!\!\left(\underset{O}{\overset{\|}{C}}\!-\!(CH_2)_4\!-\!\underset{O}{\overset{\|}{C}}\!-\!\overset{H}{\underset{}{N}}\!-\!(CH_2)_6\!-\!\overset{H}{\underset{}{N}}\right)\!\!_n$$

nylon-6,6

② ポリエステル繊維

$$+\!\!\left(\underset{O}{\overset{\|}{C}}\!-\!\!\!\left\langle\!\!\!\bigcirc\!\!\!\right\rangle\!\!-\!\underset{O}{\overset{\|}{C}}\!-\!OCH_2CH_2\!-\!O\right)\!\!_n$$

poly(ethylene terephthalate)

③ アクリル繊維

$$+\!\!\left(\underset{CN}{\overset{|}{CH_2\!-\!CH}}\right)\!\!_n$$

polyacrylonitrile

(3) 有機元素分析：有機化合物を構成する各元素を定性または定量分析し、その含有元素を確認したり含有率などの量的関係を測定する有機分析法

15-10

(1) 酢酸

$$CH_3CH_2-OH \xrightarrow{K_2Cr_2O_7} \underset{O}{\overset{\|}{CH_3-C-H}} \xrightarrow{K_2Cr_2O_7} \underset{O}{\overset{\|}{CH_3-C-OH}}$$

(2) プロピレンオキシド

$$CH_3-CH=CH_2 \xrightarrow{mCPBA} \underset{O}{CH_3-CH-CH_2}$$

17 総合問題

(3) アセチレンからのアセトアルデヒド

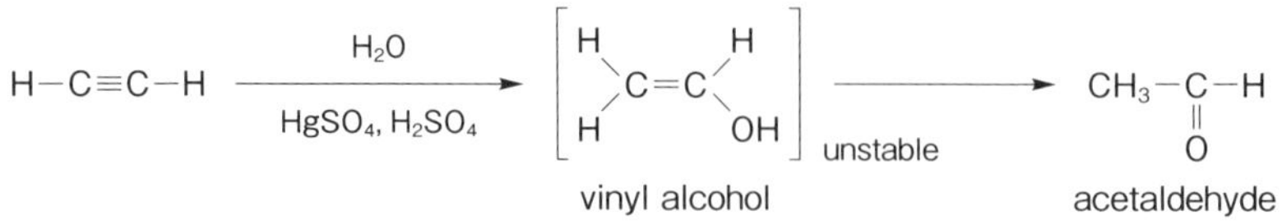

$$H-C\equiv C-H \xrightarrow[HgSO_4, H_2SO_4]{H_2O} \left[\begin{array}{c} \underset{H}{\overset{H}{>}}C=C\underset{OH}{\overset{H}{<}} \end{array} \right]_{\text{unstable}} \longrightarrow CH_3-\underset{\underset{O}{\|}}{C}-H$$

vinyl alcohol　　　　acetaldehyde

16 化学用語の説明

解答省略

17 総合問題

17-1

(1) Diels-Alder 反応

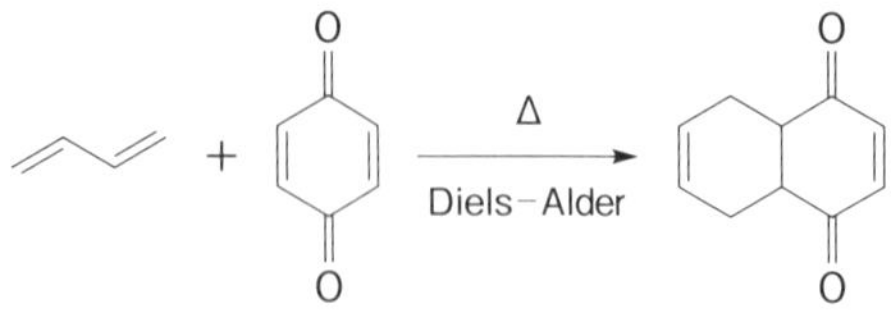

(2) Friedel-Crafts 反応

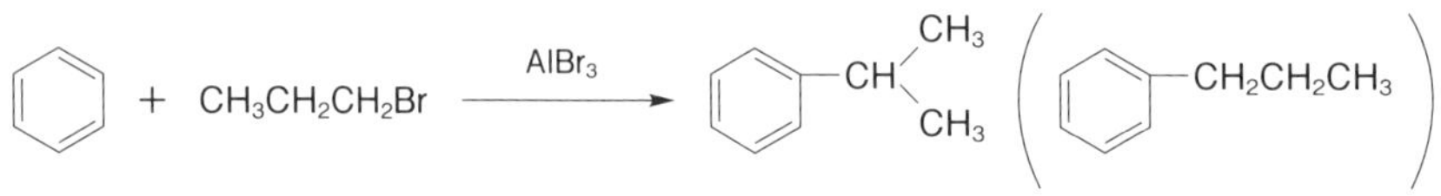

17-2

(1) 脱水

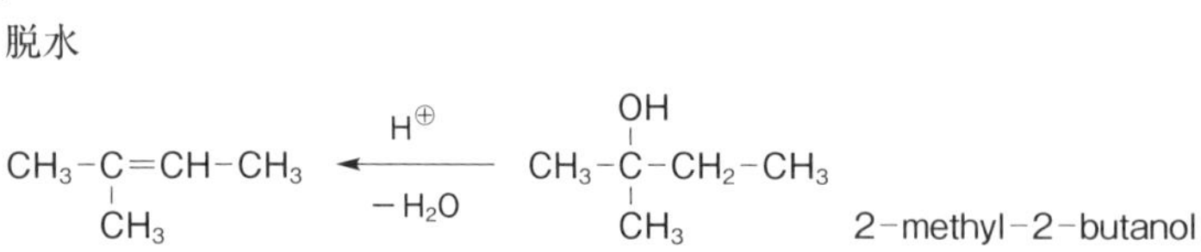

$$CH_3-\underset{\underset{CH_3}{|}}{C}=CH-CH_3 \xleftarrow[-H_2O]{H^\oplus} CH_3-\underset{\underset{CH_3}{|}}{\overset{\overset{OH}{|}}{C}}-CH_2-CH_3 \quad \text{2-methyl-2-butanol}$$

(2) 酸化

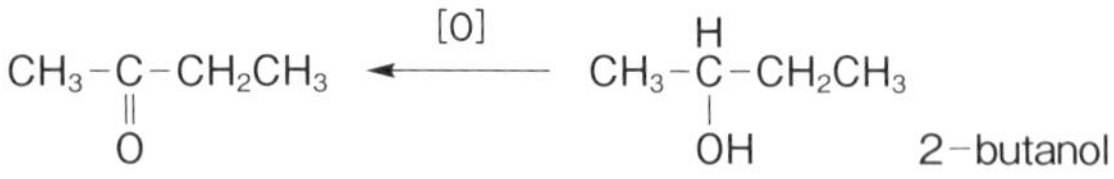

$$CH_3-\underset{\underset{O}{\|}}{C}-CH_2CH_3 \xleftarrow{[O]} CH_3-\underset{\underset{OH}{|}}{\overset{\overset{H}{|}}{C}}-CH_2CH_3 \quad \text{2-butanol}$$

(3) 酸化

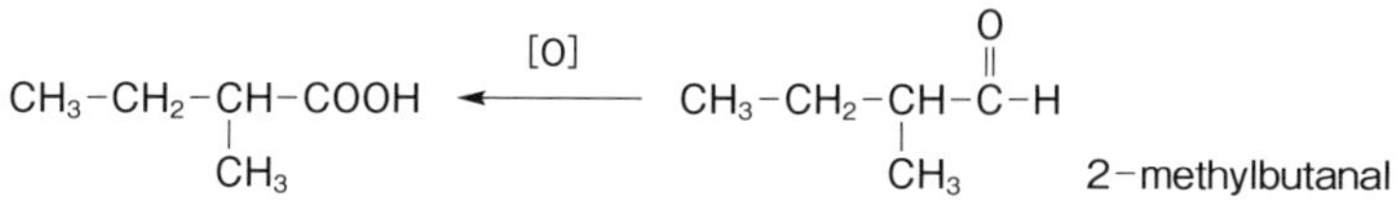

CH₃-CH₂-CH(CH₃)-COOH ←[O]— CH₃-CH₂-CH(CH₃)-CHO   2-methylbutanal

(4) HBr の付加

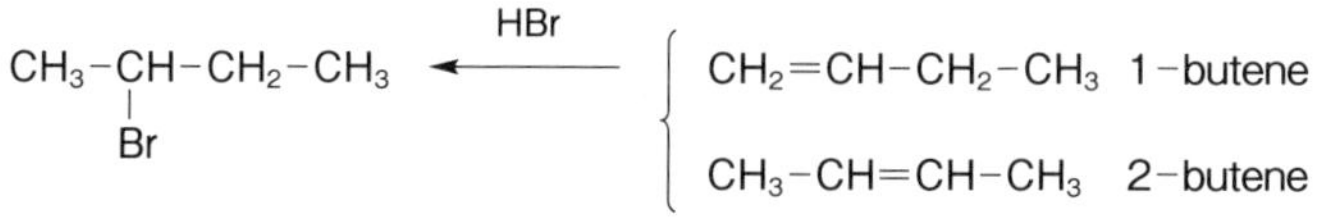

CH₃-CHBr-CH₂-CH₃ ←HBr— { CH₂=CH-CH₂-CH₃ 1-butene
                         CH₃-CH=CH-CH₃   2-butene }

17-3

(1) 第3級ハロゲン化アルキルの脱 HBr 反応

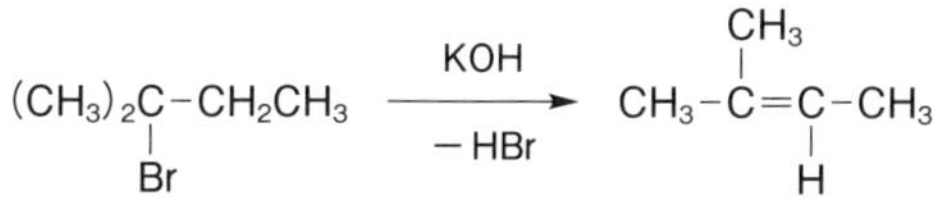

(CH₃)₂CBr-CH₂CH₃ —KOH, −HBr→ CH₃-C(CH₃)=CH-CH₃ (H)

(2) アセチリドアニオンの求核付加

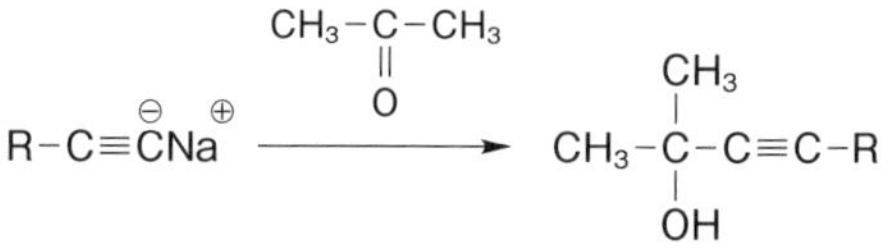

R-C≡C⁻Na⁺ + CH₃-C(=O)-CH₃ ⟶ CH₃-C(CH₃)(OH)-C≡C-R

(3) Friedel-Crafts 反応

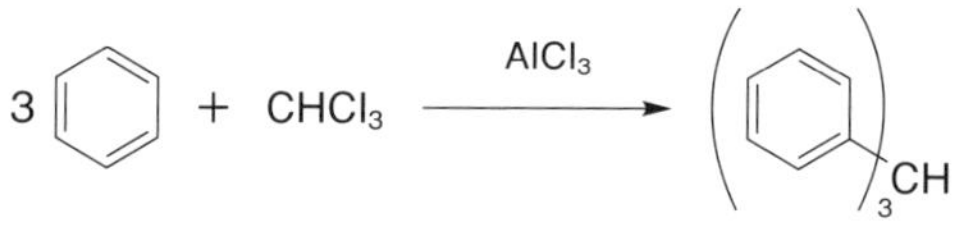

3 C₆H₆ + CHCl₃ —AlCl₃→ (C₆H₅)₃CH

(4) 混合（交差）アルドール縮合

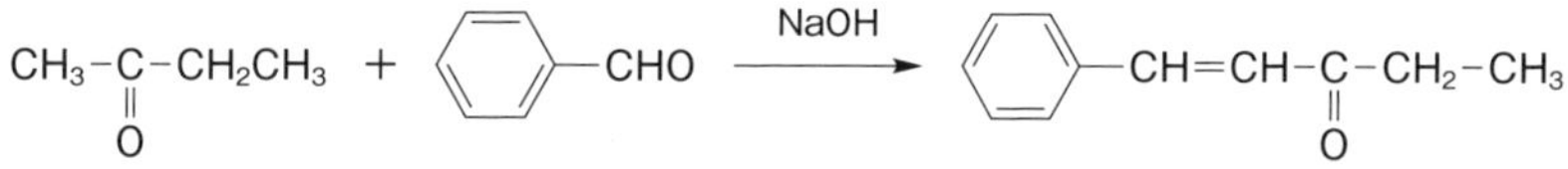

CH₃-C(=O)-CH₂CH₃ + C₆H₅-CHO —NaOH→ C₆H₅-CH=CH-C(=O)-CH₂-CH₃

17-4

(1) CH₃-CH=CH₂ + HBr ⟶
- マルコフニコフ H⁺ → CH₃-CH⁺-CH₃ —Br⁻→ CH₃-CHBr-CH₃ (Ⅰ)
- 逆マルコフニコフ Br· → CH₃-ĊH-CH₂Br ⟶ CH₃-CH₂CH₂Br (Ⅱ)

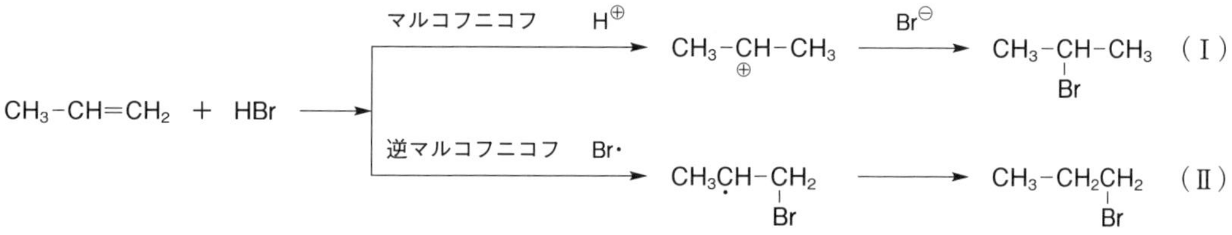

(2) [(S)-1-フェニルエチル p-トルエンスルホン酸エステル] + CH₃COONa ⟶ C₁₀H₁₂O₂ + p-CH₃C₆H₄SO₃Na

CH₃-C(=O)-O-C(H)(CH₃)(C₆H₅) (Ⅲ)

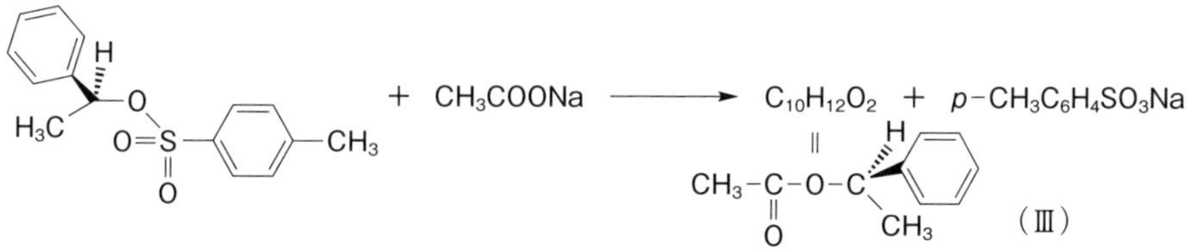

17 総合問題

(3) Friedel-Crafts 反応

CH₃O-⟨⟩ + CH₃COCl —Lewis acid→ C₉H₁₀O₂ + HCl

CH₃O-⟨⟩-COCH₃ (Ⅳ)

(4) Grignard 反応

⟨⟩-CHO + CH₃MgBr ⟶ C₈H₉OMgBr = Ph-C(CH₃)(H)(OMgBr) (Ⅴ)

(5) Claisen 縮合（エステルの Aldol 型縮合）

2 CH₃COOCH₂CH₃ —base→ C₆H₁₀O₃ = CH₃-C(=O)-CH₂-C(=O)-O-CH₂CH₃ (Ⅵ)

(6) Diels-Alder 反応

furan + 無水マレイン酸 —Δ→ C₈H₆O₄ (Ⅶ)

(7) クメン法によるフェノール・アセトン合成

H₃C-CH(C₆H₅)-CH₃ —O₂→ H₃C-C(OOH)(C₆H₅)-CH₃ —H⁺→ C₆H₆O + C₃H₆O

フェノール (Ⅷ) アセトン CH₃-C(=O)-CH₃ (Ⅸ)

(8) アンモ酸化によるアクリロニトリル合成

CH₃-CH=CH₂ + NH₃ + 1.5 O₂ ⟶ C₃H₃N = CH₂=CH-C≡N (Ⅹ)

17-5

(1) Grignard 試薬と活性水素化合物

CH₃MgBr —CH₃OH→ CH₃-H + MgBr(OCH₃)
                                    (A)

(2) オキシム合成

C₆H₅-C(=O)-CH₃ ⟶ C₆H₅-C(CH₃)(O⁻)(⁺NH₂OH) ⟶ C₆H₅-C(CH₃)(:NHOH)(OH) ⟶ C₆H₅-C(CH₃)=NOH
                                                                                          (B)

(3) クメン法によるフェノール・アセトン合成

Ph-C(CH₃)₂-OOH —H⁺→ ⟨⟩-OH + (CH₃)₂C=O
                              (C)   (D)

210

【解 答 編】

(4) Friedel-Crafts アシル化（Cl 基は o,p-配向性）

$$\text{C}_6\text{H}_5\text{Cl} \xrightarrow{\text{CH}_3\text{COCl/AlCl}_3} \text{CH}_3\text{CO-C}_6\text{H}_4\text{-Cl} \quad (E)$$

(5) メタクリル酸メチルの付加重合（ラジカル重合）

$$\text{CH}_2=\text{C(CH}_3\text{)COOCH}_3 \xrightarrow{0.5\% \text{ benzoyl peroxide}} -(\text{CH}_2-\text{C(CH}_3)(\text{COOCH}_3))_n- \quad (F)$$

17-6

(1) Friedel-Crafts のアシル化（CH$_3$O 基は o,p-配向性）

$$\text{H}_3\text{CO-C}_6\text{H}_5 \xrightarrow{\text{CH}_3\text{COCl/AlCl}_3} \text{H}_3\text{CO-C}_6\text{H}_4\text{-COCH}_3 \quad (A)$$

(2) ラクトンの還元

δ-valerolactone $\xrightarrow[\text{Ether}]{\text{LiAlH}_4}$ HO-(CH$_2$)$_5$-OH 1,5-pentanediol (B)

(3) 塩基触媒存在下、置換アセト酢酸エステル合成

$$\text{CH}_3\text{COCH}_2\text{COOC}_2\text{H}_5 \xrightarrow[\text{C}_6\text{H}_5\text{CH}_2\text{Br}]{\text{NaOC}_2\text{H}_5} \text{C}_6\text{H}_5\text{CH}_2\text{-CH(COOC}_2\text{H}_5\text{)-COCH}_3 \quad (C)$$

17-7

(1) [3,3]-シグマトロピー（Cope 転位）

1,5-hexadiene $\xrightarrow{\text{heat}}$ 1,5-hexadiene (転位体)

(2) Friedel-Crafts のアルキル化

$$\text{C}_6\text{H}_6 + 3\,(\text{CH}_3)_3\text{CCl} \xrightarrow[-10\,°\text{C}]{\text{AlCl}_3} \text{C}_6\text{H}_5\text{-C(CH}_3)_3$$

(p-di-tert-butylbenzene,　1,3,5-tri-tert-butylbenzene,　m-di-tert-butylbenzene)

(3) Diels-Alder 反応

2 cyclopentadiene ⟶ dicyclopentadiene

211

17 総合問題

17-8
アセチレンの水和

$$CH_3CH_2C\equiv CH \xrightarrow[Hg^{2+}]{H_3O^+} CH_3CH_2-\underset{OH}{C}=CH_2 \longrightarrow CH_3CH_2-\underset{O}{\overset{}{C}}-CH_3$$

17-9
(1)

benzene $\xrightarrow{HNO_3, H_2SO_4}$ nitrobenzene $\xrightarrow{Br_2, FeBr_3}$ 1-bromo-3-nitrobenzene

(2) HCN 付加、加水分解

$$CH_3-CH=CH_2 \xrightarrow{HCN} CH_3-\underset{C\equiv N}{\overset{}{CH}}-CH_3 \xrightarrow{H_2O} CH_3-\underset{COOH}{\overset{}{CH}}-CH_3 \equiv (CH_3)_2CHCOOH$$

17-10
(1) Grignard 反応

$$R-MgX + R'-\underset{O}{\overset{\|}{C}}-R'' \longrightarrow R'-\underset{OMgX}{\overset{R}{\overset{|}{C}}}-R'' \longrightarrow R'-\underset{OH}{\overset{R}{\overset{|}{C}}}-R''$$

(2) ヨードホルム反応

$$CH_3CH_2CH_2-\underset{OH}{\overset{}{CH}}-CH_3 \xrightarrow{I_2, NaOH} CHI_3 + CH_3CH_2CH_2COO^{\ominus}$$

17-11
ナイロン-6 原料のシクロヘキサノンオキシム合成

cyclohexanone $\xrightarrow{NH_2OH}$ cyclohexanone oxime (=N-OH)

17-12
(1) 脱 DBr (*trans*-β-脱離)

→ 3-methylcyclohexene

(2) ハロホルム反応

$$CH_3-\underset{O}{\overset{}{C}}-CH_3 + Cl_2 + NaOH \longrightarrow CHCl_3 + CH_3COO^{\ominus}$$

【解 答 編】

17-13

(1) 過酸によるエポキシ化

Ph-COOOH + シクロヘキセン ⟶ シクロヘキセンオキシド

(2) Grignard 反応

$$R-C\equiv N + R'MgBr \longrightarrow R-C(=N-MgBr)(R') \xrightarrow{H_2O} R-C(=N-H)(R') \longrightarrow R-C(N-H)(R')(OH) \longrightarrow R-C(=O)-R' + NH_3$$

(3) アルキンのオゾン分解

$$H-C\equiv C-H + O_3 \longrightarrow CO_2 + H_2O$$

17-14

(1) 1-ブテンから 2-ブテン（HBr 付加、脱離）

$$CH_2=CH-CH_2CH_3 \xrightarrow{HBr} CH_3-CHBr-CH_2CH_3 \xrightarrow{{}^{\ominus}OH} CH_3-CH=CHCH_3$$

(2) ホルムアルデヒドから乳酸

$$H-CHO \xrightarrow{CH_3MgBr} CH_3-CH(OMgBr)-H \xrightarrow{H_2O} CH_3-CH(OH)-H \xrightarrow{PCC} CH_3-C(=O)-H \xrightarrow{HCN} CH_3-C(OH)(CN)-H \xrightarrow{H_2O} CH_3-C(OH)(COOH)-H$$

17-15

(1) 1-フェニルエタノールから 2-フェニルエタノール（脱水、ハイドロボレーション-酸化）

$$Ph-CH(OH)-CH_3 \xrightarrow[-H_2O]{H_2SO_4} Ph-CH=CH_2 \xrightarrow[2) H_2O_2-NaOH]{1) (BH_3)_2} Ph-CH_2-CH_2-OH$$

(2) 1-フェニルエタノールから 1,2-ジフェニルエタン
（(1) の反応、酸化、Grignard 反応、脱水、水素化）

$$Ph-CH(OH)-CH_3 \xrightarrow[-H_2O]{H_2SO_4} \xrightarrow[2) H_2O_2-NaOH]{1) (BH_3)_2} \xrightarrow{PCC} Ph-CH_2-CHO \xrightarrow{PhMgBr} Ph-CH_2-CH(OH)-Ph$$

$$\xrightarrow[-H_2O]{H_2SO_4} Ph-CH=CH-Ph \xrightarrow{H_2} Ph-CH_2-CH_2-Ph$$

17 総合問題

(3) 1-フェニルエタノールから 4-フェニル-2-ブタノン((1)の反応、ブロモ化、Grignard 反応、酸化)

$$\text{Ph-CH(OH)-CH}_3 \xrightarrow[-H_2O]{H_2SO_4} \xrightarrow[\text{2) }H_2O_2-NaOH]{\text{1) }(BH_3)_2} \text{Ph-CH}_2\text{-CH}_2\text{-OH} \xrightarrow{PBr_3} \text{Ph-CH}_2\text{-CH}_2\text{-Br}$$

$$\xrightarrow{Mg} \xrightarrow{CH_3CHO} \text{Ph-CH}_2CH_2\text{-CH(CH}_3\text{)-OMgBr} \longrightarrow \text{Ph-CH}_2CH_2\text{-CH(CH}_3\text{)-OH} \longrightarrow \text{Ph-CH}_2CH_2\text{-C(=O)-CH}_3$$

または

$$\text{Ph-CH(OH)-CH}_3 \xrightarrow[-H_2O]{H_2SO_4} \xrightarrow[\text{2) }H_2O_2-NaOH]{\text{1) }(BH_3)_2} \text{Ph-CH}_2\text{-CH}_2\text{-OH} \xrightarrow{PBr_3} \text{Ph-CH}_2\text{-CH}_2\text{-Br}$$

$$\xrightarrow{NaCN} \text{Ph-CH}_2\text{-CH}_2\text{-CN} \xrightarrow{CH_3MgBr} \xrightarrow{H_2O} \text{Ph-CH}_2CH_2\text{-C(=O)-CH}_3$$

17-16

(1) Sohio 法によるアクリルアミドの合成

$$\text{CH}_3\text{-CH=CH}_2 \xrightarrow{NH_3, O_2} \text{CH}_2\text{=CH-C≡N} \xrightarrow{H_2O} \text{CH}_2\text{=CH-C(=O)-NH}_2$$

(2) Hoffmann 転位によるアニリン合成
(カルボン酸アミドへの次亜臭素酸の作用による電子不足窒素(ナイトレン)を経由する転位反応)

$$\text{Ph-COOH} \xrightarrow{SOCl_2} \text{Ph-COCl} \xrightarrow{NH_3} \text{Ph-CONH}_2 \xrightarrow{NaOH, Br_2} \text{Ph-NH}_2$$

(3) Grignard 反応を用いるエチルベンゼンの合成

$$\text{Ph-CHO} \xrightarrow{CH_3MgBr} \text{Ph-CH(CH}_3\text{)-OMgBr} \xrightarrow{H_2O} \text{Ph-CH(CH}_3\text{)-OH}$$

$$\xrightarrow{H_2SO_4} \text{Ph-CH=CH}_2 \xrightarrow{H_2} \text{Ph-CH}_2\text{-CH}_3$$

または

$$\text{H}_3\text{C-CHO} \xrightarrow{C_6H_5MgBr} \text{Ph-CH(CH}_3\text{)-OMgBr} \xrightarrow{H_2O} \text{Ph-CH(CH}_3\text{)-OH}$$

$$\xrightarrow{H_2SO_4} \text{Ph-CH=CH}_2 \xrightarrow{H_2} \text{Ph-CH}_2\text{-CH}_3$$

17-17

(1) アルキンへの臭素付加（トランス付加）

$$R-C\equiv C-R' \xrightarrow{Br_2} \underset{Br}{\overset{Br}{R-C=C-R'}} \xrightarrow{Br_2} \underset{Br\ Br}{\overset{Br\ Br}{R-C-C-R'}}$$

(2) アセトアルデヒドのアルドール縮合

$$CH_3-\underset{O}{\overset{\parallel}{C}}-H \xrightarrow{^{\ominus}OH} \left[^{\ominus}CH_2-\underset{O}{\overset{\parallel}{C}}-H \leftrightarrow CH_2=\underset{O^{\ominus}}{\overset{}{C}}-H \right] \xrightarrow{CH_3CHO} CH_3-\underset{O^{\ominus}}{\overset{}{CH}}-CH_2-\underset{O}{\overset{\parallel}{C}}-H$$

$$\longrightarrow CH_3-\underset{OH}{\overset{}{CH}}-CH_2-\underset{O}{\overset{\parallel}{C}}-H \xrightarrow{^{\ominus}OH} CH_3-\underset{OH}{\overset{}{CH}}-\overset{\ominus}{CH}-\underset{O}{\overset{\parallel}{C}}-H \longrightarrow CH_3-CH=CH-\underset{O}{\overset{\parallel}{C}}-H$$
acetaldol

$$CH_3-\underset{O}{\overset{\parallel}{C}}-H \xrightarrow{^{\ominus}OH} CH_3-\underset{OH}{\overset{}{CH}}-CH_2-\underset{O}{\overset{\parallel}{C}}-H \quad \left(\xrightarrow{\Delta} CH_3-CH=CH-\underset{O}{\overset{\parallel}{C}}-H \right)$$
　　　　　　　　　　　　　　　　　acetaldol　　　　　　　　　　　　　　　crotonaldehyde

(3) プロパナールの Wittig 反応

$$CH_3-CH_2-\underset{O}{\overset{\parallel}{C}}-H \xrightarrow{R_1R_2\overset{\ominus}{C}-\overset{\oplus}{P}(C_6H_5)_3} \underset{H}{\overset{CH_3CH_2}{C}}=\underset{R_2}{\overset{R_1}{C}} + O=P(C_6H_5)_3$$

17-18

(1)

benzaldehyde $\xrightarrow[2)\ H^+]{1)\ CH_3MgI}$ 1-phenylethanol $\xleftarrow[2)\ H^+]{1)\ NaBH_4}$ acetophenone

(2) サリチル酸誘導体の合成

acetylsalicylic acid $\xleftarrow[NaOH/H_2O]{(CH_3CO)_2O}$ salicylic acid $\xrightarrow[H_2SO_4]{CH_3OH}$ methyl salicylate

(3) ブタジエンへの臭素付加（1,2-付加、1,4-付加）

$$CH_2=CH-CH=CH_2 \xrightarrow{Br_2} \underset{Br\ \ \ Br}{CH_2-CH-CH=CH_2} + \underset{Br\ \ \ \ \ \ \ \ \ Br}{CH_2-CH=CH-CH_2}$$
　　　　　　　　　　　　　　　　　　1,2-Addition　　　　　　1,4-Addition

17 総合問題

(4) アニリン合成、ジアゾ化、カップリング

$$\text{benzene} \xrightarrow[\text{Nitration}]{HNO_3-H_2SO_4} \text{nitrobenzene} \xrightarrow[\text{Reduction}]{Fe, H^+} \text{aniline} \xrightarrow[\text{Diazotization}]{NaNO_2, HCl} \text{benzenediazonium chloride} \xrightarrow{H_3PO_2} \text{benzene}$$

benzenediazonium chloride + 2-naphthol →(Coupling) 1-phenylazo-2-naphthol

17-19

(1) ブタンの完全燃焼

$$CH_3CH_2CH_2CH_3 + \frac{13}{2}O_2 \longrightarrow 4\,CO_2 + 5\,H_2O$$

(2) プロピレンへの臭化水素付加

$$CH_3-CH=CH_2 \xrightarrow{HBr} CH_3-\overset{\oplus}{C}H-CH_2H \text{ (Secondary)} \xrightarrow{Br^{\ominus}} CH_3-CHBr-CH_2H \text{ (2-bromopropane)}$$

Primary カチオンは生成しない：$CH_3-C(H)-\overset{\oplus}{C}H_2$

(3) ニトロベンゼンの合成

$$\text{benzene} \xrightarrow{HNO_3, H_2SO_4} \text{nitrobenzene}$$

$$HNO_3 + H_2SO_4 \longrightarrow H-\overset{H}{\underset{\oplus}{O}}-\overset{\oplus}{N}=O \longrightarrow O=\overset{\oplus}{N}=O \text{ (Nitronium ion)} \longrightarrow \text{[arenium ion intermediate]} \xrightarrow{{}^{\ominus}OSO_3H} \text{nitrobenzene}$$

(4) 酢酸エチルの加水分解

$$CH_3COOEt + {}^{\ominus}OH \longrightarrow CH_3COO^{\ominus} + EtOH$$

(5) ヨウ化メチルと金属マグネシウムとの反応（Grignard 試薬の調製）

$$CH_3I + Mg \longrightarrow CH_3MgI$$

17-20

(1) ×　塩化メチルから四塩化炭素までの混合物が生成する。

$$CH_4 + Cl_2 \xrightarrow{h\nu} CH_3Cl \longrightarrow CH_2Cl_2 \longrightarrow CHCl_3 \longrightarrow CCl_4$$

(2) ×　下記の1種のみ

CH₃-C(CH₃)=CH₂ →(Br₂)→ CH₃-C(CH₃)(Br)-CH₂Br

(3) ×　メソ体は分子内に対称面を持つため鏡像異性体はない。

(4) ○　求核置換反応における S_N1、S_N2 の数字は律速段階における分子数を表す。

(5) ○　トルエンのメチル基は電子供与性でベンゼン環の電子密度を上げるため、ベンゼン環への求電子置換反応を促進する。

(6) ○　酸塩化物の反応性は非常に大きいため容易に反応してアミドを生成する。

R-C(=O)-Cl + NH₂-R′ ⟶ R-C(=O)-NH-R′

(7) ×　シクロヘキサノールよりフェノールの酸性度が高いので pK_a 値は小さい（pK_a 値の小さい方が酸性度が高くなる）。

(8) ○　ベンズアルデヒドは α-位水素を持たないためアルドール縮合反応を起こさない。

(9) ×　塩化ベンゼンジアゾニウムにフェノールを作用させると、カップリング反応を起こす。

[Ph-N⁺≡N] Cl⁻ + HO-Ph →(NaOH)→ Ph-N=N-C₆H₄-OH

(10) ×　凝固点降下や沸点上昇の程度は、溶存している物質の分子数（モル濃度）に比例することから、ポリスチレンのような巨大分子の場合には希薄溶液中の溶存分子数が極めて小さくなるので、凝固点にはほとんど影響を及ぼさない。

17-21

・求核置換反応 (Nucleophilic Substitution)：ハロゲン化アルキルのアルカリによる加水分解反応

CH₃CH₂CH₂Br + KOH →(EtOH-H₂O)→ CH₃CH₂CH₂OH
1-bromopropane　　　　　　　　　　　1-propanol

・求核付加反応 (Nucleophilic Addition)：カルボニル化合物への求核性の高い HCN や Grignard 試薬、アミンなどの付加反応

Ph-C(=O)-CH₃ + 1) CH₃MgBr →((C₂H₅)₂O)→ Ph-C(CH₃)(OMgBr)-CH₃ →(2) H⁺, H₂O)→ Ph-C(CH₃)(OH)-CH₃
acetophenone　　　　　　　　　　　　　　　　　　　　　　　　　　　　　2-phenyl-2-propanol

・求電子付加反応 (Electrophilic Addition)：アルケンへのハロゲン化水素の付加反応、水和反応、オゾン酸化など

H₃C-CH=CH-CH₃ →(1) O₃, CCl₄)→ (molozonide) → (ozonide) →(2) Zn/H₃O⁺)→ 2 CH₃CHO
2-butene　　　　　　　　　　　　　　　　　　　　　　　　　　　　　　　　acetaldehyde

・求電子置換反応 (Electrophilic Substitution)：ベンゼン環の水素が電子の欠乏した求電子試薬と置換してベンゼン環を保持する反応（ニトロ化、ハロゲン化、Friedel-Crafts 反応など）

17 総合問題

$$\text{toluene} \xrightarrow[\text{FeBr}_3]{\text{Br}_2} o\text{-bromotoluene} + p\text{-bromotoluene}$$

・脱離反応（Elimination）

$$\text{2-methyl-2-butanol} \xrightarrow[\text{heat}]{\text{H}_3\text{O}^+} \text{2-methyl-2-butene}$$

17-22

(1) A： C₆H₅-CH₂-CH(OH)-CH₃　1-phenyl-2-propanol

(2) C₆H₅-CH₂-CH₂-CH₂-OH　3-phenyl-1-propanol

17-23

(a) CH₃-CH(OH)-CH₃ 　 CH₃-CH₂-CH₂-OH

① ヨードホルム反応：アルカリ溶液中ヨウ素を作用させると 2-propanol は黄色特異臭の沈澱 CHI₃ を生じるのに対し、1-propanol は反応しない。

② PCC 酸化：2-propanol は酸化されアセトンを生じ、これは①のヨードホルム反応により黄色沈澱の CHI₃ を生じる。1-propanol は酸化されて propionaldehyde を生じるが、これはヨードホルム反応を示さない。

③ Jones 試薬（CrO₃-H₂SO₄-アセトン）などの酸化剤では 1-propanol は propionic acid まで酸化され、これが酸性を示すのに対して、2-propanol は acetone になるので中性を示す。

(b) CH₃-C(=O)-OCH₂CH₃ 　 H-C(=O)-O-CH₂CH₂CH₃

① フェーリング反応：ギ酸プロピルエステルはホルミル基を持っているためフェーリング反応によりレンガ色の Cu₂O の沈澱を生じる。一方、酢酸エチルは反応しない。

② Tollens 試薬による銀鏡反応：ギ酸プロピルはホルミル基を持っているため Tollens 試薬により器壁内部に銀鏡を生じる。一方、酢酸エチルは反応しない。

(c) ベンゼン　シクロヘキセン

① Br₂ 溶液との反応：シクロヘキセンは二重結合を持っているので黄褐色の Br₂ 溶液が脱色して無色になる。一方、ベンゼンは反応しないので、Br₂ の色が残る。

② KMnO₄ 溶液による酸化：シクロヘキセンは KMnO₄ により酸化されシクロヘキサンジオールを生じるとともに褐色の MnO₂ の沈澱を生じる。一方、ベンゼンは反応しないので KMnO₄ の赤紫色のままである。

【解 答 編】

(d) CH₂=CH-C(=O)-CH₃   CH₃-CH₂-C(=O)-CH₃

① Br₂ 溶液との反応：メチルビニルケトンは二重結合を持っているので黄褐色の Br₂ 溶液を脱色する。一方、エチルメチルケトンは Br₂ 溶液を脱色しない。

② KMnO₄ 溶液による酸化：メチルビニルケトンは KMnO₄ により酸化され、3,4-ジヒドロキシ-2-ブタノンを生じるとともに褐色の MnO₂ の沈澱を生じる。一方、2-ブタノンは反応しないので KMnO₄ の赤紫色のままである。

17-24

(A) CH₂=CH-CH(CH₃)-CH₂CH₃   (B) CH₃CH₂-CH(CH₃)-CH₂CH₃

17-25

(a) ethane CH₃-CH₃ →(900℃)→ CH₂=CH₂ (A) (ethylene)

(b) H₂C—CH₂ (ethyleneoxide, エポキシド環) →(⁻OH)→ H₂C(OH)-CH₂(OH) (B) (ethyleneglycol)

(c) カプロラクタム(環状アミド) →(H₂O, 250℃)→ NH₂-(CH₂)₅-COOH ε-amino acid → NH₂-[(CH₂)₅-C(=O)-NH]ₙ-(CH₂)₅-COOH nylon-6 (C)

(d) naphthalene →(O₂, V₂O₅, 450℃)→ phthalic acid (o-C₆H₄(COOH)₂) → phthalic anhydride (D)

17-26

(a) CH₃-C(=O)-CH₃   CH₃-C(=O)-H
    acetone   acetaldehyde

アセトアルデヒドはアルデヒド基を持ち還元性を示すので、Tollens 試薬を作用させれば器壁に銀鏡が生成する。アセトンは反応しない。

(b) C₆H₅-OH   シクロヘキシル-OH
    phenol   cyclohexanol

フェノールは酸性なので水酸化ナトリウム水溶液と塩を作って溶けるが、シクロヘキサノールは溶けない。

(c)

aniline / acetanilide

アニリンは塩基であるため塩酸水溶液に溶けるが、アセトアニリドは溶けない。

(d) CH₃(CH₂)₁₆COOH   CH₃(CH₂)₄CH=CH-CH₂-CH=CH(CH₂)₇COOH

stearic acid   linolic acid

リノール酸は分子内に二重結合を二つ持っているため水素2分子と反応するが、ステアリン酸は二重結合を持たないので水素吸収がない。また、リノール酸は Br_2 水溶液を脱色するが、ステアリン酸は脱色しない。

17-27

(1) シクロヘキサンの立体配座（問 2-3、2-9 (3) と類題）
(2) 炭素の sp^2 および sp^3 混成軌道（問 1-11、1-22、1-23 と類題）
(3) ペプチドの高次構造（問 11-4、11-5 と類題）
(4) 芳香族性

「$4n+2$」個の π 電子が環状に共役していて、かつ、平面構造となっている場合に現れる特別な安定化効果で、代表的な化合物にベンゼン、ナフタレンがある。このような化合物では π 結合への付加反応は起こりにくくなり、代りに置換反応をするようになる。一方、「$4n+2$」個の π 電子を持たないシクロブタジエンやシクロオクタテトラエンは、アルケン同様付加反応を起こす。

17-28

(1) Friedel-Crafts のアシル化（問 4-6、4-19 と類題）
(2) マロン酸ジエチルの α,β-不飽和ケトンへの 1,4-付加（Michael 付加）（問 7-12、7-14 と類題）
(3) カルボン酸とアルコールからのエステル合成（問 8-3、8-7、8-10 と類題）
(4) S_N1 反応と S_N2 反応（問 5-1、5-3、5-5 と類題）

17-29

A: CH₃-CH(CH₃)-CH₂-OH   2-methyl-1-propanol
B: CH₃-CH₂-CH(OH)-CH₃   2-butanol
C: CH₃-C(CH₃)(OH)-CH₃   2-methyl-2-propanol
D: CH₃-C(CH₃)(Cl)-CH₃   2-chloro-2-methylpropane

① 分子式 $C_4H_{10}O$ より不飽和度は0。すなわち、二重結合も環構造も持たない。
② Na と反応し水素を発生することから OH 基を持つ。
③ A は酸化すると酸性の 2-メチルプロパン酸を与えることから、A は第1級アルコール。
④ B は酸化しても酸性を示さないことから、B は第2級アルコール。
⑤ C は塩酸-塩化亜鉛と容易に反応することから、C は第3級アルコール。

17-30

(1)

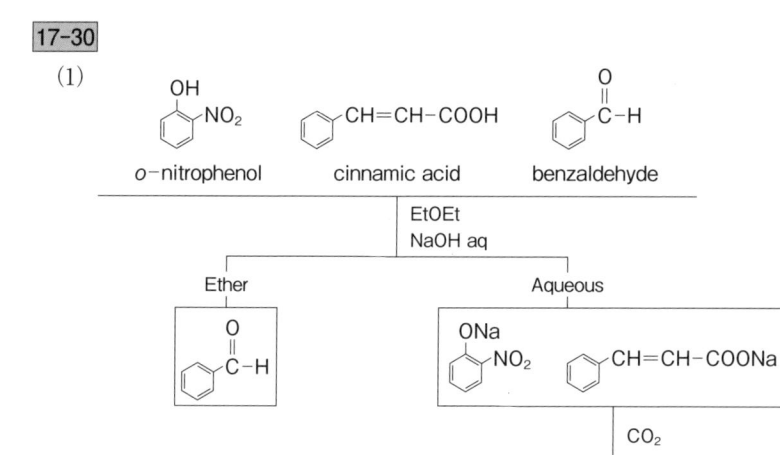

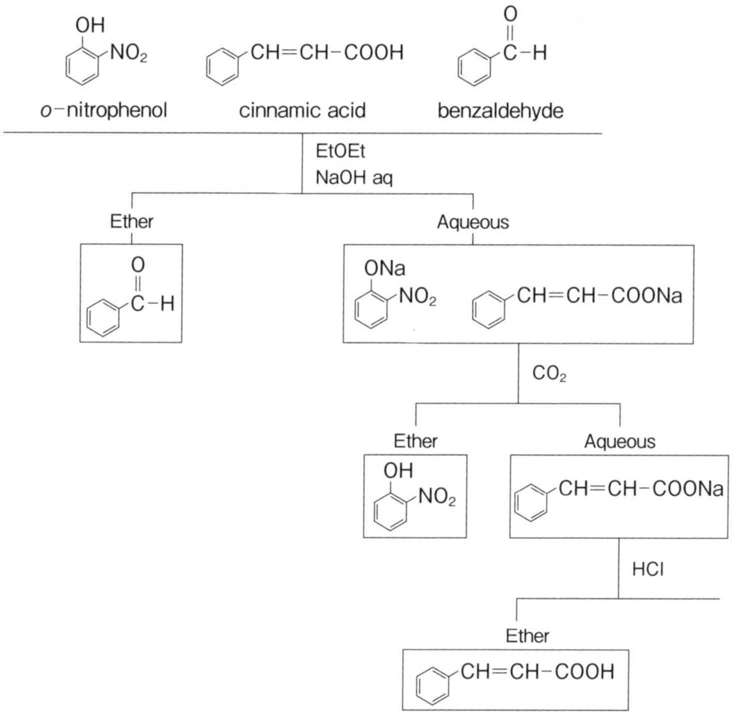

o-nitrophenol, cinnamic acid, benzaldehyde

↓ EtOEt / NaOH aq

- Ether 層: benzaldehyde
- Aqueous 層: o-nitrophenol (ONa) + cinnamic acid (COONa)

↓ CO₂

- Ether 層: o-nitrophenol
- Aqueous 層: cinnamic acid COONa

↓ HCl

- Ether 層: cinnamic acid (CH=CH-COOH)

(2) NMR の予想値

 2-ニトロフェノール
  δ 12 ppm　（1H、s、O<u>H</u>、分子内水素結合）
  δ 7.2 位　（5H、Ar-<u>H</u>）

 ベンズアルデヒド
  δ 9～10 ppm　（1H、s、C<u>H</u>O）
  δ 7.2 位　（5H、Ar-<u>H</u>）

 桂皮酸
  δ 13 ppm　（1H、s、COO<u>H</u>）
  δ 7.7　　（1H、d、β-<u>H</u>）
  δ 7.2 位　（5H、Ar-<u>H</u>）
  δ 6.4　　（1H、d、α-<u>H</u>）

17-31

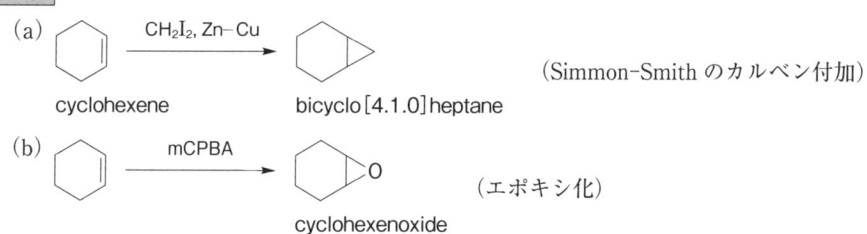

(a) cyclohexene $\xrightarrow{\text{CH}_2\text{I}_2,\ \text{Zn-Cu}}$ bicyclo[4.1.0]heptane　　（Simmon-Smith のカルベン付加）

(b) cyclohexene $\xrightarrow{\text{mCPBA}}$ cyclohexenoxide　　（エポキシ化）

221

17 総合問題

(c)
$$\text{C}_6\text{H}_5\text{-C(=O)-C}_2\text{H}_5 \xrightarrow{\text{HCl, Zn-Hg}} \text{C}_6\text{H}_5\text{-CH}_2\text{-CH}_2\text{CH}_3$$ （Clemmensen 還元）

(d)
$$\text{C}_6\text{H}_5\text{-C(=O)-C}_2\text{H}_5 \xrightarrow[\text{2) NaOH, heat}]{\text{1) NH}_2\text{-NH}_2} \text{C}_6\text{H}_5\text{-CH}_2\text{-CH}_2\text{CH}_3$$ （Wolff-Kishner 還元）

17-32

(a)
$$\text{HC}\equiv\text{CH} \xrightarrow[\text{HgSO}_4]{\text{H}_2\text{SO}_4} \left[\begin{array}{c}\text{H}\text{H}\\ \text{C=C}\\ \text{H}\text{OH}\end{array}\right] \longrightarrow \text{CH}_3\text{-CH(=O)}$$

(b)
$$\text{CH}_3\text{-C(=O)-CH}_3 \xrightarrow{\text{CH}_3\text{MgBr}} \xrightarrow{\text{H}^+} \underset{\text{t-butylalcohol}}{\text{CH}_3\text{-C(CH}_3\text{)(OH)-CH}_3}$$

(c)
$$\text{CH}_3\text{CH}_2\text{-OH} \xrightarrow[140\,°\text{C}]{\text{H}_2\text{SO}_4} \underset{\text{diethyl ether}}{\text{CH}_3\text{CH}_2\text{-O-CH}_2\text{CH}_3} + \text{H}_2\text{O}$$

17-33

(1) マルコフニコフ則：非対称の試薬が非対称のアルケンに付加するときは試薬の電気的に陽性な部分が二重結合の二つの炭素のうち水素原子数の多い方に結合する。

$$\text{CH}_3\text{-CH=CH}_2 + \overset{\delta+}{\text{H}}\text{—}\overset{\delta-}{\text{Cl}} \longrightarrow \underset{\text{Cl}\text{H}}{\text{CH}_3\text{-CH-CH}_2} > \underset{\text{H}\text{Cl}}{\text{CH}_3\text{-CH-CH}_2}$$
　　　(1)　(2)

(2) Friedel-Crafts 反応：ベンゼンを塩化アルミニウムの存在下ハロゲン化アルキルを作用させるとアルキルベンゼンが生成する。これを Friedel-Crafts のアルキル化反応という。またベンゼンを塩化アルミニウムの存在下に酸塩化物を作用させるとアルキルフェニルケトンが生成する。これを Friedel-Crafts のアシル化反応という。

$$\text{C}_6\text{H}_6 + \text{R-X} \xrightarrow{\text{AlCl}_3} \text{C}_6\text{H}_5\text{-R}$$

$$\text{C}_6\text{H}_6 + \text{R-C(=O)-X} \xrightarrow{\text{AlCl}_3} \text{C}_6\text{H}_5\text{-C(=O)-R}$$

(3) Grignard 試薬：ハロゲン化アルキルやハロゲン化アリールのようなハロゲン化合物と金属マグネシウムを無水エーテル中で反応させると有機金属化合物の RMgX が生成する。これを Grignard 試薬と呼ぶ。C-Mg 結合は C が δ−、Mg が δ+ に分極し、炭素原子はカルボアニオンのようにふるまう。Grignard 試薬はカルボニル炭素への求核付加反応を利用したアルコールの合成や二酸化炭素との反応によるカルボン酸の合成に利用される。

$$\text{R-X} + \text{Mg} \longrightarrow \overset{\delta-}{\text{R}}\text{-}\overset{\delta+}{\text{MgX}}$$

(4) Williamson のエーテル合成：金属アルコキシドとハロゲン化アルキルとの求核置換反応を利用する非対称

【解答編】

エーテルの合成法を Williamson のエーテル合成と呼ぶ。

R–O⁻Na⁺ + R′–X ⟶ R–O–R′ + NaX

17-34

(1) シクロヘキセン + Br₂ ⟶ trans-1,2-dibromocyclohexane

(2) ベンゼン + C₂H₅Cl —AlCl₃→ エチルベンゼン　ethylbenzene

(3) CH₃CH=CH–CH=O —Ag₂O→ CH₃CH=CH–COOH　crotonic acid (2-butenoic acid)

(4) CH₃MgBr + C₆H₅–C(=O)–CH₃ ⟶ C₆H₅–C(CH₃)(OH)–CH₃　2-phenyl-2-propanol

(5) CH₃CH₂–O–CH(CH₃)₂ + HI ⟶ CH₃CH₂I + (CH₃)₂CHOH
　　　　　　　　　　　　　　　　ethyliodide　　2-propanol
　　　　　　　　　　　　　　　　(iodoethane)　(isopropyl alcohol)

(6) 2 CH₃–C(=O)–OC₂H₅ —1) NaOEt / 2) H₃O⁺→ CH₃–C(=O)–CH₂–C(=O)–OC₂H₅　(ethyl acetoacetate)

(7) C₆H₅–CHO + NH₄Cl + KCN ⟶ C₆H₅–CH(OH)–C(=O)–C₆H₅　benzoin

(8) サリチル酸 (o-OH-C₆H₄-COOH) + (CH₃CO)₂O ⟶ o-(OCOCH₃)-C₆H₄-COOH　acetylsalicylic acid

(9) C₆H₅–NH₂ —1) NaNO₂, HCl / 2) KI→ C₆H₅–I　iodobenzene

(10) CH₃–C(=O)–NHCH₂CH₃ —1) LiAlH₄ / 2) H₃O⁺→ CH₃–CH₂–NH–CH₂CH₃　diethylamine

(11) ベンゼン —HNO₃–H₂SO₄→ C₆H₅–NO₂

(12) 1-メチルシクロヘキセン —Br₂–H₂O (HO–Br, δ⁻ δ⁺)→ ブロモニウムイオン中間体 —⁻OH→ trans-1-methyl-2-bromo-1-hydroxycyclohexane

17-35　(用語の解説：解答省略)

17 総合問題

17-36

OH-C6H4-NO2 > C6H5-OH > OH-C6H4-CH3 > CH3CH2-OH

EtOH, フェノール類の酸性度
p-ニトロフェノール > フェノール > *p*-クレゾール > エタノール

エタノールからプロトンが外れたエトキシドアニオンは、酸素原子上に負電荷が局在化しており大きな安定化が得られない。そのためプロトンの解離が起こりにくく酸性が小さい。一方、フェノールからプロトンの外れたフェノキシドアニオンにおいては、負電荷が酸素原子上に局在化することなくベンゼン環全体に広がり非局在化し安定に存在するため酸性が大きい。特に、*p*-位にニトロ基を持つ *p*-ニトロフェノールはニトロ基の共役による構造式を書くことができ、負電荷が一層非局在化し安定に存在するため酸性が一番大きくなる。*p*-クレゾールでは、メチル基の置換した炭素上の負電荷と電子供与性メチル基との反発による不安定化があるため酸性が小さくなる。

CH₃CH₂-OH ⇌ CH₃CH₂-O⁻ + H⁺

17-37

(1) ラセミ混合物：互いに重ね合わせることのできない実像と鏡像の関係にある一対の分子を鏡像異性体（対掌体、エナンチオマー）と呼ぶが、この鏡像異性体を等量ずつ混合したものは、光学不活性で比旋光度はゼロとなる。このような等量混合物をラセミ混合物（ラセミ体）という。

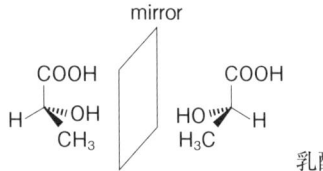

乳酸の鏡像異性体

(2) 求電子芳香族置換反応

この反応は下のような反応であり、その反応は3段階で起こることが知られている。

C6H6 + E⁺ ⟶ C6H5-E + H⁺

(1) 求電子試薬 (E⁺) の生成

(2) ベンゼノニウムイオン（シクロヘキサジエニルカチオン、アレーニウムイオン）の生成

$$\text{benzene} \longrightarrow \text{[benzenonium ion with H, E, H]}$$

(3) ベンゼン環の再生

$$\text{[benzenonium ion]} \longrightarrow \text{Ph-E} + H^+$$

この反応には芳香族化合物へのニトロ化、ハロゲン化、スルホン化などがある。

17-38

(1) benzene $\xrightarrow[\text{Friedel-Crafts Acylation}]{\text{CH}_3\text{CH}_2\text{-COCl, AlCl}_3}$ ethylphenylketone $\xrightarrow[\text{Clemmensen Reduction}]{\text{Zn-Hg, HCl}}$ 1-phenylpropane

(2) benzene $\xrightarrow[\text{Nitrosation}]{\text{HNO}_3, \text{H}_2\text{SO}_4}$ nitrobenzene $\xrightarrow[\text{Reduction}]{\text{Fe, HCl}}$ aniline $\xrightarrow[\text{Acylation}]{(\text{CH}_3\text{CO})_2\text{O}}$ acetanilide

(3) 2-methyl-2-propanol $\xrightarrow{\text{K}}$ potassium t-butoxide $\xrightarrow[\text{S}_N2]{\text{CH}_3\text{-I}}$ $tert$-butyl methyl ether

17-39

(a) 安息香酸

benzene $\xrightarrow{\text{CH}_2=\text{CH}_2, \text{H}^+}$ Ph-CH$_2$CH$_3$ $\xrightarrow{\text{KMnO}_4}$ Ph-COOH

(b) 酢酸エチル

$\text{CH}_2=\text{CH}_2 \xrightarrow{\text{H}_2\text{O, H}_2\text{SO}_4} \text{CH}_3\text{CH}_2\text{OH} \xrightarrow{\text{K}_2\text{Cr}_2\text{O}_7, \text{H}_2\text{SO}_4} \text{CH}_3\text{COOH}$

$\xrightarrow{\text{H}_2\text{SO}_4} \text{CH}_3\text{COOC}_2\text{H}_5$

17 総合問題

(c) エタノールアミン

$$CH_2=CH_2 \xrightarrow{Ag, O_2} \underset{O}{CH_2-CH_2} \xrightarrow{NH_3} \underset{OH \quad NH_2}{CH_2-CH_2}$$

17-40

(a)
$$\text{1-methylcyclohexene} \xrightarrow[(C_2H_5)_2O]{HBr} \text{1-bromo-1-methylcyclohexane}$$

(b)
$$\underset{\underset{CH_3}{|}}{CH_3-\overset{Br}{\underset{|}{C}}-CH_2CH_3} \xrightarrow[C_2H_5OH]{C_2H_5ONa} CH_3-C=CHCH_3 \quad \text{2-methyl-2-butene}$$
(with CH₃ below center C)

17-41

trans-2-methylcyclohexanol → (H⁺ protonation) → oxonium ion → (−H₂O) → secondary carbocation → (−H⁺) → 1-methylcyclohexene

水酸基へのプロトン付加、続くオキソニウムイオンからの脱水（E1反応）により第2級カルボカチオンを生じ、これからプロトンが脱離して「置換基の多いアルケンが主生成物として生じる」(Saytzeff則) に従って進む。

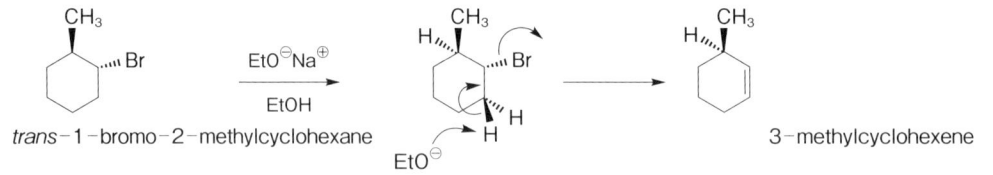

trans-1-bromo-2-methylcyclohexane $\xrightarrow[EtOH]{EtO^{\ominus}Na^{\oplus}}$ → 3-methylcyclohexene

第2級のハロゲン化合物が強塩基であるナトリウムエトキシドと反応するときには、隣接するメチレン基のトランス位にあるプロトンが塩基の攻撃を受け β-トランス脱離（アンチ脱離）によりアルケンが生じる。メチル基の付け根のプロトンはブロモ基とシス位にあるため反応しない。

17-42

(1) A：CH₃CH₂CH₂OH　B：CH₃-CH-CH₃　　C：CH₃-O-CH₂CH₃　　D：CH₃-C-CH₃
　　　　　　　　　　　　　　　｜　　　　　　　　　　　　　　　　　　　　　　‖
　　　　　　　　　　　　　　　OH　　　　　　　　　　　　　　　　　　　　　O

　　1-propanol　　　　2-propanol　　　　ethyl methyl ether　　　acetone

E：CH₃CH₂-C-H　　F：CH₃CH₂-C-OH
　　　　　　‖　　　　　　　　　‖
　　　　　　O　　　　　　　　　O

propionaldehyde　　propionic acid

(2) 金属ナトリウムとの反応

$$CH_3CH_2CH_2OH + Na \longrightarrow CH_3CH_2CH_2O^{\ominus}Na^{\oplus} + \frac{1}{2}H_2$$

(3) エステル化

CH₃CH₂CH₂OH + CH₃CH₂-C(=O)-OH ⟶ CH₃CH₂-C(=O)-O-CH₂CH₂CH₃ + H₂O

propyl propionate

(4) 試薬：アンモニア性硝酸銀溶液（Tollens 試薬）、反応：銀鏡反応

アンモニア性硝酸銀溶液中の Ag^+ は還元されやすく、アルデヒドを加えて温めると試験管壁に金属銀が析出し、試験管壁は鏡になる。この反応は銀鏡反応と呼ばれアルデヒドなどの還元性物質の検出に用いられる。

17-43

(1) A：CH₃-CH(OH)-CH₃   B：CH₃CH₂CH₂OH   C：CH₃-C(=O)-CH₃
　　2-propanol　　　　1-propanol　　　　acetone

D：CH₃CH₂-C(=O)-H   E：CH₃CH₂-C(=O)-OH   F：CH₃-CH=CH₂
　propionaldehyde　　propionic acid　　　propene

(2) Br₂ 付加

G: CH₃-C(H)(Br)-C(Br)(H)-H　1,2-dibromopropane

(3) G の構造異性体

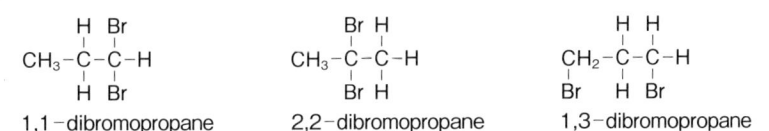

CH₃-C(H)(H)-C(Br)(Br)-H　1,1-dibromopropane

CH₃-C(Br)(Br)-C(H)(H)-H　2,2-dibromopropane

CH₂(Br)-C(H)(H)-C(H)(Br)-H　1,3-dibromopropane

(4) エステル化

CH₃CH₂CH₂OH + CH₃CH₂-C(=O)-OH ⟶ CH₃CH₂-C(=O)-O-CH₂CH₂CH₃ + H₂O

propyl propionate

(5) フェーリング溶液中の Cu^{2+} は還元されやすく、アルデヒドを加えて煮沸すると青色溶液から酸化銅(I)（Cu_2O）（黄～赤色、赤レンガ色）の沈澱を生じる。アルデヒドはフェーリング溶液により酸化される。この反応は、還元性物質のアルデヒドの検出に用いられる。

17-44

① 二酸化炭素の標準生成エンタルピー

　C + O₂ = CO₂ − 393.5 kJ/mol

② 水の標準生成エンタルピー

　H₂ + 1/2 O₂ = H₂O − 285.9 kJ/mol

③ ベンゼンの標準生成エンタルピー

　6 C + 3 H₂ = C₆H₆ + 49.3 kJ/mol

17 総合問題

ベンゼンの標準燃焼エンタルピーの式

$C_6H_6 + 7.5\,O_2 = 6\,CO_2 + 3\,H_2O + X$

$X = ① \times 6 + ② \times 3 - ③ = -3268\,\text{kJ/mol}$

ベンゼンの標準燃焼エンタルピーの式

$C_6H_6 + 7.5\,O_2 = 6\,CO_2 + 3\,H_2O - 3268\,\text{kJ/mol}$

17-45

(1) pK_a

$(CH_3)_2C=O\ >\ H_2O\ >\ $ ⌬-OH $\ >\ CH_3COOH\ >\ CF_3COOH$

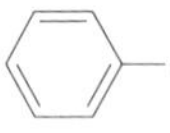

(2) 酸性度：b ＞ c ＞ a ＞ d

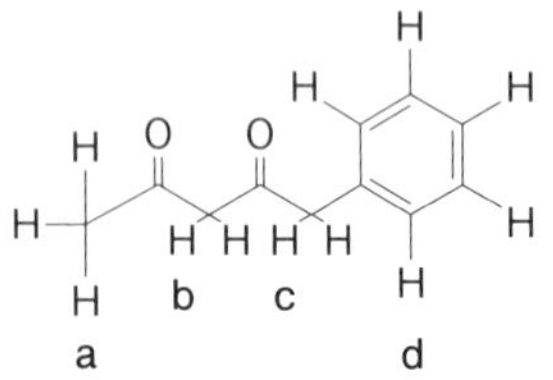

(3)

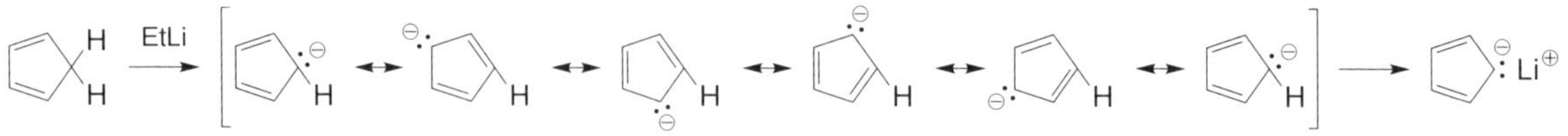

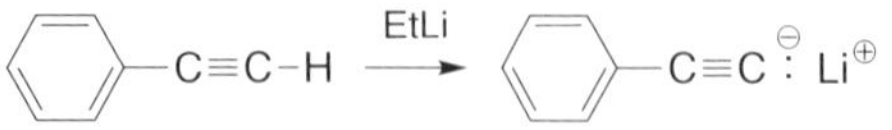

シクロペンタジエンのメチレンプロトンが外れたシクロペンタジエニルアニオンは、共鳴により安定することから非常に酸性が大きい。すなわちpK_a (15) が小さい。したがって、エチルリチウムと容易に反応してシクロペンタジエニルアニオンのリチウム塩を生じる。シクロペンタジエニルアニオンには芳香族性の安定化効果もある。一方、フェニルアセチレンの末端水素は三重結合の炭素 (sp混成軌道) に結合した水素であるため弱い酸性 (pK_a 25) を示す。したがって、エチルリチウムと反応してフェニルアセチレンのアセチリドアニオンを生じる可能性はあるが、共存しているシクロペンタジエンの方が速く反応するためアセチリドアニオンは生成しない。エタンのpK_aは50と大きいため酸性は非常に弱く、エチルリチウムとは反応しない。

17-46

A

Structure: CH₃CH₂-CH(OH)-CH(CH₃)-CHO

$$CH_3CH_2-\underset{O}{\overset{}{C}}-H \xrightarrow{{}^{\ominus}OH} \left[\begin{array}{c} CH_3\overset{\ominus}{\overset{..}{C}}H-\underset{O}{\overset{}{C}}-H \\ \updownarrow \\ CH_3CH=\underset{\overset{..}{\underset{..}{O}}{}^{\ominus}}{\overset{}{C}}-H \end{array} \right] \xrightarrow{CH_3CH_2-\underset{O}{\overset{}{C}}-H} CH_3CH_2-\underset{O:{}^{\ominus}}{\overset{H}{\underset{}{C}}}-\underset{}{\overset{CH_3}{\underset{}{C}H}}-\underset{O}{\overset{}{C}}-H \longrightarrow CH_3CH_2-\underset{OH}{\overset{H}{\underset{}{C}}}-\underset{}{\overset{CH_3}{\underset{}{C}H}}-\underset{O}{\overset{}{C}}-H$$

B

Structure: CH₃CH₂-CH(OH)-CH(CH₃)-CH(OH)-CH₃

$$CH_3CH_2-\underset{OH}{\overset{H}{\underset{}{C}}}-\underset{}{\overset{CH_3}{\underset{}{C}H}}-\underset{O}{\overset{}{C}}-H \xrightarrow[\underset{CH_3PPh_3^+Br^-}{\underset{\uparrow}{BuLi}}]{CH_2=PPh_3} CH_3CH_2-\underset{OH}{\overset{H}{\underset{}{C}}}-\underset{}{\overset{CH_3}{\underset{}{C}H}}-\underset{CH_2}{\overset{}{C}}-H \xrightarrow{H_3O^+} CH_3CH_2-\underset{OH}{\overset{H}{\underset{}{C}}}-\underset{}{\overset{CH_3}{\underset{}{C}H}}-\underset{OH}{\overset{CH_3}{\underset{}{C}}}-H$$

$$CH_3Br + PPh_3$$

C

Structure: CH₃CH₂-C(OH)(CH₃)-CH₃

$$CH_3CH_2-\underset{O}{\overset{}{C}}-H \xrightarrow{KMnO_4} CH_3CH_2-\underset{O}{\overset{}{C}}-OH \xrightarrow{CH_3OH, H_2SO_4} CH_3CH_2-\underset{O}{\overset{}{C}}-OCH_3 \xrightarrow{2\ CH_3MgBr} CH_3CH_2-\underset{OMgBr}{\overset{OCH_3}{\underset{}{C}}}-CH_3$$

$$\longrightarrow CH_3CH_2-\underset{O}{\overset{}{C}}-CH_3 \longrightarrow CH_3CH_2-\underset{OMgBr}{\overset{CH_3}{\underset{}{C}}}-CH_3 \xrightarrow{H_3O^+} CH_3CH_2-\underset{OH}{\overset{CH_3}{\underset{}{C}}}-CH_3$$

17 総合問題

〈別解〉

$$CH_3CH_2-\underset{O}{\overset{\|}{C}}-H \xrightarrow{CH_3MgBr} CH_3CH_2-\underset{OMgBr}{\overset{CH_3}{\underset{|}{C}}}-H \xrightarrow{H_3O^+} CH_3CH_2-\underset{OH}{\overset{CH_3}{\underset{|}{C}}}-H \xrightarrow{CrO_3} CH_3CH_2-\underset{O}{\overset{\|}{C}}-CH_3$$

$$\xrightarrow{CH_3MgBr} CH_3CH_2-\underset{OMgBr}{\overset{CH_3}{\underset{|}{C}}}-CH_3 \xrightarrow{H_3O^+} CH_3CH_2-\underset{OH}{\overset{CH_3}{\underset{|}{C}}}-CH_3$$

17-47

(1) A: C₆H₅MgBr B: ethylene oxide (エポキシド) C: C₆H₅CH₂-CHO

(2) D: シクロヘキシルブロミド E: シクロヘキセン F: 3-ブロモシクロヘキセン

(3) G: cis-3-hexene H: trans-3-hexene

(4) I, J (立体異性体)

17-48

(1) 一つの NMR シグナル (2) sp 混成軌道 (3) cis, trans 異性体 (4) 光学異性体

(d) $(CH_3)_4C$

(a) $H-C\equiv CCH_2CH_3$

(b) $CH_3CH=CHCH_3$

(f) $CH_3-\underset{OH}{\overset{|}{C}H}-CH_2CH_3$

17-49

A: $CH_3-CH=CH_2$
B: $CH_3-\underset{OH}{\overset{|}{C}H}-CH_3$
C: $CH_3-\underset{O}{\overset{\|}{C}}-CH_3$
D: $CH_3-CH_2-CH_2-OH$

230

【解答編】

17-50

A: C₆H₅-CO-CH₂CH₃

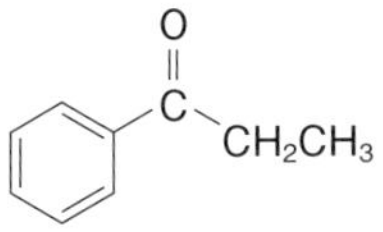

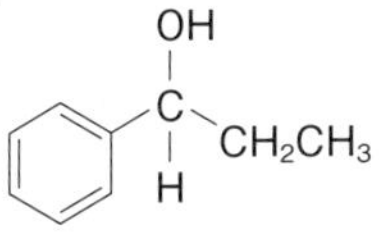

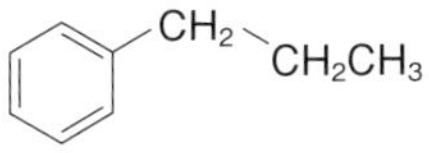

B: C₆H₅-CH(OH)-CH₂CH₃

C: C₆H₅-CH₂-CH₂CH₃

D: (CH₃)₂C(OH)-CH₂CH₂CH₃

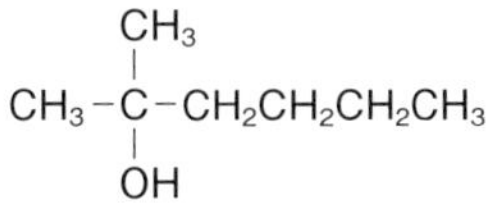

E: CH₂=CH₂

17-51

① 酸ハロゲン化物、酸アミド、酸無水物　② カルボン酸　③ エステル、アルデヒド、ケトン　④ エステル　⑤ 還元　⑥ カップリング　⑦ 2　⑧ 3　⑨ エチル　⑩ イソプロピル　⑪ プロパン酸イソプロピル（イソプロピルプロパネート）

⑫ CH₃CH₂-C(=O)-O-CH(CH₃)₂

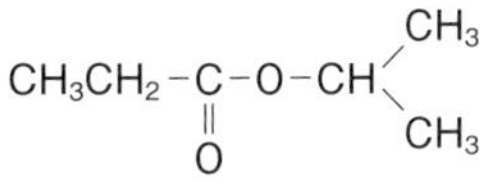

17-52

(a) 操作Ⅰ：(イ)　操作Ⅱ：(ロ)　操作Ⅲ：(ハ)　操作Ⅳ：(イ)　操作Ⅴ：(ハ)

(b) A: C₆H₅-NH₃Cl
(c) B: C₆H₅-NH₂
(d) C: C₆H₅-COOH
(e) D: C₆H₅-OH
(f) E: o-, 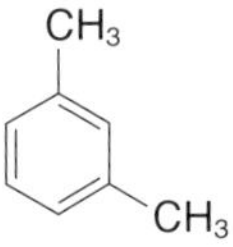 m-,  p-キシレン（ジメチルベンゼン）

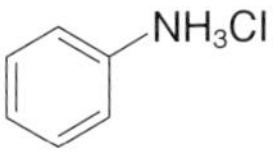

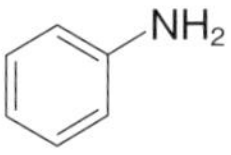

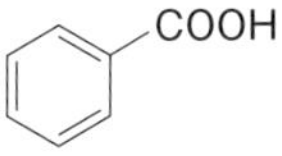

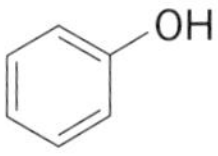

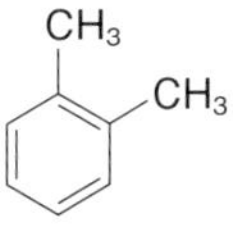

(g) 蒸留：沸点差を利用する

17-53

(a) 0.5 モル

C₂H₅OH + Na ⟶ C₂H₅ONa + $\frac{1}{2}$H₂

(b) 256.0

パルミチン酸：C₁₅H₃₁COOH　分子式 C₁₆H₃₂O₂

(c) 14.9 g

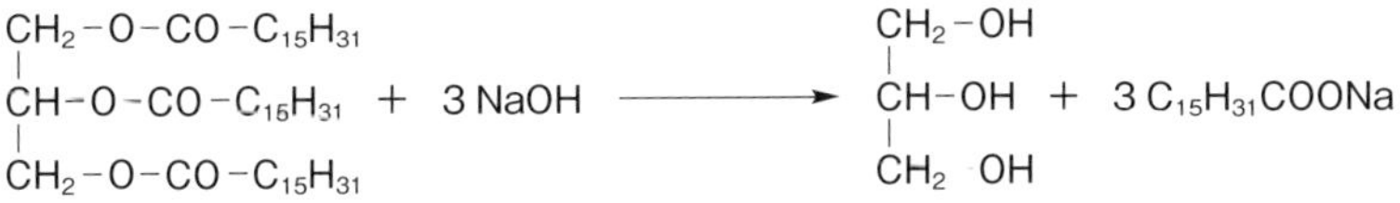

CH₂-O-CO-C₁₅H₃₁
CH-O-CO-C₁₅H₃₁ + 3 NaOH ⟶ CH₂-OH, CH-OH, CH₂-OH + 3 C₁₅H₃₁COONa
CH₂-O-CO-C₁₅H₃₁

17-54

(1) 2-プロペン-1-オール

CH₂=CH-CH₂OH

(2) 4-メチル-3-ペンテン-2-オン

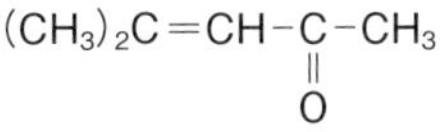

(CH₃)₂C=CH-C(=O)-CH₃

17 総合問題

17-55

(1) CH$_3$ONa + CH$_2$=CH-CH$_2$-Br ⟶ CH$_2$=CH-CH$_2$-O-CH$_3$
　　　　　　　　　　　　　　　　　　　　3-methoxy-1-propene （allyl methyl ether）

(2) SOCl$_2$ + C$_6$H$_5$-COOH ⟶ C$_6$H$_5$-C(=O)-Cl
　　　　　　　　　　　　　　　　benzenecarbonyl chloride （benzoyl chloride）

(3) CH$_3$CH$_2$COOH + CH$_3$CH$_2$OH ⟶ CH$_3$CH$_2$-C(=O)-O-CH$_2$CH$_3$
　　　　　　　　　　　　　　　　　　　ethyl propanoate （ethyl propionate）

(4) CH$_3$CH$_2$CH$_2$CH$_2$-CHO + LiAlH$_4$ ⟶ CH$_3$CH$_2$CH$_2$CH$_2$CH$_2$-OH
　　　　　　　　　　　　　　　　　　　　　1-pentanol

(5) cyclohexanone + CH$_3$COOOH ⟶ ε-caprolactone
　　　　　6-hexanolide （ε-caprolacton）

17-56

(a) メトキシベンゼン　C$_6$H$_5$-OCH$_3$

(b) アニリン　C$_6$H$_5$-NH$_2$

(c) 2-クロロブタン　CH$_3$-CH(Cl)-CH$_2$CH$_3$

(d) プロピオニトリル　CH$_3$CH$_2$-CN

(e) 2-プロパノール　CH$_3$-CH(OH)-CH$_3$

17-57

(1)（D）アミン　(2)（E）ハロゲン化アルキル　(3)（B）芳香族炭化水素　(4)（C）アルコール

(5)（A）アルケン

17-58

(1)
(A) CH$_3$CH$_2$OH　エタノール
(B) CO$_2$　二酸化炭素
(C) CH$_3$-CHO　アセトアルデヒド
(D) CH$_3$C-OH (=O)　酢酸
(E) HC≡CH　アセチレン
(F) CH$_3$C(=O)-OCH$_2$CH$_3$　酢酸エチル

(2) (G)
　CHO　　　　CH$_3$
H-C-OH　　H-C-OH
　CH$_2$OH　　COOH
グリセルアルデヒド　乳酸

(3) (H) HOOC-C$_6$H$_4$-COOH　テレフタル酸

(I) HO-CH$_2$CH$_2$-OH　エチレングリコール

(4) (J)   HOOC−CH=CH−COOH マレイン酸

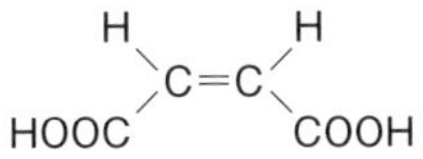

17-59

(1) 弱い酸：(A)
(2) 水より大きい比重を持つ (B)
(3) 同一平面上：(B)
(4) 4-オクチンの異性体：(C)
(5) 不斉炭素：(B)
(6) ヨードホルム反応：(B)
(7) キサントプロテイン反応：(B)
(8) 還元性を示さない：(D)
(9) 2種類の単量体が重合：(D)
(10) アミド結合を持つ：(A)

17-60

(1)

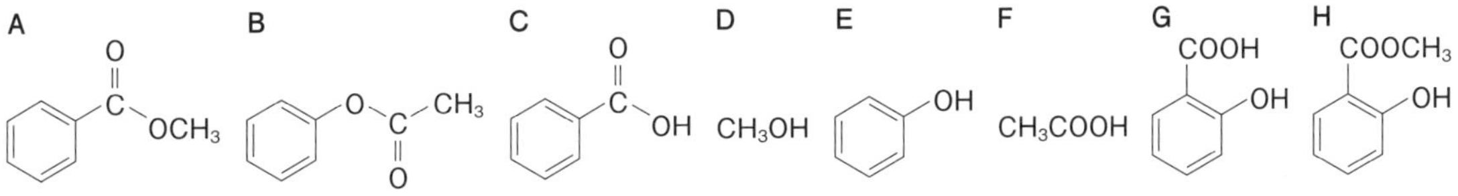

A: C$_6$H$_5$−COOCH$_3$ B: C$_6$H$_5$−O−COCH$_3$ C: C$_6$H$_5$−COOH   D: CH$_3$OH   E: C$_6$H$_5$−OH   F: CH$_3$COOH   G: 2-ヒドロキシ安息香酸 (COOH, OH)   H: 2-ヒドロキシ安息香酸メチル (COOCH$_3$, OH)

(2) (b)：弱酸性を示す
　　(d)：塩化鉄水溶液で呈色する

(3) CH$_3$COOH + C$_6$H$_5$−NH$_2$ → C$_6$H$_5$−NH−CO−CH$_3$ acetanilide

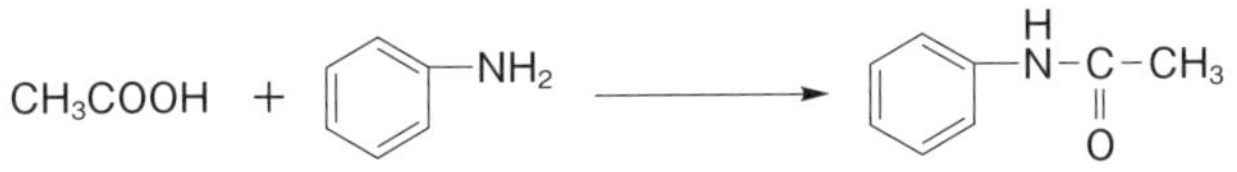

17-61

(1) 180℃では分子内脱水反応（E2反応）でエチレンが生じ、140℃では分子間脱水反応（S$_N$2反応）でジエチルエーテルを生じる。

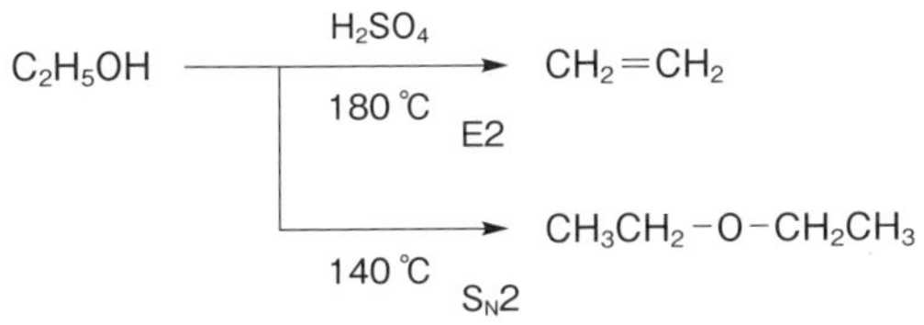

C$_2$H$_5$OH →(H$_2$SO$_4$, 180℃, E2) CH$_2$=CH$_2$
　　　　　　→(140℃, S$_N$2) CH$_3$CH$_2$−O−CH$_2$CH$_3$

(2) HBr付加ではプロトンの付加による第1級カルボカチオンを経由して、次いでBr$^-$イオンの付加と続く。一方Br$_2$付加ではBr$^+$の付加による三員環状のブロモニウムイオンを経由して、次いでBr$^-$イオンが反対側からトランス付加してジブロモエタンを生じる。

17 総合問題

$$CH_2=CH_2 \xrightarrow{HBr} CH_3-CH_2Br$$

$$CH_2=CH_2 \xrightarrow{Br_2} \underset{Br}{CH_2}-\underset{Br}{CH_2}$$

17-62
(1) ベンゼンの共鳴エネルギー（問 4-1 (c) と類題）
(2) マルコフニコフ則について（問 3-19, 3-23, 17-33 (1) と類題）

17-63
反応の説明は問題のヒント参照

(1) PhCH$_2$Br $\xrightarrow{NaCN}$ PhCH$_2$CN benzylcyanide

(2) シクロヘキサノン $\xrightarrow{\text{1) CH}_3\text{MgBr}}_{\text{2) H}_3\text{O}^+}$ 1-(OMgBr)(CH$_3$)シクロヘキサン → 1-methylcyclohexanol

(3) トルエン $\xrightarrow{HNO_3, H_2SO_4}$ p-nitrotoluene および o-nitrotoluene

(4) シクロヘキセン $\xrightarrow{KMnO_4}$ 環状マンガン酸エステル $\xrightarrow{H_2O, NaOH}$ 1,2-dihydroxycyclohexane (cis)

(5) CH$_3$-C(CH$_3$)=CHCH$_2$CH$_3$ $\xrightarrow{\text{1) O}_3}_{\text{2) Zn, H}_3\text{O}^+}$ モルオゾニド → オゾニド → (CH$_3$)$_2$C=O Acetone ＋ O=CH-CH$_2$CH$_3$ propanal (propionaldehyde)

17-64
エタノールのNMRスペクトルにおける帰属は次のように表すことができる。

 δ 3.7 ppm (2H, q, J = 6Hz, CH$_2$) メチレンプロトン
   2.4 ppm (1H, brs, OH) 水酸基プロトン

1.0 ppm（3H, t, J = 6Hz, CH₃）メチルプロトン

ここで、δ値は、標準試料（テトラメチルシラン）からの相対シフトで測定され化学シフトという。カッコ内の2H, 1H, 3H の数字はピークの面積を積分した値（積分曲線）を整数に直したものであり、測定プロトンの数を示している。次の英小文字（t, q, s など）は多重度を表し、スピン-スピン相互作用による超微細構造ピークの数 = n+1 により分裂したピークの数に相当する。メチレン基のピークは隣接するメチル基（-CH₃）の3個のHにより（3+1）本のピーク q（カルテット）に分裂している。メチル基のピークは隣接する（-CH₂-）の2個のHにより（2+1）本のピーク t（トリプレット）に分裂する。次のJ値は、2個の水素原子間のカップリングの大きさを示す尺度で結合定数（単位は Hz）という。J値が同じであれば、お互いに水素原子間で相互作用しているという情報を与える。

17-65

MS（質量分析法、質量スペクトル法）とは、有機化合物の分子量や分子構造についての情報を与えてくれる分析技術である。この方法は、高真空のもとで、加熱気化した試料分子に電子流などの大きいエネルギーを当てると、分子中の電子（結合電子や非結合電子）が1個たたき出されて分子のカチオンラジカル（分子イオンまたは親イオン）が生じる。これはさらに開裂を起こして、フラグメントイオンと呼ばれるいくつかのイオンを与える。これらのイオンを、質量（m）と電荷（z）の比（m/z）の大きさの順に分離し、記録する装置を質量分析計といい、得られたスペクトルをマススペクトルと呼ぶ。分子イオンの質量数から分子量がわかるとともに、フラグメントイオンのでき方（開裂様式）から分子の構造に関して重要な情報が得られる。このような分析法を質量分析法という。

17-66

化合物名および構造式は図中に示した。

(1) 2-methylpropane + Br₂ (hν) → A: 2-bromo-2-methyl-propane

(2) propylene + HBr → B: 2-bromopropane

(3) CH₃-CH=CH₂ + H₂SO₄ → H₂O → C: 2-propanol

(4) CH₃CH₂CH=CH₂ + O₃ → Zn, HCl → D: propanal + E: formaldehyde

(5) cyclohexanol + K₂Cr₂O₇ → F: cyclohexanone

17 総合問題

17-67

(a) A: HC≡CH (acetylene) B: H₂C=CH₂ (ethylene) C: CH₃–CH₃ (ethane)

(b) CaC₂ + 2H₂O ⟶ HC≡CH + Ca(OH)₂

(c) CH₃CH₂OH $\xrightarrow[170℃]{H_2SO_4}$ CH₂=CH₂ + H₂O

(d) D: CH₃–CHO (acetaldehyde) E: CH₃–COOH (acetic acid)

(e) 3 モル

(f) フェーリング溶液の青色 (Cu²⁺) から Cu₂O (酸化銅 (I)) の赤レンガ色に変わる。

17-68

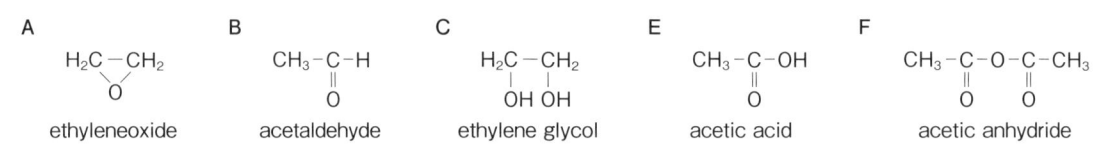

(1)
A: H₂C–CH₂ (O 環) ethyleneoxide
B: CH₃–CHO acetaldehyde
C: H₂C(OH)–CH₂(OH) ethylene glycol
E: CH₃–COOH acetic acid
F: (CH₃CO)₂O acetic anhydride

(2) D: ポリエチレンテレフタレート　G: アセチルセルロース

(3) n H₂C(OH)–CH₂(OH) + n CH₃OOC–C₆H₄–COOCH₃ ⟶ [–OC–C₆H₄–CO–OCH₂CH₂O–]ₙ + (2n−1)H₂O

(4) セルロースのアセチル化

(5) 生分解

17-69

(1)
A: CH₃CH₂CH(OH)–CH(CH₃)–CHO
B: CH₃CH₂–CH=C(CH₃)–CHO
C: C₆H₅–CH₂CH₃
D: C₆H₅–CH=CH₂ or (C₆H₅–COOH)
E: (CH₃)₂C=C(H)(H) — (CH₃)HC=CH(CH₃)
F: H
G: C₆H₅–CH₃
H: C₆H₅–MgBr
I: (C₆H₅)₃C–OH